はじめてでも
よくわかる！

図面の描き方

成美堂出版

まえがき

本書は、図面の描き方を初めて学ぶ方を対象とした独習書です。国内だけでなく、国際的にも通用する図面を描くために最も大切なことは、国際規格に準拠した製図のルールを学び、それを活用できるようになることです。日本の製図規格は日本産業規格（JIS）で定められていますが、JIS は国際規格に準拠しています。よって、JIS に基づく図面のルールを学べば良いことになります。

JIS に基づく図面のルールは、JIS 規格（JIS ブックなど）あるいは「機械製図」などの専門書を参照すれば得られます。しかしながら、これらの書籍は、ある程度実務経験を持っているか、あるいは大学などの講義の教科書として、授業や実習とセットで学ぶことを想定して書かれたものが多く、独習するにはやや難度が高いと考えられます。

本書は、初めて学ぶ方が図面のルールと描き方を独習することを想定して書かれました。JIS に基づく図面のルールを、実例を用いて丁寧に解説しました。本書を用いて一通りの学習をすることで、実用的な部品の図面を描けるようになると思います。また、これらの部品が複数組み合わさって、複雑な構造の機械が出来上がります。よって、部品の図面を描けるようになれば、様々な機械や機器の図面が描けるようになると思います。

本書で図面の描き方の基礎をマスターした後に、機械設計製図の専門書などにステップアップすることをお勧めします。さらに、設計をするために必要な、材料や強度、力学、熱、流体機械要素などに視野を広げていくと、機械設計者への道に繋がっていきます。

本書が、ものづくりの図面を描くための初めの一歩として、皆様のお役に立てることを願っております。

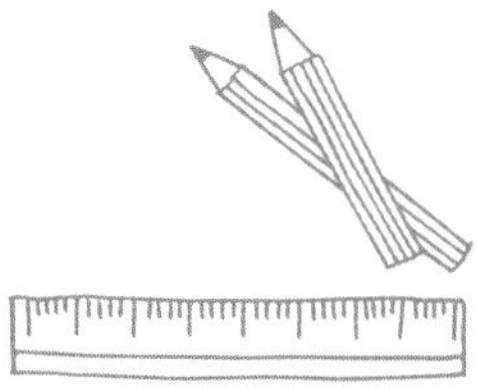

御茶ノ水にて

飯島 晃良

Contents

第５章 断面図の描き方 79

第６章 図形の省略 109

第７章 寸法の記入法 123

第８章 表面性状 181

第1章

図面の基本

1 図面の役割

●様々な製品は、図面を元に製作されます。ものづくりにおいて、製品を設計する人と製作する人は同じではないことがほとんどです。そのため、図面を介した意思疎通が必要になります。

1. 図面の重要性

ものづくりにおいては、品質の良い製品を消費者に安く届けることが基本となります。そのためには、自社で設計した製品のすべてを内製することはできないことが多いと思います。例えば、ある製品を製造･販売する企業（いわゆるメーカー）において、新しい製品を設計したとします。この製品を製造するにあたって、すべてを自社で加工・製造するわけではありません。製品を構成する個々の部品について、複数の工場などに加工や製造を外注することになることが多いと思います。また、その外注先は国内にあるとは限りません。また、社内で製造する部品があるとしても、それを加工する人は設計した人とは別の人であることがほとんどです。

さらに、グローバルなものづくりがなされている現代においては、世界中の様々な国で生産されることも当たり前になっています。

以上のように、設計者が設計した品を具現化するためには、具現化に必要な情報を漏れなく正確に第三者に伝える手段が必要になります。それは、誰にでも伝えられるように統一された手段でなければなりません。これを実現する手段が、「図面」です。

つまり、ものづくりに携わる方々にとって、国際的に通用する図面の読み描きは、大変重要なスキルだと言えます。

2. 図面と製図

図面は、一般的に**図 1-1-1** に示すような情報で構成されています。

図 1-1-1　図面の基本的な構成

図面 ＝ 図形 ＋ 寸法 ＋ 記号 ＋ その他情報

図形：品物の形状を表します。図形を見ればどのような形の品物なのかがイメージできます。しかし、図形だけでは製造することができません。

寸法：品物を形作る形状について、定量的な数値で寸法を示すことで、品物形状に加えてサイズが分かります。

記号：例えば、どのような種類の穴なのか？ どのようなねじなのか？ 表面の性状は？ 加工法は？ など、記号によって情報が補足されます。

その他情報：どのような材料で製造するのか？ 熱処理は？ 質量は？ 個数は？ など、製作に必要な情報が補足されます。

以上のような情報を集約して、図面が構成されます。この図面を作成することが、「製図」です。

2 図面の種類

●図面には様々な種類がありますが、機械・器具などの製作において最も基本となるのが部品図と組立図です。

1. 図面の種類

ひとことで図面と言っても、実に様々な種類の図面があります。**表1-2-1** および**表 1-2-2** に、用途および内容で分類した図面の種類の例を挙げます。

表 1-2-1 用途で分類した図面の種類の例

図面の種類	意 味
計画図	設計の意図、計画を示した図面
製作図	その品物の製造に必要な情報を示した図面
工程図	製品の一連の製造工程を示す図面
説明図	製品などの仕様、構造、機能、性能などを示す図面

表 1-2-2　内容で分類した図面の種類の例

図面の種類	意　味
部品図	機械・器具などを構成する単一の部品の図面。この図面を元に部品が製造される
組立図	機械・器具などを構成する個々の部品間の位置関係、組み立てられた状態を表す図面
素材図	機械部品などにおいて、機械加工（切削加工など）を施す前の、鍛造や鋳造などを施された素材状態の図面
配置図	地域内における建物の位置、建物内における機械の据え付け位置などを表した図面

一般的に機械、器具、装置などの製品のものづくりにおいては、部品を製造して組み立てることで製品が完成します。そのような場合、最も重要なのは**部品図**と**組立図**です。そのため、製作図として最も基本的な図面として、部品図と組立図が挙げられます。

本書は、基本的には部品図や組立図を描くことを念頭にして書かれています。

第1章 図面の基本

3 製図の規格

●製図法は、JIS（日本産業規格）などによって規格化されています。JIS 規格は国際規格に準拠しているため、JIS に基づく製図法を理解することが、グローバルにも通用する製図法を理解することにもつながります。

1. 製図規格の種類

日本において、産業に関係する国家規格は**日本産業規格 JIS**（Japanese Industrial Standards）です。製図法も、JIS によって定められています。国家規格は国ごとに存在し、それぞれ独自に発展をしてきた歴史があります。しかし、グローバルなものづくりをするうえで、これらの**規格の統一化**が必要になってきました。そのため、規格の世界統一化が図られています。JIS の製図規格においても、**国際標準化機構 ISO**（International Organization for Standardization）の製図規格に準拠するように改正が行われてきました。

表 1-3-1 に、JIS 規格の分類を示します。JIS は、表に示す 19 の部門に分けられています。

JIS 規格を表すときには、次のように示します。

JIS　部門記号　4 桁の数字：改正年

例）JIS Z 8310：2010　→　製図総則

例）JIS B 0001：2019　→　機械製図

表 1-3-1　JIS 規格の分類

部門記号	部　門
A	土木・建築
B	一般機械
C	電子機器・電気機械
D	自動車
E	鉄道
F	船舶
G	鉄鋼
H	非鉄金属
K	化学
L	繊維
M	鉱山
P	パルプ・紙
Q	管理システム
R	窯業
S	日用品
T	医療安全用具
W	航空
X	情報処理
Z	その他

2. 製図に関係する JIS 規格

ものづくりの製図で基本となるのは機械製図です。機械製図に関係する JIS 規格の一覧を**表 1-3-2** に示します。

表 1-3-2　機械製図に関係する主な JIS 規格

規格名称	規格番号
製図　—　製図用語	JIS Z 8114
製図総則	JIS Z 8310
製図　—　文字	JIS Z 8313
製図　—　尺度	JIS Z 8314
製図　—　投影法	JIS Z 8315
製図　—　図形の表し方の原則	JIS Z 8316
機械製図	JIS B 0001
製図　—　ねじ及びねじ部品	JIS B 0002
歯車製図	JIS B 0003
ばね製図	JIS B 0004
製図　—　転がり軸受	JIS B 0005
製品の幾何特性仕様（GPS）— 幾何公差表示方式	JIS B 0021
製品の幾何特性仕様（GPS）— 表面性状の図示方法	JIS B 0031
製品の幾何特性仕様（GPS）—長さに関わるサイズ公差の ISO コード方式	JIS B 0401
製品の幾何特性仕様（GPS）— 表面性状：輪郭曲線方式	JIS B 0601
CAD 用語	JIS B 3401
CAD 機械製図	JIS B 3402
溶接記号	JIS Z 3021
電気用図記号	JIS C 0617

4 図面を描くためのツール

- 正確な図面を描くのに必要な製図用具とそれを用いた画法を知ろう。
- 図面の基本となる図面の種類・大きさや尺度、図面に記入する線や文字の基本を理解しよう。

1. 図面を作成する際の２つの方法

［1］手書き製図

［2］CAD（Computer Aided Design）

［1］ 手書き製図は、後述する製図器械（シャープペンシル、定規、コンパスなど）を用いて製図用紙に製図することを指します。

［2］ CAD は、製図を行うコンピューターソフトを用いてコンピューター上で製図することを指します。

手書き製図は、三次元形状である実形状を製図用紙上に二次元の投影図として作図し、製作に必要な寸法などの情報を加えて図面化するものです。CAD では、画面上に手書き図面と同様な二次元の投影図を描く二次元 CAD のほか、三次元の形状として作図する三次元 CAD があります。

三次元 CAD で作成した図面と実物の例を**図 1-4-1** に示します。

図 1-4-1　三次元 CAD で作成した図面と実際の製作品の例

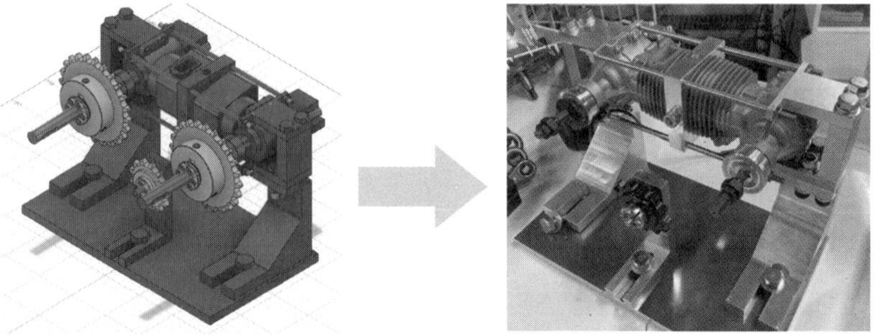

三次元 CAD で作成した図面　　　製作品（実物）

設計・製図・組立：日本大学理工学部機械工学科 柳下暁輝、奥山ゆず樹
部品加工：日本大学理工学部工作技術センター

現代の製造業では、CAD を用いて設計を行うことが多くなっています。一方で、機械の設計製造などに携わる人は、頭の中で次のような変換を相互に行う必要があります。

三次元の形状 ⇔ 二次元図面

その訓練を行う意味でも、手書きの製図を行うことは意義のあることです。

(1) 製図器械セット

通常の手書き製図に用いられる道具は、シャープペンシル、コンパス、中心器、ディバイダなどです。これらの器具は作図作業に必須のため、セットで販売されていることも多いです。

図 1-4-2 に、製図器械セットの一例を示します。セットの主な内容は次ページの通りです。

①スプリングコンパス（小）（円や円弧を描く）
②**大コンパス**（円や円弧を描く）
③**継足棒**またはエクステンション・バー（大コンパスに取り付けてより大きな円弧を描くために用いる）
④**中心器**（コンパス針による図面穴あき防止、同心円を描く際の正確な中心確保に役立つ）
⑤シャープペンシル 0.7 mm（太線を書く）
⑥シャープペンシル 0.3 mm（細線を書く）

※この他、文字の種類と大きさなどに応じて、0.5 mm のシャープペンシルも使用する。0.5 mm のシャープペンシルは、通常用途で広く用いられているが、ペン先がテーパーになっていて、プラスチックなどの柔らかい素材のものは、図形や記号を描くのには向かないため、注意が必要である。

図 1-4-2　製図器械セットの例

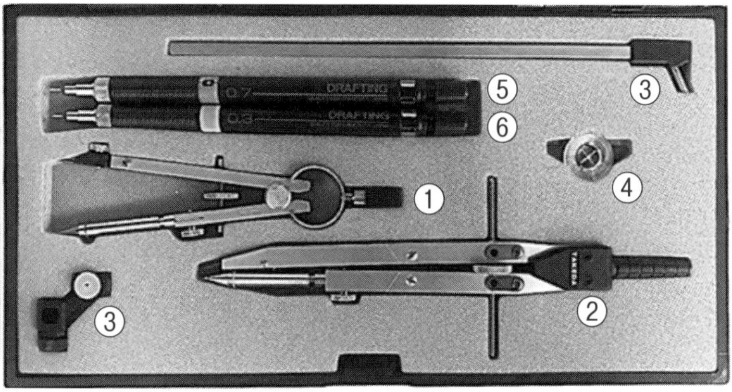

(2) テンプレート

コンパスでは描きにくい小さな円や円弧、文字、六角形（ボルト）、製図記号など、使用頻度が高い図形や文字を容易に描けるように、型取りされた定規（テンプレート）が多数用意されています。**図 1-4-3** に、テンプレートの例を示します。

図 1-4-3　テンプレートの例

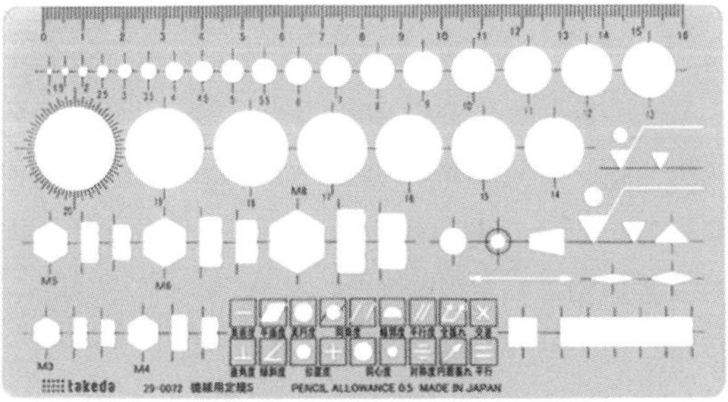

(3) 字消し板

図面の線や文字の一部を消したいとき、字消し板をあてて消したい箇所以外を覆い、消しゴムでこすると消したい場所だけを消すことができます。

図 1-4-4　字消し板の例

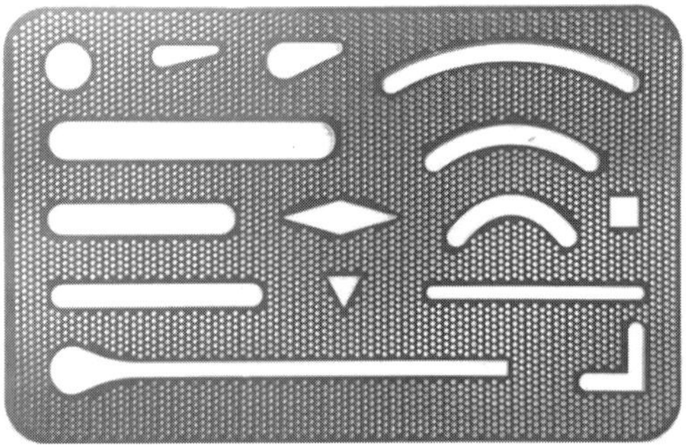

(4) 雲形定規と自在曲線定規

いろいろな曲線を組み合わせた雲形定規や、変形可能な自在曲線定規を用いると、任意の曲線形状を描く際に便利です。

図 1-4-5　雲形定規と自在曲線定規

(5) ドラフティングテープ（製図用テープ）

図面を製図台に張り付ける際に、**図 1-4-6（a）**に示すような製図用テープを用います。このテープは、図面を製図台にしっかりと張り付けることができるとともに、図面をはがす際に丁寧にはがすことで、角が破れることがありません。図面を描く際にはドラフティングテープを用いて、**図 1-4-6（b）（c）**のような方法で、製図用紙の四隅をしっかりと製図台に張り付けて使用します。

図 1-4-6　ドラフティングテープ

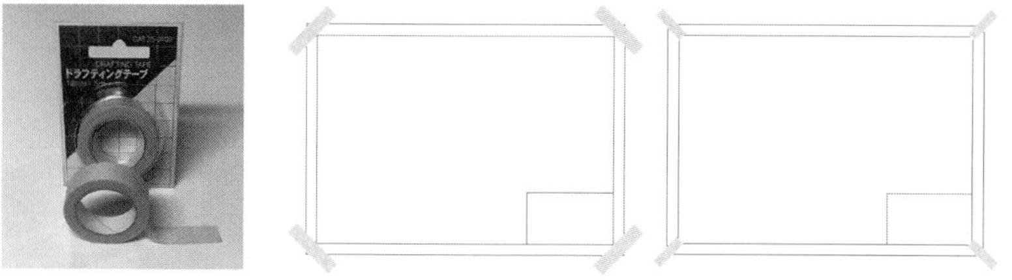

(a) ドラフティングテープ　(b) 図面の留め方 1　(c) 図面の留め方 2

(6) 製図機械

図面を描く際は、水平線、垂直線、角度をつけた直線を引く頻度が高いです。これらの線を、定規、T 定規、三角定規などを使って引くと作業効率が低くなります。そこで、**図 1-4-7** に示すような製図機械を用いると便利です。

製図機械には、**図 1-4-7 (a)** トラック型と**図 1-4-7 (b)** アーム型がありますが、いずれも互いに直角に取り付けられた水平定規と垂直定規を、製図台の任意の位置に移動して線を引くことができます。また、これらの定規は回転して、内蔵されている分度器を用いて任意の角度に固定することができるため、任意の角度の斜め方向の線を引くのも容易です。

図 1-4-7 製図機械

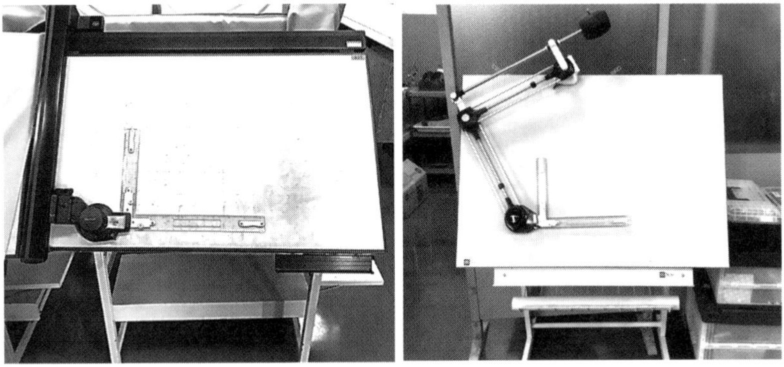

(a) トラック型　　**(b) アーム型**

＊第１章の４（P.14～18）に掲載の画像は著者撮影

第２章

図面の構成

第2章 図面の構成

1 図面のサイズ

●図面を描く際、用紙のサイズや様式が規格で決まっています。

1. 図面のサイズ

図面を作成する際、任意のサイズの用紙に図面を作成・出力してよいわけではありません。JIS Z 8311(製図―製図用紙のサイズ及び図面の様式)によって、製図用紙のサイズが定められています。

図 2-1-1 製図用紙のサイズ

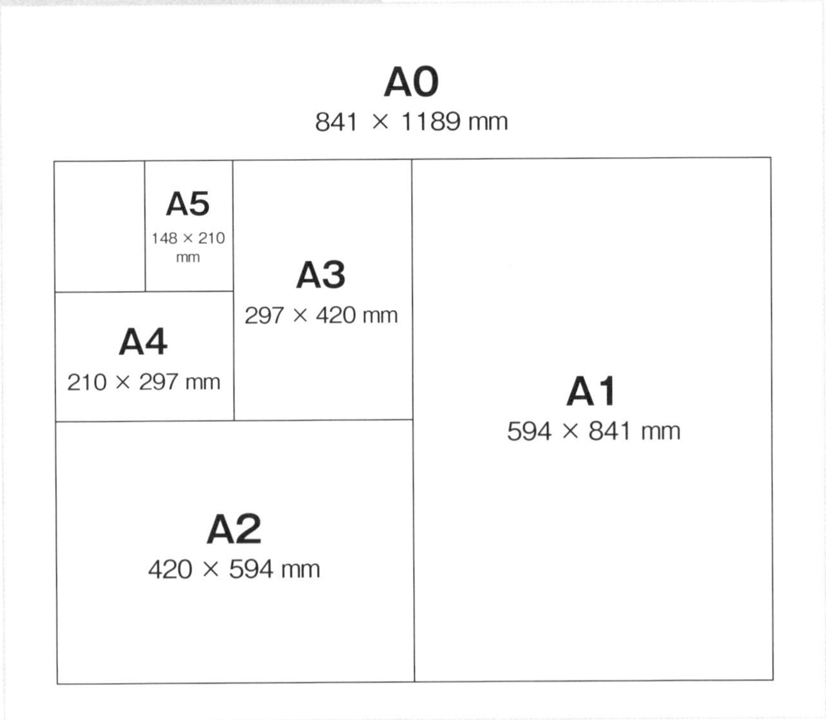

製図に用いる用紙は、**A0～A4のA列サイズ**のものを用います。**図2-1-1**に示すように、A列の用紙であれば、折れば同じサイズにそろいます。通常、A4サイズよりも大きな用紙は折りたたんでA4サイズにして保管され、図面の管理がしやすくなります。もし、B列などの異なる様式の用紙で図面を作成すると、折りたたんでも同じサイズにはならず、図面の管理が困難になります。

製図用紙はA0～A4のものを用いますが、長い品物を描く際には、A列の用紙の短辺を整数倍に伸ばした**特別延長サイズ**の用紙を用いることも可能です。つまり、**表2-1-1**に示すようにA0～A4までの通常のA列サイズの用紙を用いることを第1優先として、**表2-1-2**および**表2-1-3**に示す特別延長サイズをそれぞれ第2優先および第3優先として選んで用います。

表2-1-1　A列サイズ（第1優先）

呼び方	大きさ（mm）
A0	841 × 1189
A1	594 × 841
A2	420 × 594
A3	297 × 420
A4	210 × 297

表2-1-2　特別延長サイズ（第2優先）

呼び方	大きさ（mm）
A3 × 3	420 × 891
A3 × 4	420 × 1189
A4 × 3	297 × 630
A4 × 4	297 × 841
A4 × 5	297 × 1051

表2-1-3　特別延長サイズ（第3優先）

呼び方	大きさ（mm）
A0 × 2	1189 × 1682
A0 × 3	1189 × 2523※
A1 × 3	841 × 1783
A1 × 4	841 × 2378※
A2 × 3	594 × 1261
A2 × 4	594 × 1682
A2 × 5	594 × 2102
A3 × 5	420 × 1486
A3 × 6	420 × 1783
A3 × 7	420 × 2080
A4 × 6	297 × 1261
A4 × 7	297 × 1471
A4 × 8	297 × 1682
A4 × 9	297 × 1892

※このサイズは「取り扱い上の理由で使用を推奨できない」とされています。

第2章 図面の構成

2 図面の様式

●輪郭線、中心マークと方向マーク、表題欄などの図面の様式について説明します。

1. 輪郭線

製図用紙の端は、使用しているうちに切れたり破れたりして破損することがあります。そのため、すべてのサイズの製図用紙には輪郭線を引き、図形などは輪郭線の内側に描くようにします。

輪郭線は、最小 0.5 mm の太さの実線で、用紙の端から次のような位置に引きます。図 2-2-1 に輪郭線のイメージを示します。

＜輪郭線を引く位置の推奨値＞

・A0、A1 用紙　　　：用紙の端から 20 mm の位置
・A2、A3、A4 用紙：用紙の端から 10 mm の位置

2. 中心マークと方向マーク

図面の複写をする際の位置決めに便利なように、図面の中心位置を示す「中心マーク」を設けます。図 2-2-1 に示すように、中心マークは用紙の端から輪郭線の内側に 5 mm まで、最小 0.5 mm の太さの線で上下左右方向に合計 4 か所に示します。

図 2-2-1　輪郭線と中心マーク

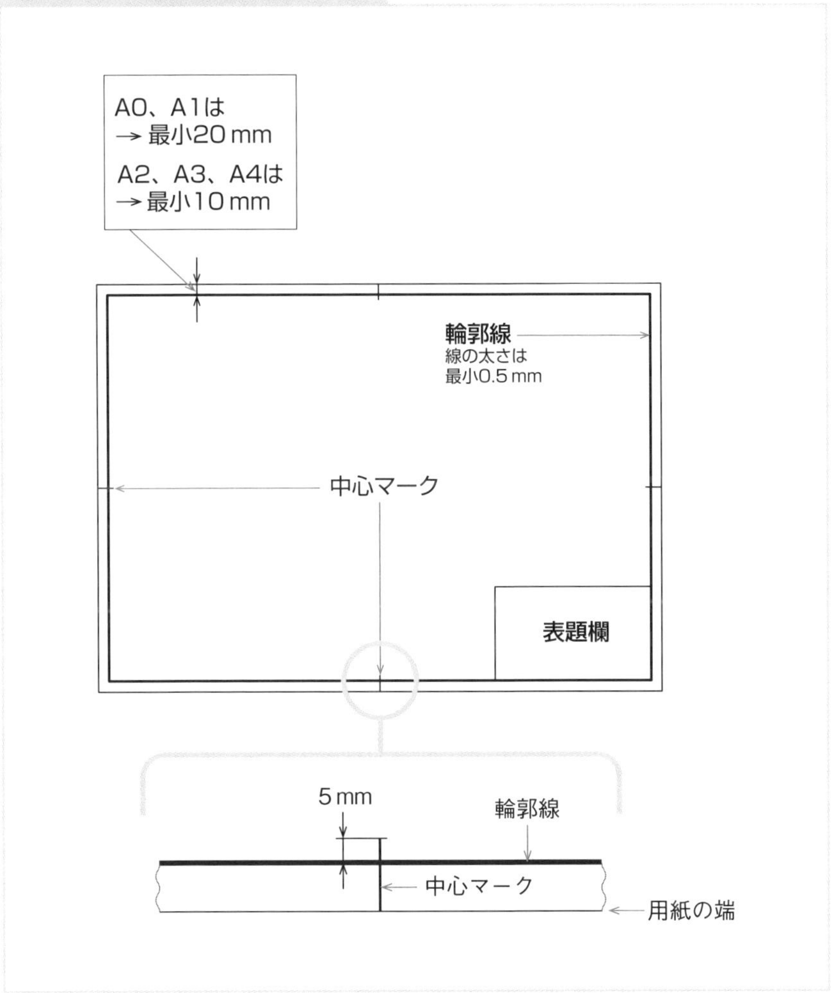

また、図面の向きを示すために、方向マークを設けることがあります。方向マークは**図 2-2-2** に示すように、用紙の長辺側と短辺側にそれぞれ 1 個ずつ、中心マークに一致させて輪郭線を横切るように入れます。

この 2 つの方向マークのどちらかが、常に製図者を指すような向きで図面を描きます。

図 2-2-2　方向マーク

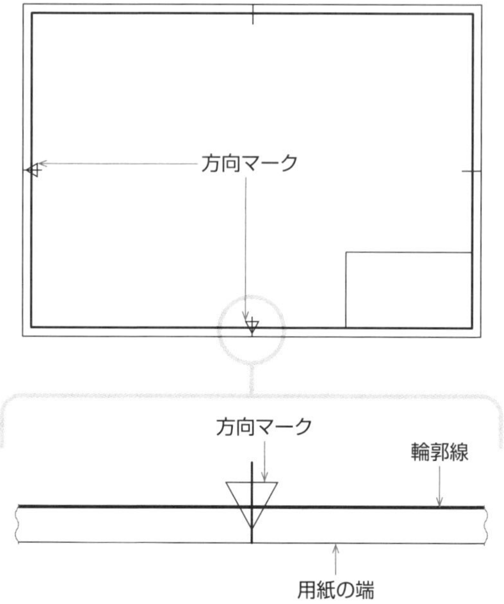

3. 表題欄

図面には、図名（図面の名称）、図番、投影法、尺度、作成元、作図者名などの情報を記入するための表題欄を設けます。表題欄の例を**図 2-2-3** に示します。

図 2-2-3　表題欄の例

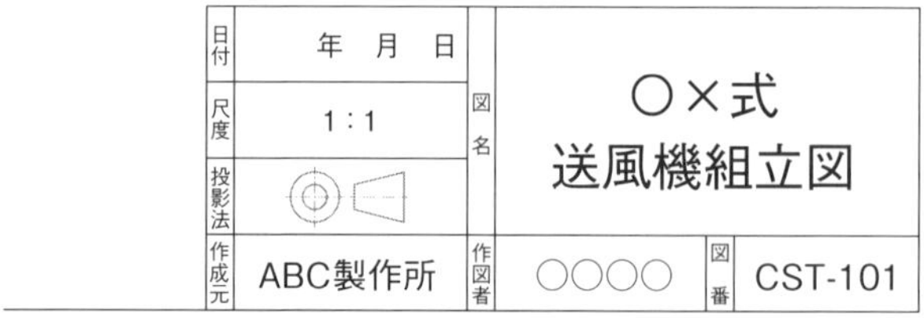

3 図面の尺度

●鉄道車両、船舶、航空機、クレーン、トラックなど、大きなものは図面用紙に収まらないため、縮小して描きます。また、精密機器の部品など、小さいものも実物大で描くことができないため、拡大して描きます。拡大、縮小の方法を理解しましょう。

1. 尺度の種類

JIS Z 8314（製図－尺度）によって、図面に描く大きさの尺度が定められています。尺度は、大きく分けると次の３種類があります。

現尺：図形＝実物 ⇒ 実物と同じサイズで図形を描く
縮尺：図形＜実物 ⇒ 実物よりも図形を小さく描く
（大きいものを小さく描く）
倍尺：図形＞実物 ⇒ 実物よりも図形を大きく描く
（小さいものを大きく描く）

2. 尺度の表し方

尺度は比で表します。具体的には、1：1、1：2、10：1 のように示します。このとき、尺度をＡ：Ｂのように書くと、次のような意味を持ちます。

A → **図形の大きさ**
B → **実物（品物）のサイズ**

よって、次のようになります。

1：1 → 図形＝実物なので現尺
1：2 → 図形＜実物なので縮尺
2：1 → 図形＞実物なので倍尺

図 2-3-1　尺度の表し方

3. 尺度の数値

縮尺や倍尺で描く場合、**表 2-3-1** のように推奨尺度が定められています。基本的に、推奨尺度の中から適切な尺度を選んで図面を作成します。

表 2-3-1　JIS Z 8314 によって推奨される尺度

類別	推奨尺度				
倍尺	50 : 1	20 : 1	10 : 1	5 : 1	2 : 1
現尺	1 : 1				
縮尺	1 : 2	1 : 5	1 : 10		
	1 : 20	1 : 50	1 : 100		
	1 : 200	1 : 500	1 : 1000		
	1 : 2000	1 : 5000	1 : 10000		

4. 尺度の表示

図面がどの尺度で描かれているかを示す必要があります。通常は尺度を表題欄（**図 2-2-3**）に示します。1 枚の用紙に複数の部品の図面を描くことを多品一葉式※と呼び、すべての部品の尺度が同じ場合、表題欄に尺度を記入します。尺度が異なる図が含まれる場合には、表題欄には主たる尺度を示しておき、その尺度以外の図についてはその図形のそばに尺度を記入します。

※ 1 枚の図面に 1 つの図面のみを描く方法を一品一葉式と呼びます。

第2章 図面の構成

4 線の種類と使い方

●図面には、様々な種類の線が用いられ、それぞれ意味が異なります。ものづくりの図面を描く際には、それらの線をしっかりと区別することが必要です。ここでは、図面で用いられる線の種類と意味と使い方を学びます。

1. なぜ複数の種類の線が必要なのか

図面は、製図用紙やディスプレイなどの平面に描かれています。つまり、二次元の平面状です。三次元 CAD（Computer Aided Design）で描かれた 3D 図形も、立体に見えるように描いただけで、二次元には違いありません。このように、二次元の図形の情報を使って実際の三次元の品物の形状を表すのが、製図の投影法です。

また、ただ単に形状を表すだけでは足りません。それらを製作するのに必要な寸法なども、網羅されていなければなりません。そのため、線の種類に意味を持たせて、形状、内部構造、寸法などを分かりやすくする工夫がなされています。

図 2-4-1 に、正しく線の種類を使い分けて描いた図と、すべて同じ線種で描いた図の例を示します。

図 2-4-1 (a) は、製図のルールに基づき、線の種類と太さを使い分けて描いた図です。

一方、**図 2-4-1 (b)** はすべて同じ線で描いた図です。形状（外形線といいます)、寸法線、中心線などを明確に分けて描くことで、図面が格段に分かりやすくなります。

次に、線の種類と意味を具体的に学んでいきましょう。

図 2-4-1　線の種類を使い分けた図とそうでない図の例

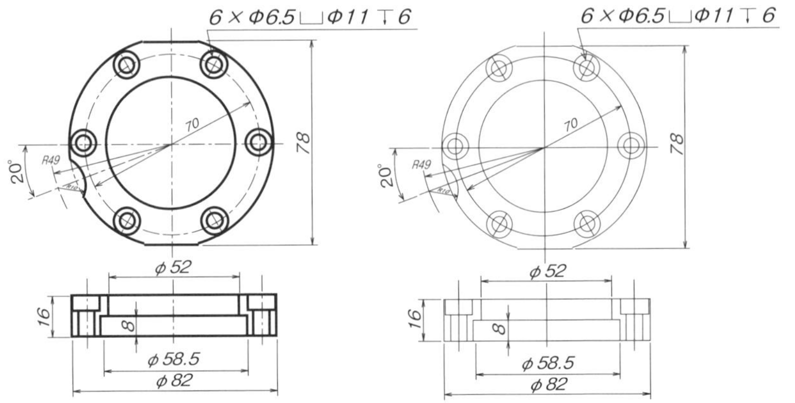

(a)線の種類と太さを使い分けた場合　　(b)すべて同じ線種と太さで描いた場合

2. 線の種類と太さ

(1) 線の種類は 4 種類

製図に用いる線の種類は、**図 2-4-2** に示すように、実線、破線、一点鎖線、二点鎖線の４種類です。この４種類の線と、その太さの組み合わせを使って、いろいろな意味を持つ線が構成されます。

図 2-4-2　線の種類

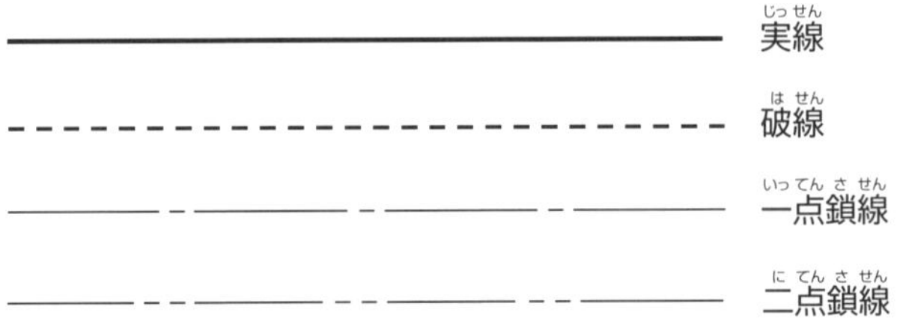

(2) 線の太さは 3 種類

製図に用いる線の太さは、細線（細い線）、太線（太い線）、極太線（極太の線）の３種類です。

細線、太線、極太線の太さの比率は、1:2:4 と定められています。通常、手書き図面の場合は、太さ 0.3 mm のシャープペンシルと 0.7 mm のシャープペンシルを使って、次のように使い分けます。

細線（細い線）　：0.3 mm
太線（太い線）　：0.7 mm
極太線（極太の線）：1.4 mm

極太の線を使うケースは稀なので太さ 1.4 mm の線を描くときには 0.7 mm のシャープペンシルを使って二度描きするなどして対応します。

3. 用途に応じた線の使い方

これまでに学んだ線の種類と太さの組み合わせで、具体的な製図の線の用途が決められています。

表 2-4-1 に、製図で使う線の用途を一覧で示します。具体的にはこの後 1 つずつ見ていきますが、例えば、「太い実線は品物の形を表す外形線に使う」「細い実線は寸法線などに使う」「細い一点鎖線は中心線などに使う」などの意味があることが分かります。

表 2-4-1　線の種類と用途

線の名前	線の種類	見本
① 外形線	太い実線	
② 寸法線	細い実線	
③ 寸法補助線		
④ 引出線		
⑤ 中心線	細い一点鎖線	
⑥ ピッチ線		
⑦ 特殊指定線	太い一点鎖線	
⑧ かくれ線	細い破線 太い破線	
⑨ 破断線	不規則な波形の細い実線	
	ジグザグ線	
⑩ 想像線	細い二点鎖線	
⑪ 切断線	細い一点鎖線で端部と角を太くする	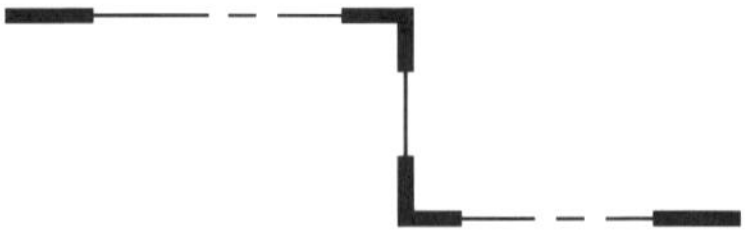
⑫ ハッチング	細い実線を斜めに規則的に並べる	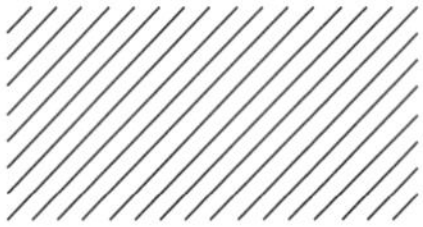

①外形線：太い実線（図 2-4-3）

品物の形状（外形）を描くときには、太い実線を使います。つまり、品物を形作る見える線（外形）はすべて太い実線で表します。

図 2-4-3　線の使い方の具体例（その 1）

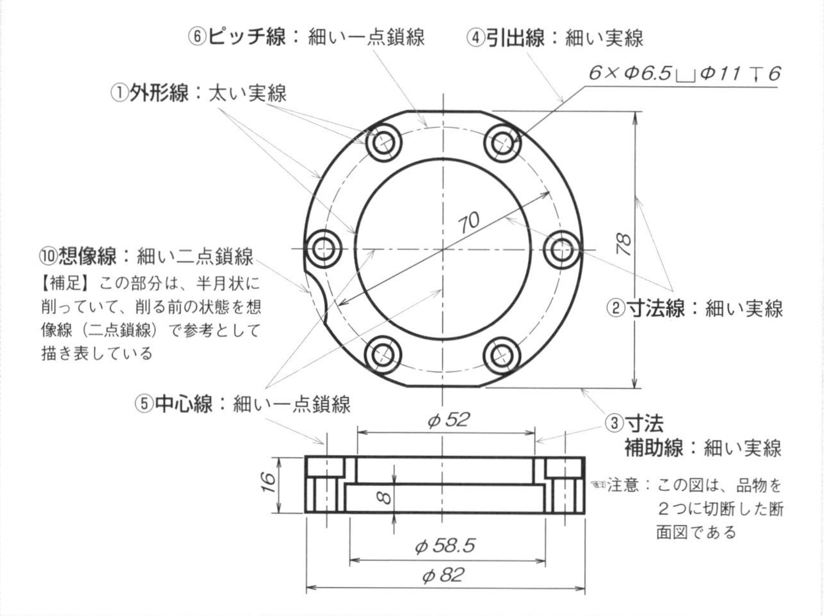

②寸法線、③寸法補助線、④引出線：細い実線（図 2-4-3）

品物の寸法を記入するとき、**図 2-4-3** に示すように寸法補助線を引き、そこに寸法線を引いて寸法数値を入れます。このときに用いる寸法補助線と寸法線は、細い実線で描きます。

また、図中に記号や記述を入れたり、狭い部分に寸法を入れたり、品物の特定の位置や面などを指定して情報を記す際などに、片側に矢印が付いた線で引き出した後で、そこに記号や情報を記入することがあります。これを、引出線といいます。引出線も、細い実線で描きます（図 2-4-3）。

⑤中心線、⑥ピッチ線：細い一点鎖線（図 2-4-3）

工業製品は、大量生産されて、品質が高いものをなるべく低コストで消費者に届けるのが基本です。そのためには、その製品や部品に要求される性能を満足したうえで、なるべくシンプルな（製造しやすい）形状や加工法であることが望ましいです。そのため、工業製品に使われている個々の部品を見ると、左右や上下が対称なものが多くあります。そのような場合、**対称形の対称中心を表すのに中心線を用います**。中心線は、**細い一点鎖線**で引きます（**図 2-4-3**）。

図 2-4-3 に示す図は、二重円に見える穴が円周上に等間隔に 6 か所開けられています。この 6 か所の穴の開く位置は、物体の半径方向に均一になります。このような場合、**穴を開ける位置を指定するのは、6 か所の穴の中心を結んだ円の直径**になります（**図 2-4-3** で 70 と示される直径）。この円を**ピッチ円**と言い、ピッチ円も中心線と同じく**細い一点鎖線**で記します。

⑦特殊指定線：太い一点鎖線（図 2-4-4）

部品の一部に特殊な加工を施す場合などに、外形線から少し離して平行に**太い一点鎖線**を引いて指示します。これを、**特殊指定線**と言います。例えば、軸の一部分に焼入れを施す場合、**図 2-4-4** のように指示します。

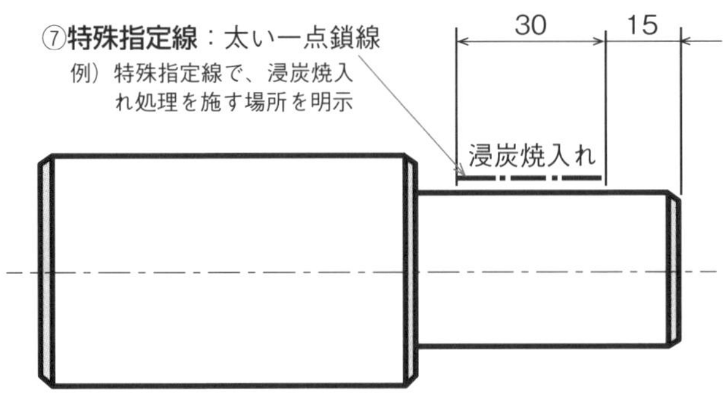

図 2-4-4　線の使い方の具体例（その 2：特殊指定線）

⑧かくれ線：細いまたは太い破線、⑨破断線：不規則な波形の細い実線（図2-4-5）

図 2-4-5 に示すような、升のような形をしたケーシングがあるとします。この品物を、矢印の投影方向から見てそのまま正面図を描くと、**図 2-4-5 (a)** のようになります。これだけでは、この品物がブロックなのか、ボックスなのか、裏面に段差などはないのかなどの区別はつきません。つまり、かくれて見えない線を描いたほうが良い場合があり、そのようなとき、**図 2-4-5 (b)** のようにかくれ線を使って見えない形状を描くことができます。かくれ線が多くなると、かえって理解しにくい図面になるため、かくれ線の使用は必要な箇所だけにし、むやみに入れないことが大切です。

図 2-4-5　線の使い方の具体例（その 3：かくれ線、破断線、ハッチング）

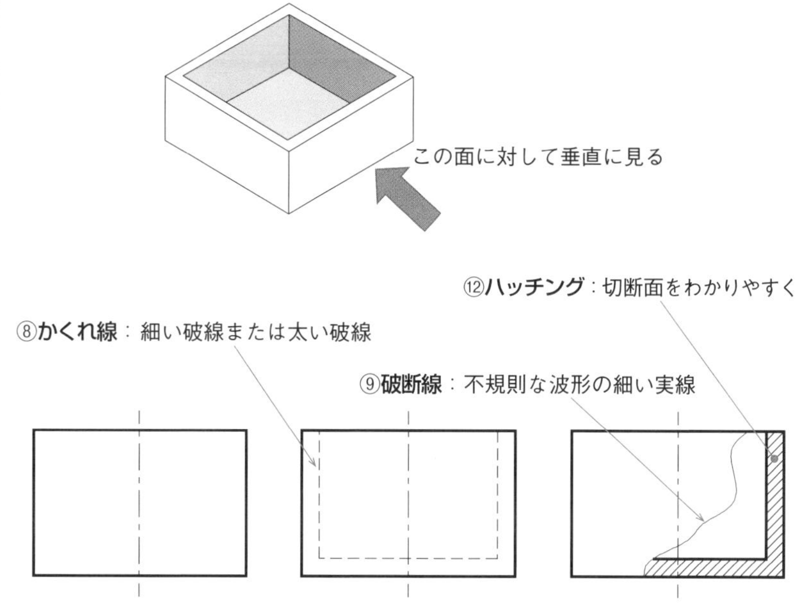

(a) そのまま見た投影図

(b) かくれ線を使って内部の情報を示した例

(c) 破断線を使って部分的に断面にして、内部の情報を示した例（部分断面）

図 2-4-5（c）のように、品物の外観を示しつつ、部分的に内部構造も示したい場合は、破断線を使って任意の部分を切ると、切り取られた部分だけを断面で描くことができます。詳しくは後で学びますが、品物を部分断面にするときに、破断線（またはジグザグ線）を用います。

⑩想像線：細い二点鎖線（図 2-4-3）

図 2-4-3 の⑩に示す部分は、円盤状の外形のふちの一部分を半月状にカットしています。この図では、加工する前の状態を細い二点鎖線の想像線で描いています。想像線は、次のような場合に、必要に応じて使用されます。

(1) 隣接するほかの部分を参考として表すとき
(2) 加工の際、工具、冶具などがどの位置に来るかを参考として表すとき
(3) 可動部がある場合に可動範囲を参考として表すとき
(4) 加工前、加工後の状態を参考として表すとき
(5) 断面を図示する際に取り去られた手前にある形状を示したいとき

⑪切断線：細い一点鎖線で端部と角を太くする（図 2-4-6）

機械や電子機器などは、その性能や機能を決める重要な構造は内部にあることが多いです。したがって、内部構造を明確に表すために断面で図面を描きます。ひとくちに断面といっても、「どこで切った断面なのか？」が大切になります。例えば、**図 2-4-6** のように、ブロック状の本体に穴やねじの加工がなされる場合を考えます。

この場合、3つの穴の断面構造を示すために、階段状に断面を切ります。このとき、切断線を用いて細い一点鎖線で切断する位置を示します。切断線は中心線と同じ線種のため、切断線の初め、終わり、角度が変わる場所を太くします。

図 2-4-6　線の使いかたの具体例（その４：切断線）

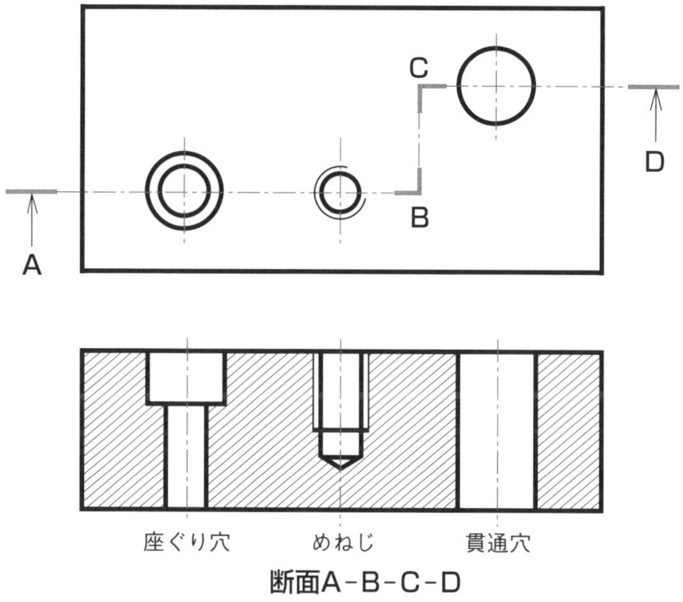

⑫ハッチング：細い実線を斜めに規則的に並べたもの（図 2-4-5（c）、図 2-4-6）

図形の中で特定の部分を他の部分と区別して（強調して）示したいときに、ハッチングを施す場合があります。例えば、**図 2-4-5（c）**のように、破断線で部分断面にした結果現れた切断面にハッチングを施すと、断面になっている部分が一目瞭然になります。

5 製図の文字

●図面に示される文字を製作者が読み間違えると、設計者が意図したものと異なる品物が出来上がってきます。このような事態を防ぐためにも、文字は第三者が正しく読み取れるように記入する必要があります。

1. 製図の文字

図面に用いる文字は、JIS Z 8313（製図―文字）で規定されています。JIS Z 8313では、書体、文字の高さ、文字の太さ、文字の間隔などが詳細に規定されています。

実際の作図においては、これらの細かな規定を強く意識する必要はありませんが、以下のように文字を記入することが重要です。

・読みやすい大きさの文字
・大きさ、太さ、間隔などを均一にそろえる
・複写した際にもはっきり写る書体を用いる

なお、漢字は常用漢字を用い、16画以上の角数が多い漢字は仮名書きにしたほうが良いとされています。また、ひらがなとカタカナはどちらも使用できますが、一連の図面で両方を混用することは避けます。ただし、外来語標記によりカタカナとひらがなが用いられる場合は、混用とはみなされません。

【例】「プランジャおよびスリーブ」

文字の記入については、第12章の3も参照してください。

第３章

投影法の基礎

1 投影法の種類と用途

●物体の形状を表す投影法には、いくつかの種類があります。本章では、投影法の種類と概要を理解しましょう。

1. 投影法の種類

品物の形状を投影する方法は、以下の3つの要素の組み合わせで決まります。

① **投影線の種類**：**平行光線で投影するのか、それとも放射光線で投影するのか**

② **品物と投影面の関係**：**品物の面を投影面に対して平行に置くのか、それとも斜めに置くのか**

③ **投影面と投影線（光線）の関係**：**光線に対して品物の投影面を直角に置くのか、それとも斜めに置くのか**

これらの投影法の分類を**図 3-1-1** に示します。

まず、光線が平行光線か放射光線かの違いによって、**平行投影**と**透視投影**に分かれます。

次に、平行投影は、投影面に対してどのように平行光線を当てるかによって**直角投影**と**斜投影**に分かれます。

さらに、直角投影は投影面に対して品物をどのような向きで置くかによって**正投影**と**軸測投影**に分かれます。

図 3-1-1　投影法の分類

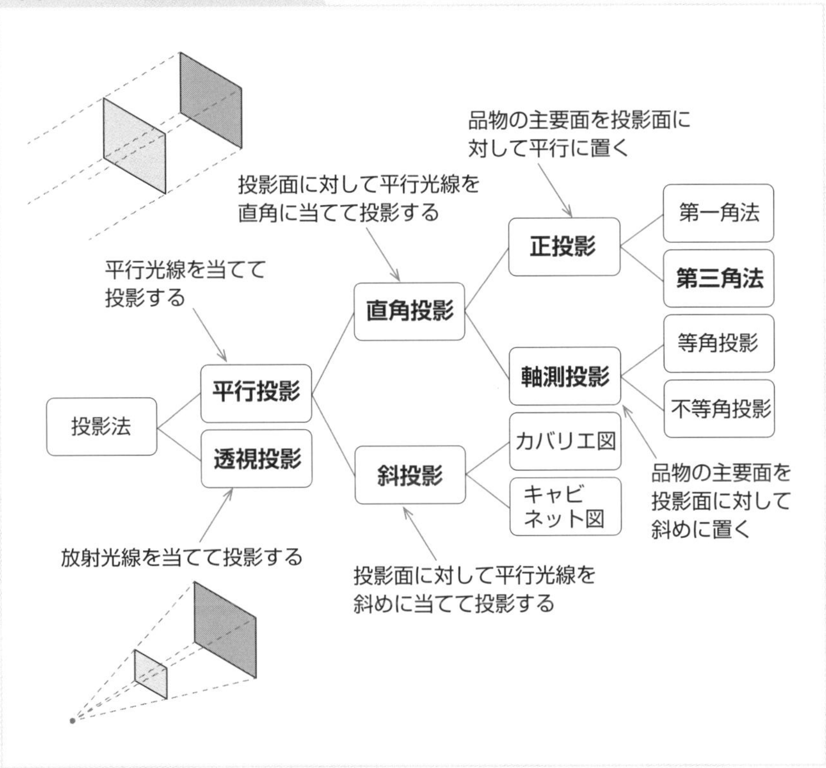

正投影には、第三角法と第一角法があります。

軸測投影には、等角投影と不等角投影があります。

以上のように、投影法には多くの手法がありますが、これらをすべて使いこなす必要はありません。例えば、透視投影は、主に建築、デザイン、都市景観などで利用されています。工業製品の図面においては、基本的に平行投影を用い、その中でも正投影（の内の第三角法）が主になります。そのため、本書では主に正投影による図面の描き方を扱います。

本章では、各種の投影法の全体像を学び、続く第 4 章以降では第三角法による図面の描き方を学んでいきます。

2. 透視投影と平行投影

光線が平行光線か放射光線かの違いによって、平行投影と透視投影に分かれます。分かりやすい例として、透視投影で箱形（直方体）の形状を描くと**図 3-1-2** のようになります。透視投影では、放射光線で投影するため、奥行き方向に形状が変化します。人の目で、近くにある大きなビルを眺めたり、街全体を眺めたりすると、遠くにあるものほど小さく見えます。つまり、透視投影に近い見え方になります。

このように、透視投影は人間の目で見える形状に近い図形を示せることから、主に建築物件の完成予想図、部屋の見取り図、都市などの景観図、造形デザインなどの図面で用いられています。透視投影は、英語で Perspective Projection であることから、“パース”とも呼ばれています。

図 3-1-2　透視投影の例

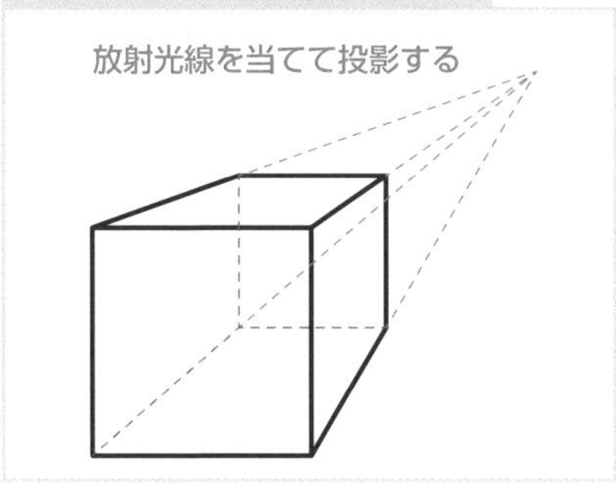

図 3-1-3　平行投影の例

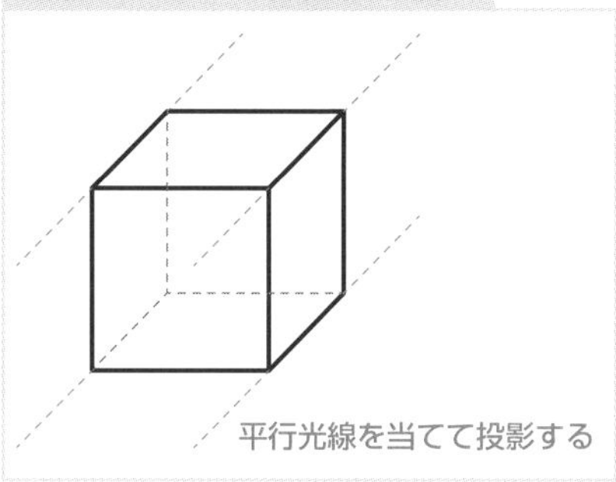

平行投影の例を**図 3-1-3** に示します。平行投影では、物体に平行光線を当てて投影しているため、奥行き方向にも投影図が小さくなりません。人の目で見た際の実物に近い見え方は、上記の透視投影ですが、平行投影でも形状はよく理解できます。また、平行投影のほうが描きやすいことから、機械図面などのものづくりの図面では平行投影を用いて立体図を描きます。例えば、電気製品の取り扱い説明書、サービスマニュアル、パーツリストなどには、その製品や部品の形状が立体図で描かれています。これらの図は通常、平行投影で描かれています。

3. 斜投影と直角投影

平行投影は、斜投影と直角投影に分かれます。どちらも平行光線で投影することは同じですが、両者は投影面に対する平行光線の当て方が違います。斜投影は、平行光線を投影面に対して斜めに当てます。直角投影は、投影面に対して平行光線を直角に当てます。

図 3-1-3 で示した立体図は、平行投影の中の斜投影に分類される図です。

斜投影では、**図 3-1-4** に示すように、物体の主要な面を投影面に平行に置きます。この状態で平行光線を投影面に垂直に当てると、図中の主要な面（色が塗られた部分）のみが実寸法で投影されます。その場合、奥行き方向は投影されません。そこで、平行光線を斜めから当てれば、図のように奥行き方向が現れます。このような投影法を斜投影と言います。

斜投影で図形を描く際に、奥行き方向の長さをどのように描くかによって、キャビネット図とカバリエ図に分けることができます。キャビネット図では、奥行長さ（**図 3-1-4** の S で示す長さ）を、実寸法の 1/2（半分）で描きます。カバリエ図では、S の部分の寸法を実寸法と同じ長さで描きます。そのため、カバリエ図で描いた場合、実際に目で見た場合に比べて奥行き方向が長く描かれます。

図 3-1-4　斜投影

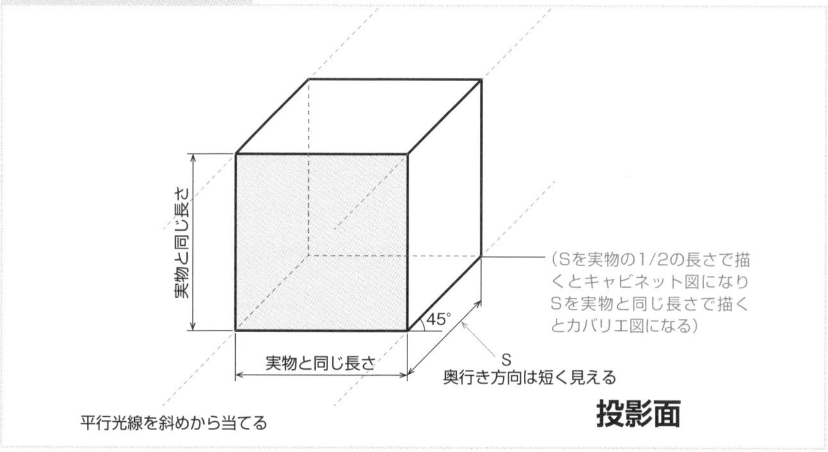

4. 軸測投影

直角投影では、投影面に直角に平行光線を当てるため、品物の置き方によっては奥行き方向の情報が得られません。そこで、直角投影で立体形状を表すために、品物自体を投影面に対して傾けて置き、その状態で投影面に直角に平行光線を当てます。これを軸測投影と呼びます。立方体を軸測投影で描くと**図 3-1-5** のようになります。

図 3-1-5 では、図中の α と β の角度がともに 30° の等角になるような向きで物体を置いた場合の図です。このような図を等角投影と呼びます。図中の α と β の角度が同じでない場合を不等角投影と呼びます。

図 3-1-5　軸測投影（図は $\alpha = \beta =$ 30° の例）

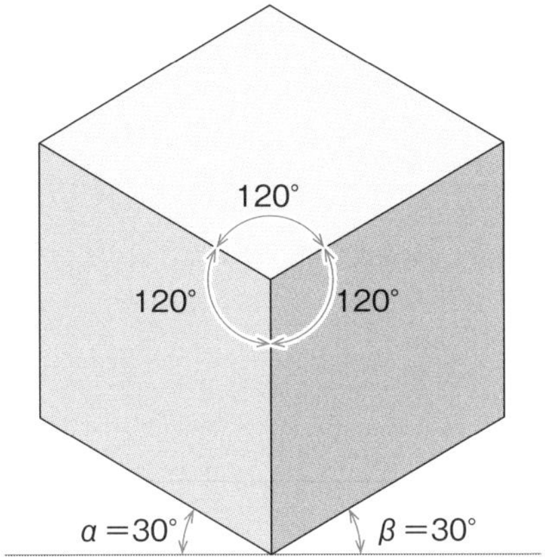

以上で説明した投影法は、いずれも 1 つの図で立体形状を表す投影法であり、品物の三次元的な形状を直観的に理解するのに適しています。しかし、その品物を“製造する”ことを考えた場合、三次元の品物の正確な形状が必要になるため、立体図で必要な情報を表すのが困難になります。

そのため、ものを製造したり加工したりするための図面では、主に正投影法を用います。正投影法については、詳細を理解する必要があるため、次節で詳しく学んでいきます。

2 正投影法

- 透視投影、斜投影、軸測投影では、物体の三次元形状を視覚的に得ることができますが、それぞれの面の正確な形状や、見えていない面の形状がよく分かりません。
- 品物の形状を正確に表す方法として、“正投影法”と呼ばれる方法が用いられます。
- ものづくりの図面では、第三角法などの正投影法が特に重要です。

1. 正投影法

正投影法とは、次のような投影法を指します。

〈正投影法〉
品物のある面に垂直に平行光線を当てることで、その面の形状を投影する方法。

正投影法では、着目した面の投影図を実寸法で二次元図形として得ることが可能です。ただし、投影面以外の面の形状は分かりません。そのため、正投影法では複数の方向から投影して品物の形状とその正確な寸法を表現します。正投影法によって、その品物を製造することが可能な図面が得られます。

正投影法による図形を具体例で見ていきましょう。**図 3-2-1** に示すように、段差や斜面や円弧を持つ三次元形状の品物に対して、A の方向から垂直に平行光線を当てて正投影法で形状を見ると、図で色が塗られた部分だけが見えるはずです。

図 3-2-1　正投影法による投影図

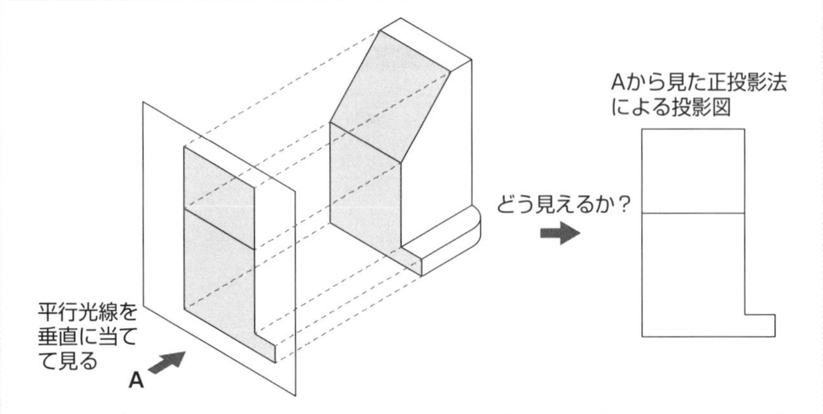

このように、正投影法を用いることで、全体の高さ、幅、突起部の形状が実寸法で正確に表わされています。しかし、正投影法の図だけでは、品物全体の形状は定まりません。

つまり、上記の１面だけでは、側面、裏面などの情報が得られません。そのため、正投影法では**複数の投影面を用いて**三次元の品物の形状を表します。

このとき、複数ある投影面を並べる方法に、「**第三角法**」と「**第一角法**」の２種類があります。以下に、第三角法と第一角法のレイアウトの方法を学びます。

2. 第三角法と第一角法

三次元形状の物体を考えた際、基本は何面の図が必要でしょうか。サイコロを考えると分かりやすいです。6 面あれば、物体の周囲をすべての方向から見たことになります。正投影法の投影図は、基本的に **6 面**あります。

図 3-2-2 に示すように、物体を 6 方向から見てみましょう。仮に、A から見た図を“**正面**”と決めます（正面の決め方は後述します）。そうすると、A を基準に 6 方向から見た図を次のように呼びます。

〈A を正面とした場合〉

図 3-2-2　正投影法の 6 面の投影方向

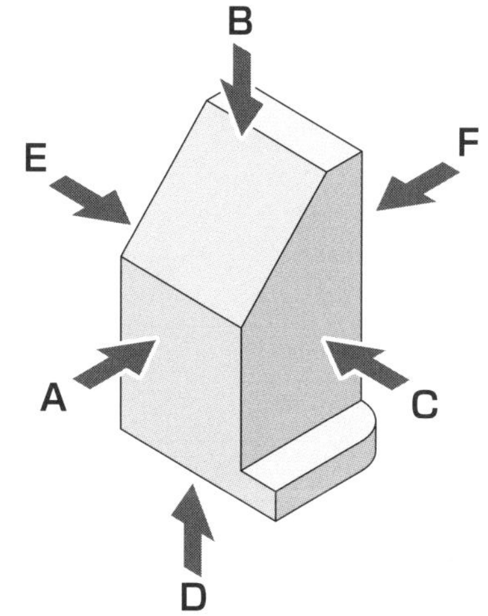

A から見た図：正面図（主投影図とも呼ばれる）
B から見た図：平面図（上空から平面を眺めるイメージ）
C から見た図：右側面図
D から見た図：下面図
E から見た図：左側面図
F から見た図：背面図

（1）第三角法

第三角法の投影法の基本は、次の通りです。

「投影した方向の位置に、投影図をそのまま配置する」

具体的に、**図 3-2-3** で見ていきましょう。

図 3-2-3　第三角法のレイアウトによる正投影図

〈B：平面図〉

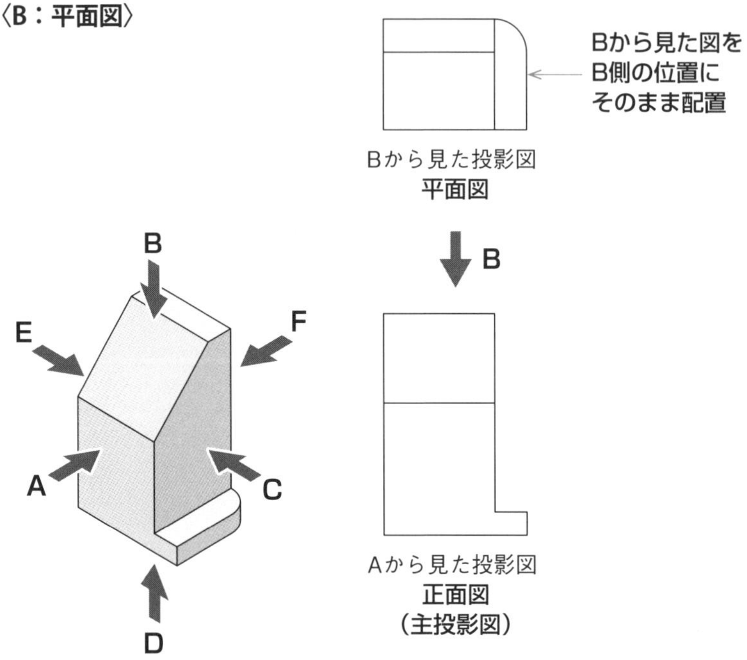

〈C：右側面図〉

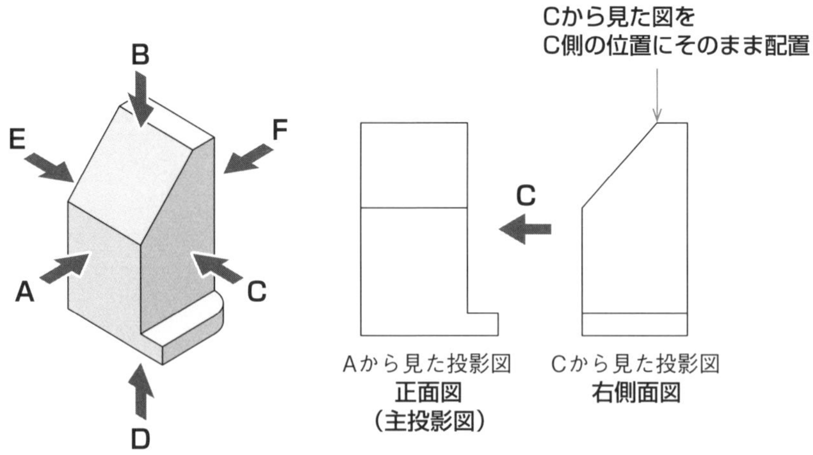

〈D：下面図〉

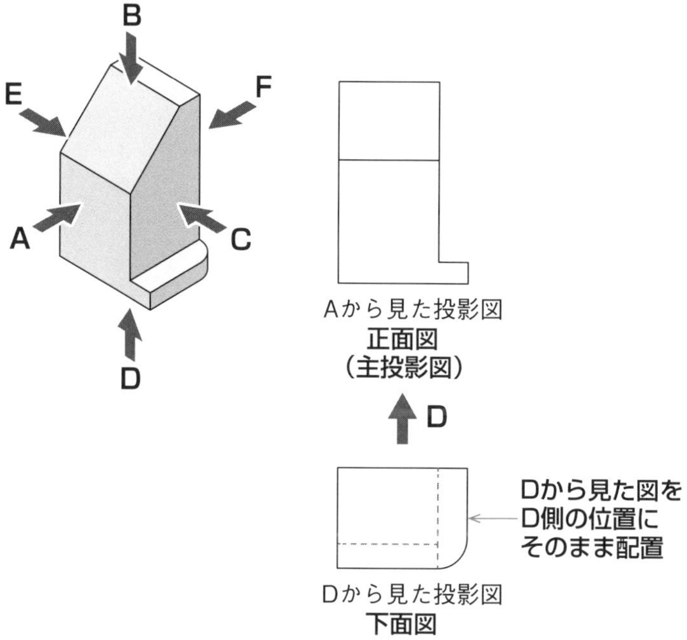
B
E
F
A
C
D
Aから見た投影図
正面図
（主投影図）
D
Dから見た図を
D側の位置に
そのまま配置
Dから見た投影図
下面図

〈E：左側面図〉

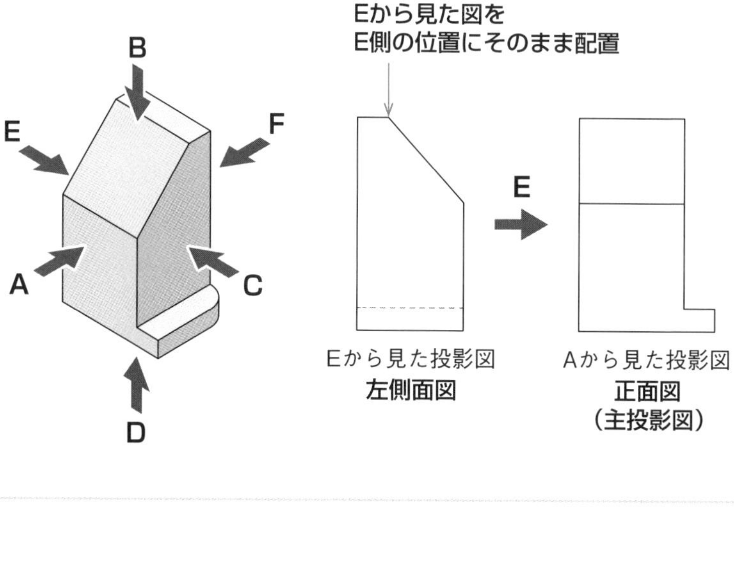
Eから見た図を
E側の位置にそのまま配置
B
E
F
A
C
D
E
Eから見た投影図
左側面図
Aから見た投影図
正面図
（主投影図）

〈F：背面図〉

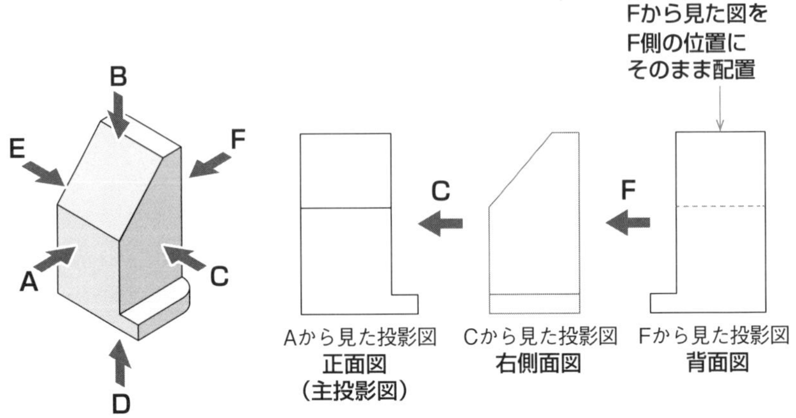

以上をまとめると、第三角法によるレイアウトは**図 3-2-4** のようになります。実用的な工業製品の多くは、要求される機能を満足したうえで、できる限りシンプルな形状や構造を持っているほうが、製作が容易でコストと信頼性が高いと言えます。そのため、対称形をした品物が多いです。正投影法の投影図は 6 面ありましたが、毎回必ず 6 面を描くことはありません。投影図の数は、「**必要最小限**」にすれば良いのです。

実際に、三方向から投影すると品物の形状を表せることが多いです。そのため、正面図、平面図、右側面図の三面を「**三面図**」と呼びます。

図 3-2-4　第三角法によるレイアウト

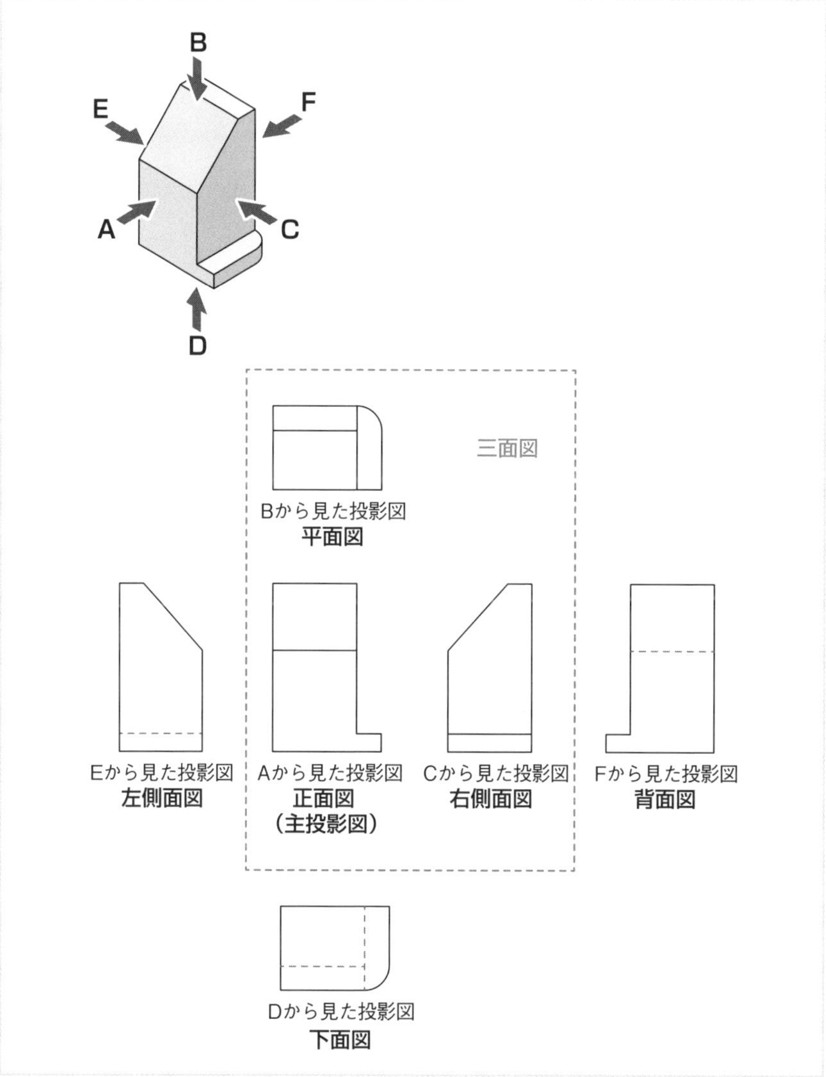

第三角法のレイアウトは、アメリカで発達した画法で、アメリカ式画法とも呼ばれます。第三角法は、投影の方向と投影図の配置が分かりやすく合理的なため、機械図面などで広く用いられています。

(2) 第一角法

次に、第一角法のレイアウトを説明します。第一角法も第三角法と同じ投影法（正投影法）ですので、投影図は第三角法と全く同じです。第三角法と異なるのは、投影図の配置です。

図 3-2-5　第一角法によるレイアウト

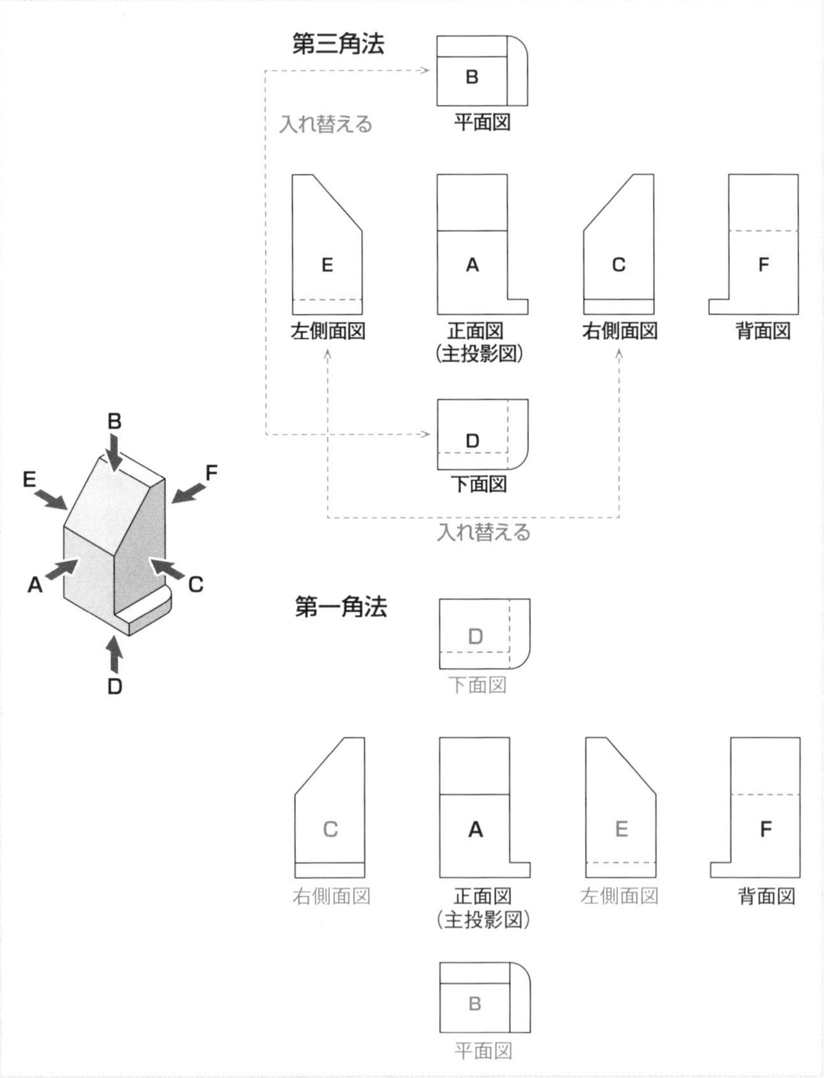

第三角法のレイアウトにおいて、平面図と下面図、右側面図と左側面図を入れ替えると、第一角法のレイアウトになります（**図 3-2-5**）。第一角法は、イギリスで発達した画法であり、ヨーロッパを中心に普及してきました。そのため、第一角法はイギリス式画法とも呼ばれます。

3. 投影法の明示

第三角法も第一角法も、投影図の形状は同じで位置が異なるだけです。そのため、図面を見たときに、その図面が第三角法で描かれているのか、第一角法で描かれているのかは、各投影図の関係を眺めないと分かりません。

物体の形状によっては、同じ投影図であっても、第三角法と第一角法とで実際の品物の形状が異なることになります。つまり、図面がどの投影法で描かれているかを間違うと、全く異なる品物が完成してしまうことになります。そこで、図面の中に「この図面はどの投影法で描かれているか」を明示します。

投影法を表す記号が、**図 3-2-6** のように定められています。これは、図に示すような両面が平面になっている円錐（円錐台）をモデルに、その投影図を表して記号化したものです。円錐台をAから見た図に対して、Bから見た図は、上底部と下底部とで二重円に見えますが、その配置がそれぞれ第三角法と第一角法になっています。

図面を読む際、最初にこの記号を確認することで、この図面がどのような投影法で描かれているかを理解することができます。

図 3-2-6　第三角法と第一角法の記号

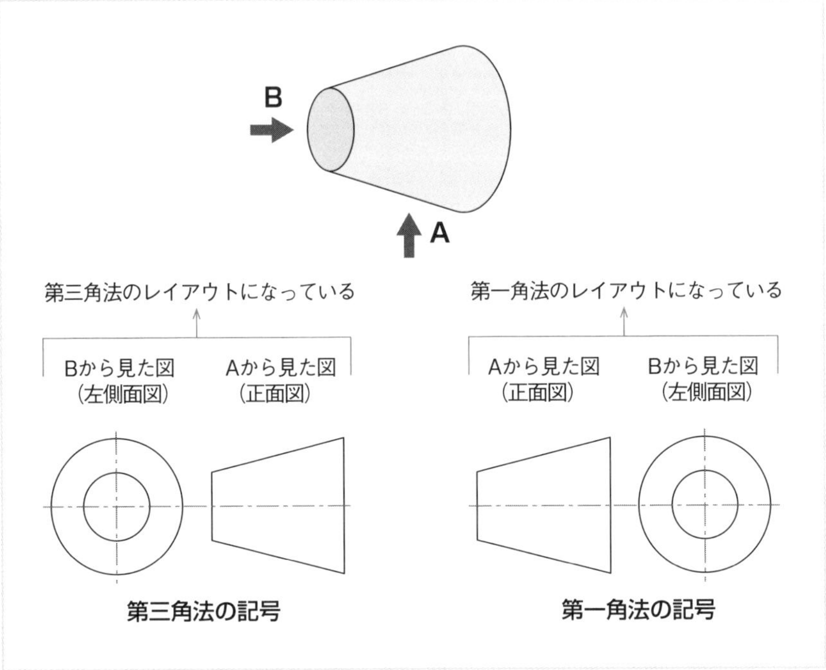

JISでは、従来は第三角法のみを規定していました。国際規格ISOでは、第一角法と第三角法の両方が規定されています。JISにおいても、ISOに準拠してJIS Z 8316（製図－図形の表し方の原則）において第三角法と第一角法の双方を用いることができるようになりました。ただし、JISの機械製図（JIS B 0001）では、第三角法を用いることにしています。

つまり、国内では主に第三角法が用いられることに加えて、第三角法は広く世界的にも普及しているため、日頃から扱う図面の多くは第三角法で描かれていると思います。しかし、第一角法もまた国際的に用いられています。よって、図面を描くとき、読むときの双方で、投影図の記号の表示に注意を払う必要があります。

次章以降、第三角法による図面の描き方を詳しく学んでいきます。

第４章

正投影法による図形の描き方

第4章 正投影法による図形の描き方

1 主投影図を選ぶ

● 主投影図（正面図）の選び方によって、図面の見やすさが大きく左右されます。そのため、図面を描く際には初めに主投影図にどの投影面を置くかを考えることが重要です。

1. 正面図に配置される投影図（主投影図）

第三角法などの正投影法において、正面図に配置される投影図（主投影図）は、次の考え方で選びます。

正面図になる投影面

正面図には、品物の形状や機能などの特徴を最も表す面を採用します。つまり、最も情報量が多い面を選びます。品物の「常識的な正面」とは限らないので注意が必要です。

自動車を例にとって考えると、常識的な正面と、図面における正面（主投影図）は必ずしも同じではないことが分かります。

＜自動車の場合＞

常識的な正面 ➡ フロントガラス、ヘッドランプから見た側
（まさに自動車の正面）

主投影図になる面 ➡ 自動車を横から見た投影図

【理由】

常識的な正面からは、自動車の全幅、全高、トレッド（左右のタイヤの間隔）は読み取れますが、車両の形式（セダン、ステーションワゴン、ハッチバックなど）、全長、シートレイアウト、前後輪の間隔などが読み取れず、情報量が少なくなります。自動車を横から見ることで、これらの情報量が最も多く得られます。

図 4-1-1 に自動車の三面図の例を示します。

図 4-1-1　自動車の三面図の例

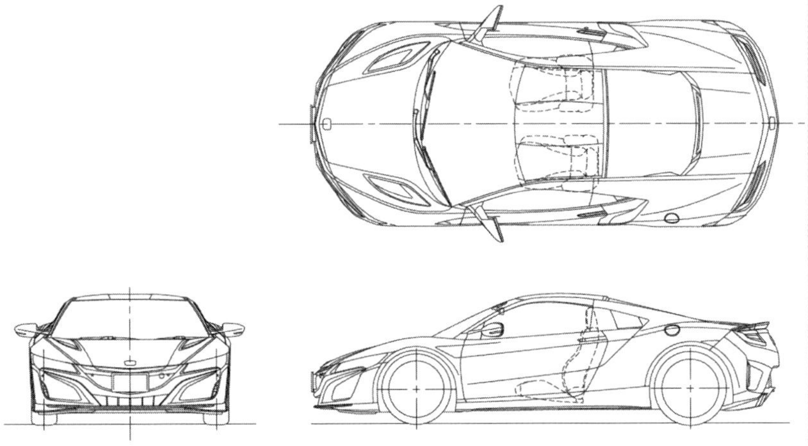

正面図（主投影図）

出典：本田技研工業株式会社
「NSX 2019 年モデル」

2 必要な投影図の数

● 正投影法による図面は、正面図、平面図、右側面図、左側面図、下面図、背面図の6つの投影図がありますが、常に6個の投影図を描くわけではありません。

1. 6つの投影図

第三角法などの正投影法による図面では、正面図、平面図、右側面図、左側面図、下面図、背面図の6つの投影図があります。しかしながら、6方向から投影しなくても形状が分かるものも多くあります。そのような状況において、必ず6面の投影図を描くのは非効率です。そのため、投影図の数は「必要最小の数」で済ませるのが基本です。

例として、**図4-2-1**に示す、斜面や溝を持つブロック状の物体の投影図を考えます。

図4-2-1 斜面や溝を持つブロックの立体

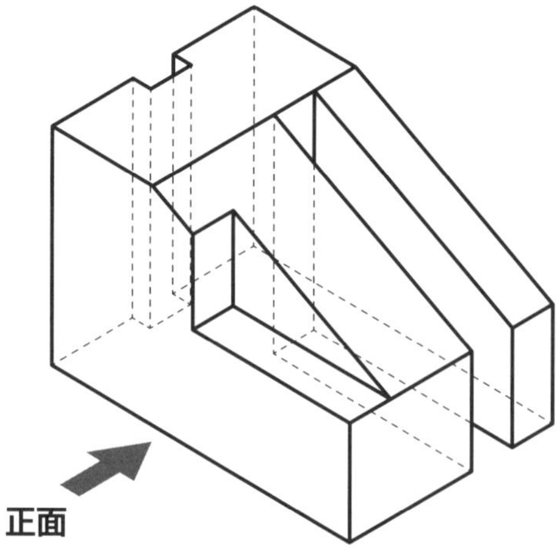

図 4-2-1 の「正面」と書かれた矢印から見た方向を**正面図**（**主投影図**）とします。主投影図の選び方は設計者によってある程度任意性がありますが、ここでは物体の全体像を考えて、斜面が明確に現れる面を主投影図に選びました。

この物体の投影図を、**第三角法のレイアウトで６面すべてを描く**と、**図 4-2-2** のようになります。しかし、投影図は必要最小の数で描けばよいので、不要な投影図は描く必要がありません。

この図を例にとり、不要な投影図を考えてみましょう。

図 4-2-2　第三角法による６面の投影図

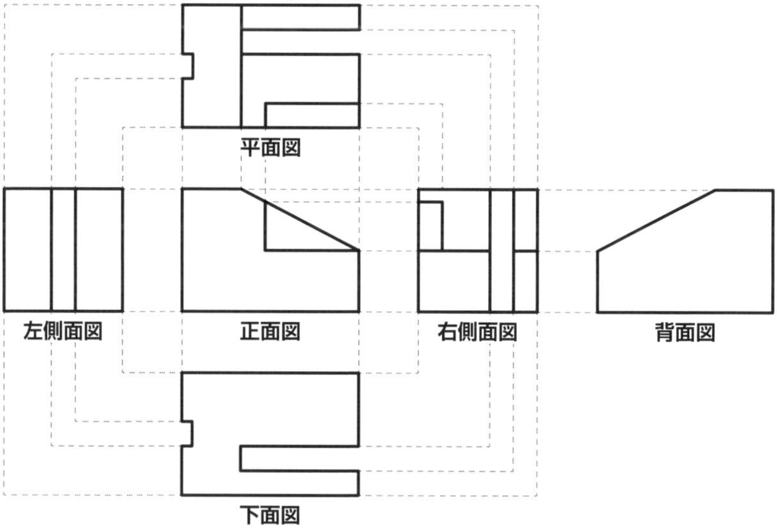

(1) 背面図

明らかに不要な投影図は、主投影図に情報が示されている図です。これは、背面図が該当します。背面図には、この物体が斜面を持つことが現れていますが、それは主投影図にも示されています。また、主投影図には正面図の手前側にある溝が示されていますが、背面図にはそれらの形状がありません（背面は平らな面であるため）。

よって、背面図にはこの物体に関する新しい情報は一切含んでいませんので、不要であることが分かります。

(2) 下面図

背面図と同じ理由で、下面図も不要です。下面図にはこの物体の底面が長方形状であることと、2か所の溝が示されていますが、それは平面図を見れば分かります。

よって、下面図は不要であることが分かります。

(3) 左側面図

左側面図には、コの字状の溝（矩形の溝）の部分を示す2本の縦線が示されています。しかしながら、この溝部分は平面図に示されています。平面図からはコの字状であることも分かりますので、左側面図よりも詳しい情報が示されています。

よって、左側面図は不要になります。もし、この溝が上下方向の途中までしかない場合、溝部分がある高さを示す必要が出てきます。そのような場合には、左側面図も必要になってきます。

したがって、**図 4-2-3** に示すように、正面図、平面図、右側面図の3面を描けば、この物体の形状を示せることが分かります。このように、3面を示せば形状を示せる品物が多いため、この3面の図を三面図と呼びます。

図 4-2-3　三面図で示せる図の例

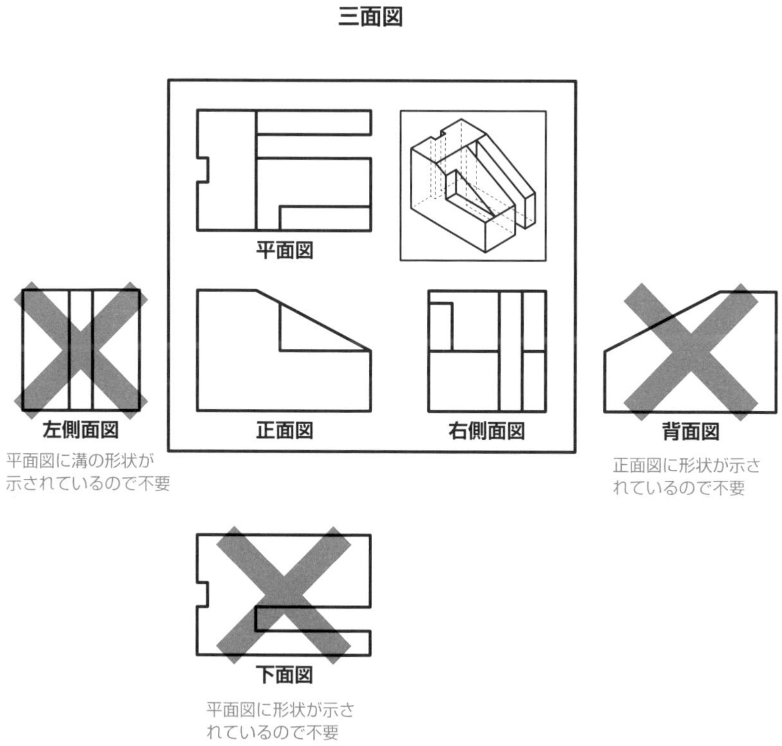

次に、2面で表せる図の例を示します。

図 4-2-4 に示すように、段差を持つブロックを考えます。階段状の段差の形状が現れる面を主投影図として三面図を描くと、**図 4-2-5** になります。この中で、平面図にはブロックの上側にある階段状の段差の線と、このブロックの幅が示されています。階段状の段差は主投影図に描かれています。また、ブロックの幅は右側面図に描かれています。そのため、平面図は不要であることが分かります。

よって、このブロックは2枚の投影図で描くことができます。

図 4-2-4　階段状の段差を持つブロックの等角図

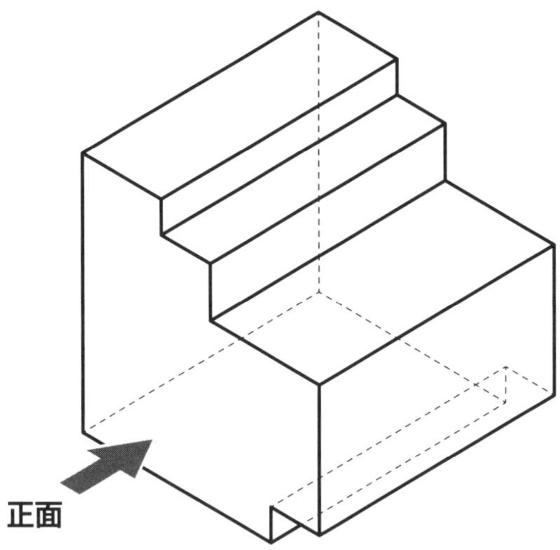

図 4-2-5　階段状の段差を持つブロックの図面

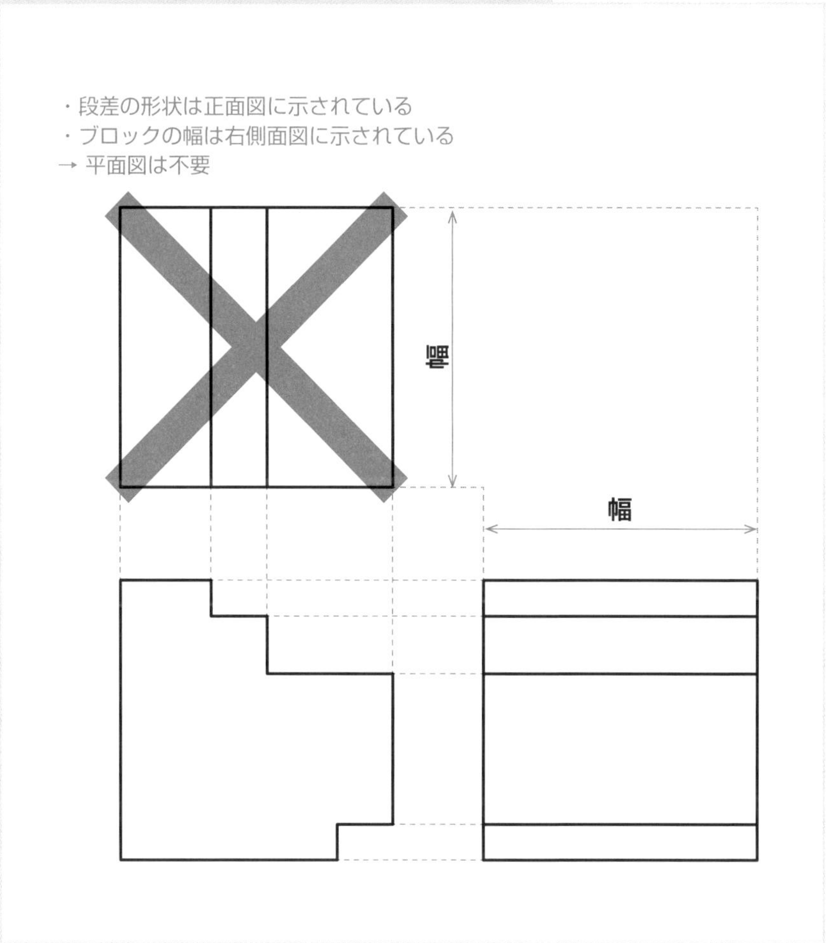

最後に、1 面（主投影図のみ）で示せる図の例を示します。

図 4-2-6 に示すような、丸棒（シャフト）の図面を考えます。背面図と下面図と平面図は、主投影図と同じ形状になりますので、明らかに不要です。

右側面図を描くことで、この物体は丸棒であることが分かります。しかしながら、通常は寸法を入れることになるため、**図 4-2-6** に示すように ϕ 30 などのように棒の外径の寸法が記入されます。

つまり、記号φが記入されている場合、その部分は円形であることが分かります。その結果、右側面図がなくても側面は円形であることが分かります。

よって、このような場合には側面図も不要になり、主投影図だけで形状を表せることが分かります。

図 4-2-6　1 面で示せる図の例（丸棒）

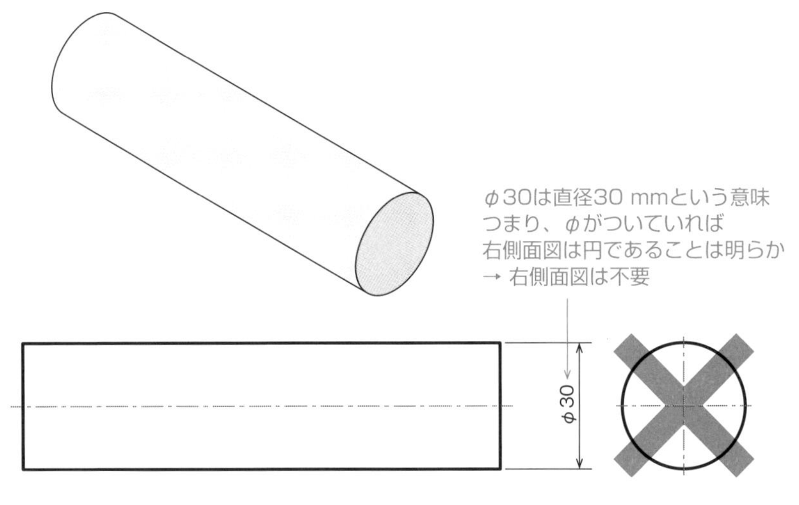

3 図形の向き

●図面を描く際に、どの向きに描くのがよいか、その基本的な考え方を説明します。

1. 加工の際に置かれる向き

品物を加工する際に使用する部品図は、加工時の向きに図面を描くことで加工者にとって読みやすく、作業効率の向上や加工ミスの防止につながります。そのため、**最も加工量が多い工程**を基準として、その**加工時に置かれる向き**に図面を描くとよいです。

丸棒を削って段付きの棒を加工する場合を考えてみましょう。

図 4-3-1　旋盤による丸棒の加工

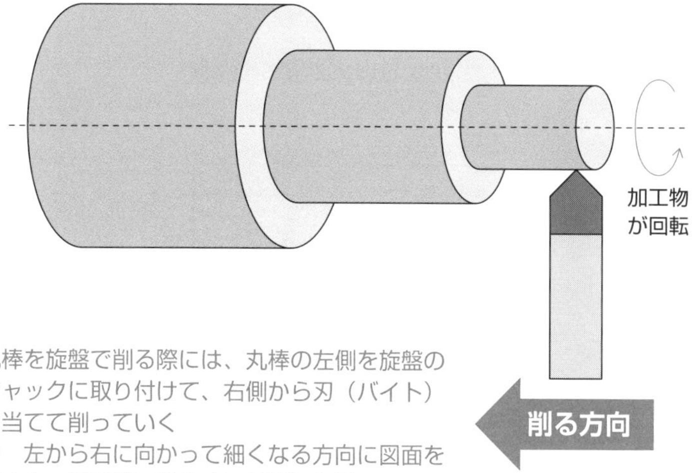

丸棒を旋盤で削る際には、丸棒の左側を旋盤のチャックに取り付けて、右側から刃（バイト）を当てて削っていく
→　左から右に向かって細くなる方向に図面を描くと、加工時に見やすい図面になる

図 4-3-1 に示すように、丸棒を加工するには、一般には旋盤と呼ばれる工作機械を用います。つまり、丸棒の左側を旋盤のチャックに取り付けて、丸棒を回転させながら右側からバイト（刃）を当てて削っていきます。

よって、**図 4-3-2** に示すように、右に行くほど細くなるような向きに描くとよいことになります。

図 4-3-2　丸棒などの外面を旋削加工する場合の図形の向き

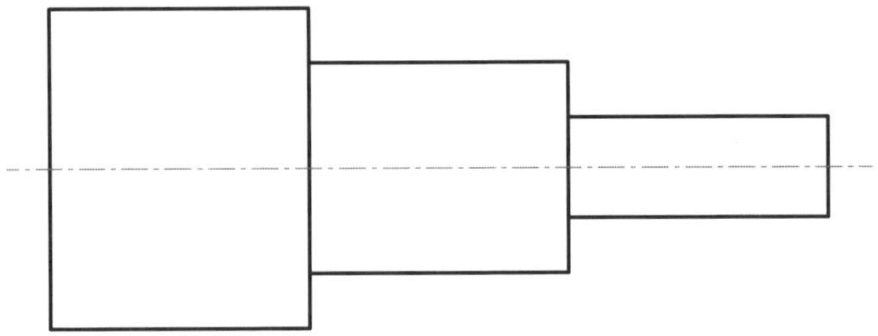

図 4-3-3　内面を旋削加工する場合の図形の向き

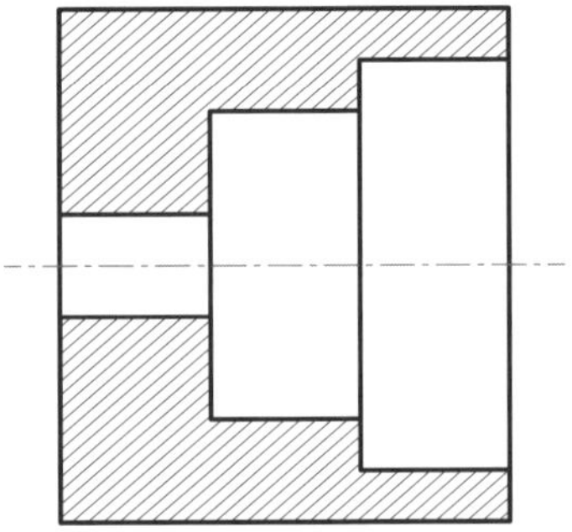

なお、丸棒の内側を削って円筒状に加工する際には、右に行くほど内径が大きくなるように描くのが適切です（**図 4-3-3**）。

2. 表面を平削りする場合

表面を平削りする場合、**図 4-3-4** に示すように削る面が図の表面側にくるようにします。また、図のように水平方向（横長）に置いて描くのがよいです。

図 4-3-4　平削りする場合の図形の向き

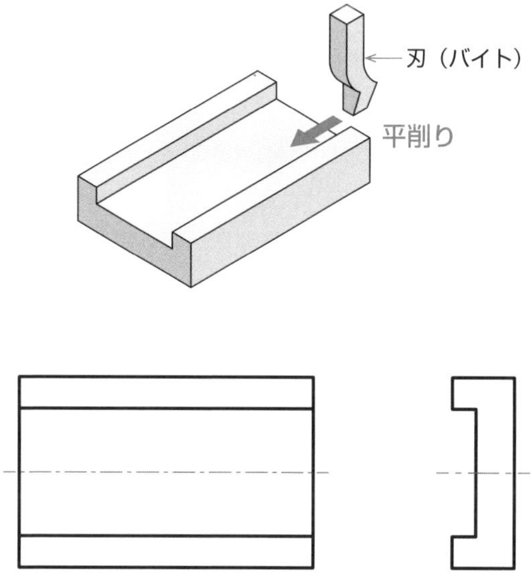

3. 対象物を横長に置いた状態

特別な理由がない場合、対象物を横長に置いた状態で描きます。**図4-3-5** に示すような細長い板状の品物を描く場合、通常は横長に描きます。

図 4-3-5　対象物を横長に置いた状態で描く

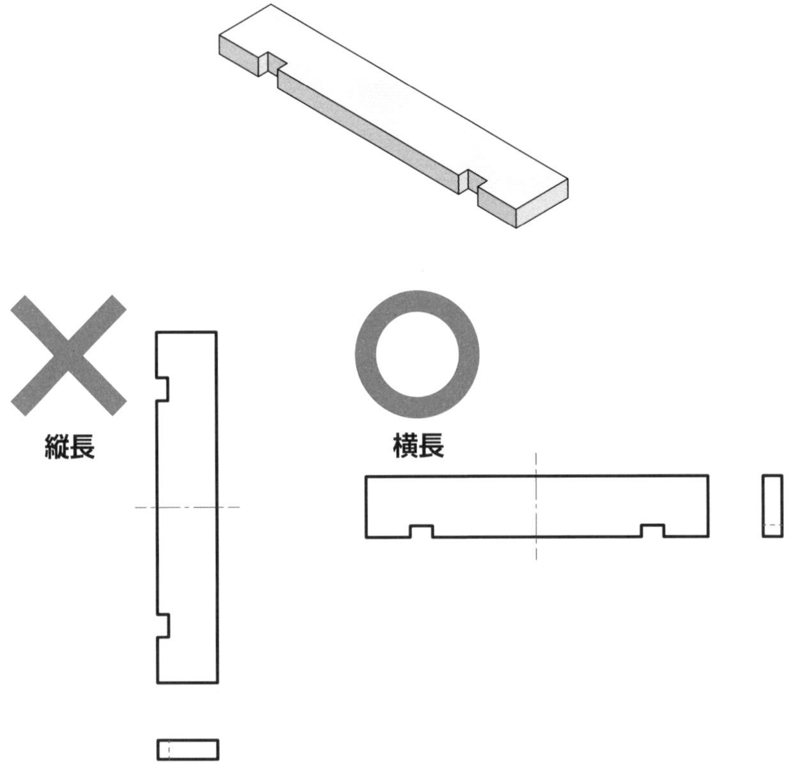

4 かくれ線の取り扱い

●かくれ線（太い破線または細い破線）を用いることで、見えない形状を示すことができますが、多用するのは禁物です。

1. かくれ線の示し方

かくれ線（太い破線または細い破線）を用いることで、かくれていて見えない形状を示すことができます。しかし、かくれ線を示すことで図面が線だらけになって見にくくなることになります。

次ページの図 **4-4-1** は、P.57 の図 **4-2-2** で示した図に、かくれ線を入れたものです。かくれ線を入れることにより、かえって形状が分かりにくくなっています。

このように、かくれ線を示さなくても形状が分かる場合には、かくれ線をやみくもに記入せずに、省略するのが基本です。

かくれ線（太い破線または細い破線）を描くとかえって図が複雑になり分かりにくくなる恐れがある。

➡ かくれ線がなくても形状が理解できる場合には、かくれ線は省略する。

図 4-4-1　かくれ線を示した図面

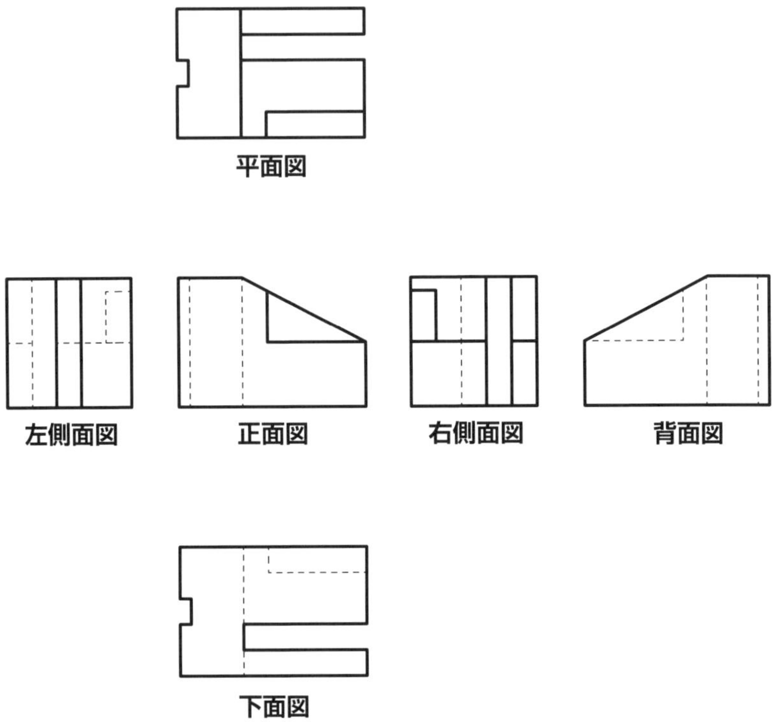

第4章 正投影法による図形の描き方

5 補助となる投影法

●図面を合理的に描くための補助となる投影法を学びます。

正投影法では、正面図、平面図、右側面図、左側面図、下面図、背面図の最大6面の投影図があることを学びました。このほかに、図面を合理的に描くための補助となる投影法があります。ここでは、それらの補助となる図法の使い方を学びます。

1. 補助投影図

正投影法では、品物のある面に直角に平行光線を当てて、その面の形状を正確に表すことができます。

一方で、品物に斜面部がある場合はその部分の実長が現れません。

図 4-5-1 に示す金具は、斜面を持っているため、正投影法で右側面図を描くと、右側面図には斜面部の実長が現れません。また、斜面に開けられている穴も、斜めに見ているため楕円になっています。

このような場合に、斜面部に垂直に見た際の投影図を描くことで、斜面部の実際の形状を正しく示すことが可能です。このような投影法を補助投影と呼びます。

補助投影図

傾斜部の実形状を表すために、傾斜面に平行な投影面を設け、傾斜面に垂直に見た場合の投影図を描く方法です。

図 4-5-1　斜面部を持つ品物の投影図

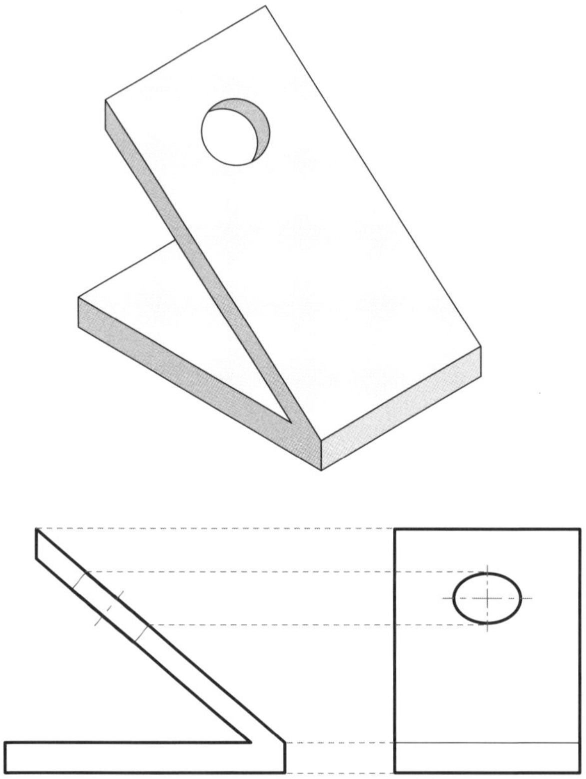

図 4-5-1 の右側面図の代わりに、斜面に垂直に見た際の補助投影図を描いた例を、**図 4-5-2** から**図 4-5-4** に示します。

図 4-5-2 は、斜面部に平行な補助となる投影面を設けて斜面部の実形を表しています。スペースの都合などにより、このような位置に補助となる投影面を置けない場合には、**図 4-5-3** または**図 4-5-4** のように描くことも可能です。

図 4-5-3 は、穴の中心線を基準にして、この中心線を折り曲げて位置をずらして補助投影図を描いています。

図 4-5-4 は、矢印と文字を使って投影関係を表示したものとなります（矢示法）。

図 4-5-2　補助投影図

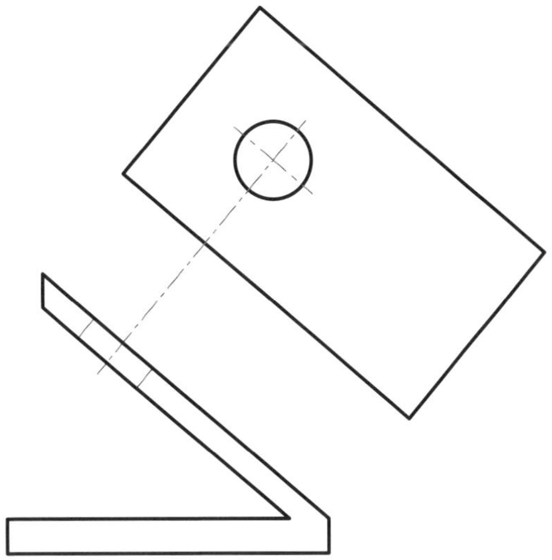

図 4-5-3　中心線を折り曲げて描く場合

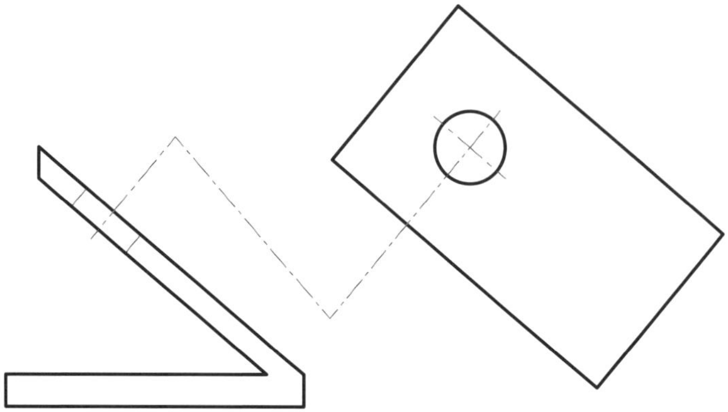

図 4-5-4　矢示法で示す場合

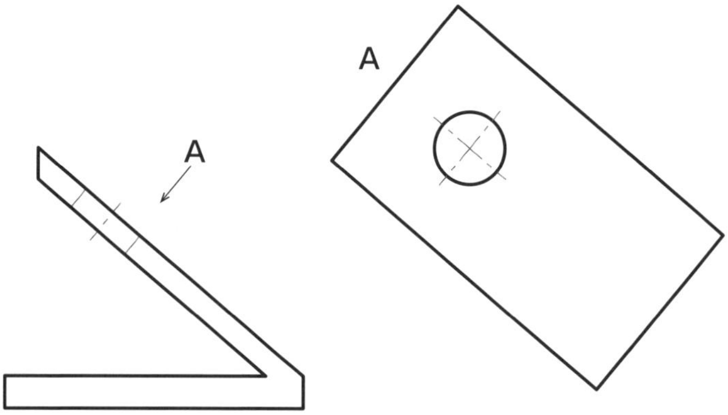

2. 部分投影図

図 4-5-5 に示すような、段付きの軸の先端に、キー溝（楕円状の溝）がある品物を描くとします。第三角法で三面図を描くと**図 4-5-5** のようになります。このとき、正面図を平面図と比べると、キー溝部分以外は同じです。この場合、必要な部分だけを描けば十分です。

図 4-5-5　キー溝を持つ段付きの軸

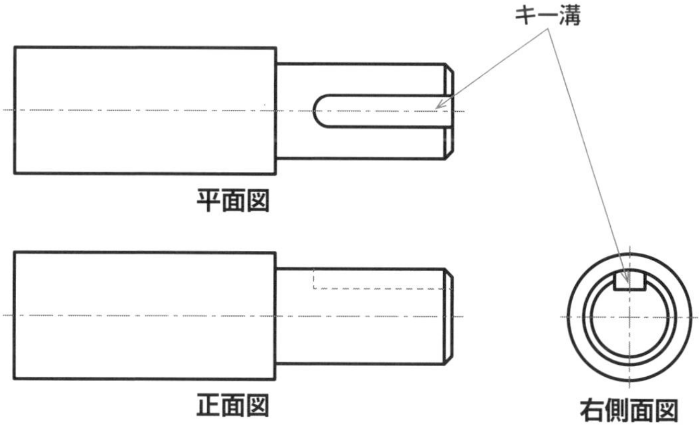

上記の軸において、平面図の部分はキー溝の形状が示せればよいことになります。そこで、部分投影図を使って必要な部分のみを描くことができます。キー溝部分を部分投影図で描いた場合は、**図 4-5-6** のようになります。

部分投影図

品物の一部分だけを示せばよい場合に、破断線で任意の部分で切って、必要な部分だけを描く方法です。

図 4-5-6　部分投影図の例

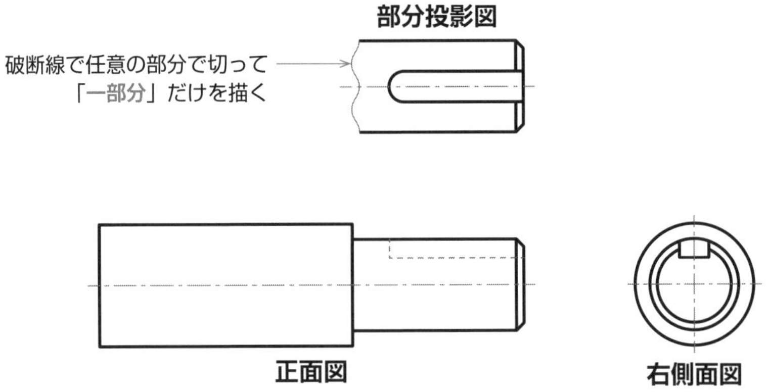

3. 局部投影図

この方法は、部分投影図と同じように、必要な部分のみを描く方法です。部分投影では、描く部分を破断線で任意に切って指定します。一方で、局部投影は、**品物を構成する一局部**を描きます。穴、**溝などの完結した一局部**の形状を描く際に用いられます。

局部投影図

品物の一局部だけを示せばよい場合に、その局部だけを描く方法です。

図 4-5-5 で示した軸（シャフト）を局部投影図で描くと、**図 4-5-7** のようになります。この場合、平面図には**キー溝部分という局部**のみを描いています。局部投影図を描く際には、主投影図との投影関係を、中心線、基準線、寸法補助線などで結んで明示します。

図 4-5-7　局部投影図の例

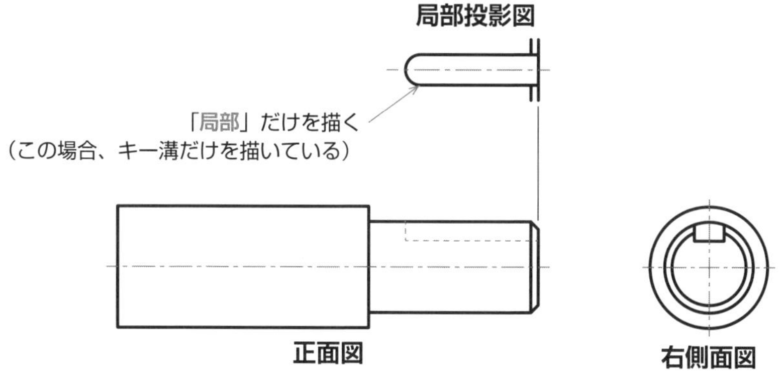

4. 回転投影図

図 4-5-8 に示すように、角度を有するアームを持つ品物があるとします。この投影図（下面図）をそのまま描くと、アームの実長が描かれません。そこで、アームを水平方向まで回転させて投影図を描くことで、アームの実長が現れます。このような投影法で描かれた投影図を回転投影図と呼びます。

図 4-5-8　回転投影図の例

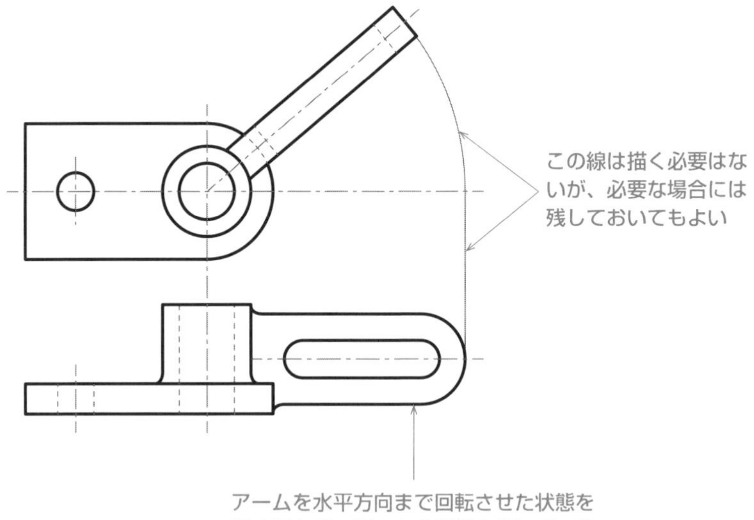

5. 部分拡大図

図 4-5-9 に示すように、品物の一部にある狭い部分の形状や寸法を示したいときに、その部分のみを拡大して描くことができます。拡大したい部分を細い実線で囲んで“A”などのようにラテン文字の大文字で示したうえで、別途、拡大図を倍尺で描きます。

図 4-5-9　部分拡大図の例

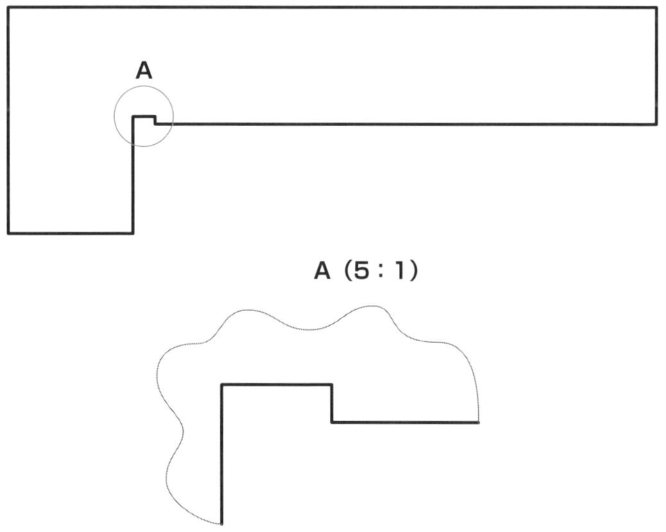

6. 展開図

薄い板材を曲げて作る品物は、曲げた後の形状も重要ですが、曲げる前の板材の全体の長さなどが分かると便利です（製作する側が加工前の材料の形状を理解しやすいなど）。そのような場合には、**曲げていない展開した状態の投影図**を描きます。

曲げた板状の品物に対して、平面図に展開図を描いた例を**図 4-5-10** に示します。平面図を展開図にすることで、曲げる前の母材の形状、曲げる前に加工する穴の位置などが一目瞭然になります。

図 4-5-10　展開図の例

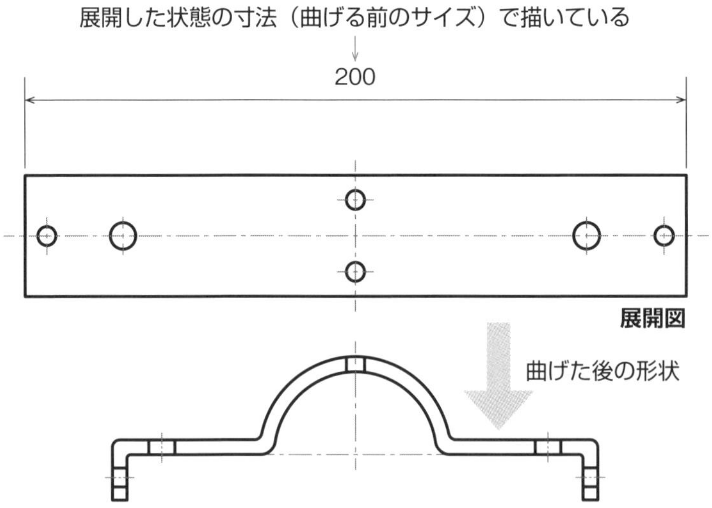

第５章

断面図の描き方

第5章 断面図の描き方

1 断面図の種類

●製品に用いられる部品などの構成要素は、外観以上に内部構造が重要な場合が多々あります。物品の内部構造などを示すために、その物品を切断した状態の投影図を描く必要があり、このような投影図を断面図と呼びます。

物品の構造を合理的に表すために、様々な断面の切り方があります。代表的な断面図の種類を以下に記します。

全断面図：1つの切断面で品物を切断した断面を描く方法（☞ P.81）

➡ 内部構造を表す最も基本的な方法です。

片側断面図：対称形の品物に対して、基本中心線を境に片方を断面で描き、もう一方は外形で描く方法（☞ P.87）

➡ 外形と内部構造を同時に表せる方法です。

部分断面図：品物の任意の部分を断面で表し、残りの部分を外形で示す方法（☞ P.89）

➡ 部分的に内部構造を有効に示せる方法です。

回転図示断面図：断面部分を回転させて示す方法（☞ P.91）

➡ 投影図を減らして、簡便で分かりやすく断面構造を示せる方法です。

組み合わせによる断面図：2つ以上の切断面の断面を組み合わせて、1つの投影図にする方法（☞ P.96）

➡ 品物の内部の異なる部位の内部構造を1枚の投影図にまとめて表すことができる方法です。

多数の断面の表示：複数の場所で切った断面を描く方法（☞ P.102）

➡ 複数面で切った断面形状を描くことで複雑な形状を表せる方法です。

次ページ以降に、断面図の種類と描き方を具体的に見ていきます。

2 全断面図

● 1つの切断面で品物を切断した断面を描く方法で、内部構造を表す最も基本的なものです。

全断面図は、最も基本的な断面図で、基本中心線で品物を切断して、その断面を描く方法です。

図 5-2-1 に立体図で示す品物を例に考えてみましょう。**図 5-2-1** に示す物品は、中央部に段付きの穴が開いていることと、上下に座ぐりを持つ小さな穴が2つ開いていることが特徴的です。これはベアリングホルダーと呼ばれる部品で、中央の大きな穴にベアリングが挿入され、ベアリングの内部に軸が入ります。

図 5-2-1　ベアリングホルダーの立体図

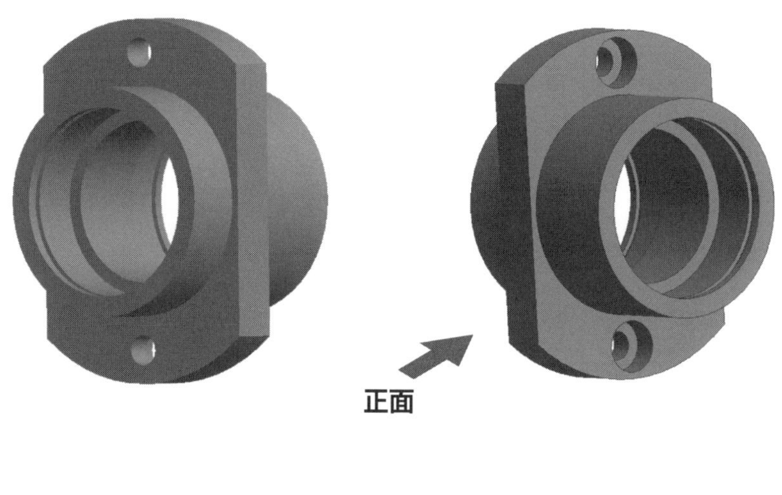

この物品について、図中の矢印「正面」と書かれた方向から見た投影図を正面図（主投影図）とします。

正面図を断面にせずに外形のみで描くと**図5-2-2（a）**のようになります。**図5-2-2（a）**は、外形のみが描かれているため、この図だけでは内部の構造は分かりません。右側面図や左側面図などを描くことで内部構造の一部を表すことはできますが、側面から投影しても、その奥行き方向の形状は正確には分かりません。**図5-2-2（b）**は右側面図ですが、右から見た外形の形状と、穴の大きさなどは分かりますが、穴の奥行きの情報は得られません。

図5-2-2　ベアリングホルダーの投影図（外形のみで描いた場合）

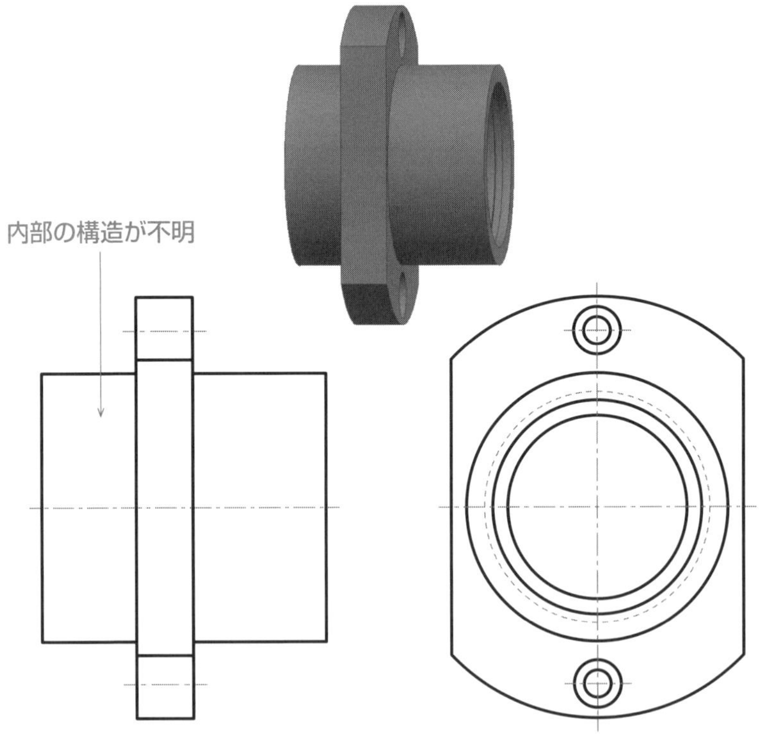

(a) 外形のみを描いた正面図　　**(b) 右側面図**

このような理由から、**図 5-2-2(a)** の主投影図において、かくれて見えない内部の構造を示すことが有効です。かくれて見えない線を表す方法として、かくれ線があります。

図 5-2-3 に、かくれ線で内部構造を示した図を示します。このように、かくれ線を使えば内部構造を示すことは可能です。しかしながら、途切れた線であるかくれ線を多用すると、形状が読み取りにくくなります。このような場合に、断面図を使うのが有効です。

図 5-2-3　かくれ線を使って描いたベアリングホルダーの投影図

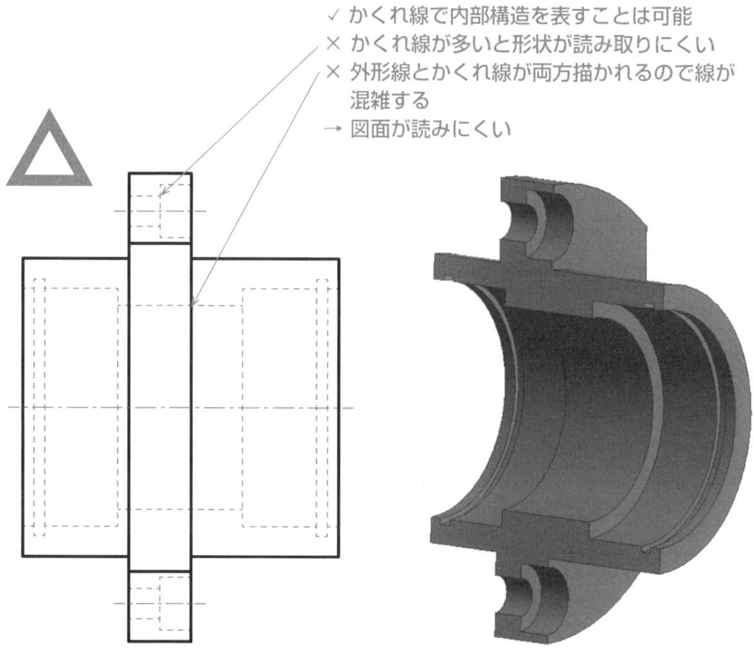

全断面図を使って描いた場合、**図 5-2-4** のようになります。全断面図とは、品物を 1 つの平面で仮想的に切断した場合に得られる断面を描いた図ですから、一般的には基本中心線の部分で全断面を取ります。つまり、右側面図における縦方向の基本中心線で切った断面を描いています。全断面図を使うことで、品物の内部形状（穴の径、奥行き、段が何段あるか、溝の有無）などを正しく表すことが可能です。

図 5-2-4　全断面図で描いたベアリングホルダーの投影図

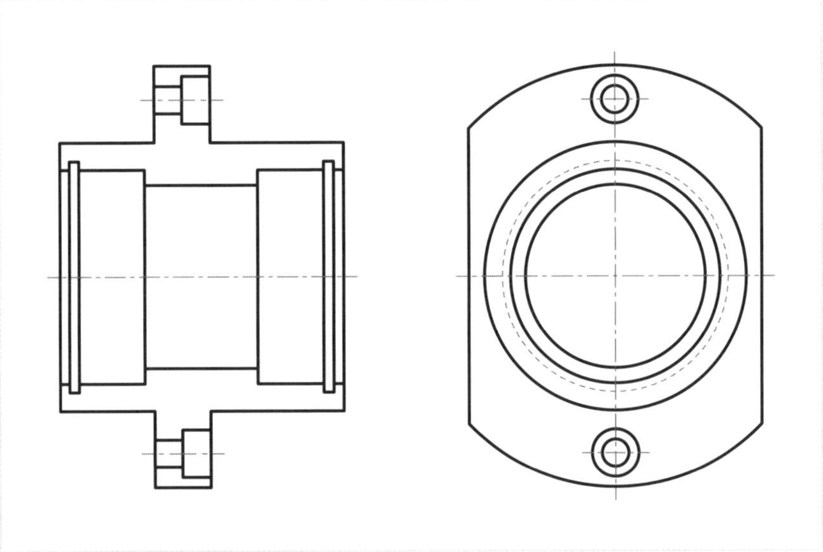

図 5-2-4 において、切断面（切り口）はどこになるのか、慣れるまでは判別が難しいと思います。切断面を明確に示す方法として、切断面にハッチングを施すことがあります。

図 5-2-5 に、切断面にハッチングを施した場合の図を示します。ハッチングは、細い実線で 45° の傾きを持った 2 ～ 3 mm 間隔の線で描きます。また、必要に応じて、ハッチングの角度・方向・間隔を変えることもあります。

ハッチングを施すことで、この図が断面図であること、どの部分が切断面なのかが明確になります。しかしながら、ハッチングを施すためには手間が必要になりますので、断面であることが明らかな場合には省略します。つまり、ハッチングを施さなければ誤解を生みそうな場合を除き、ハッチングは入れなくても問題ありません。

図 5-2-5　ハッチングを施した場合

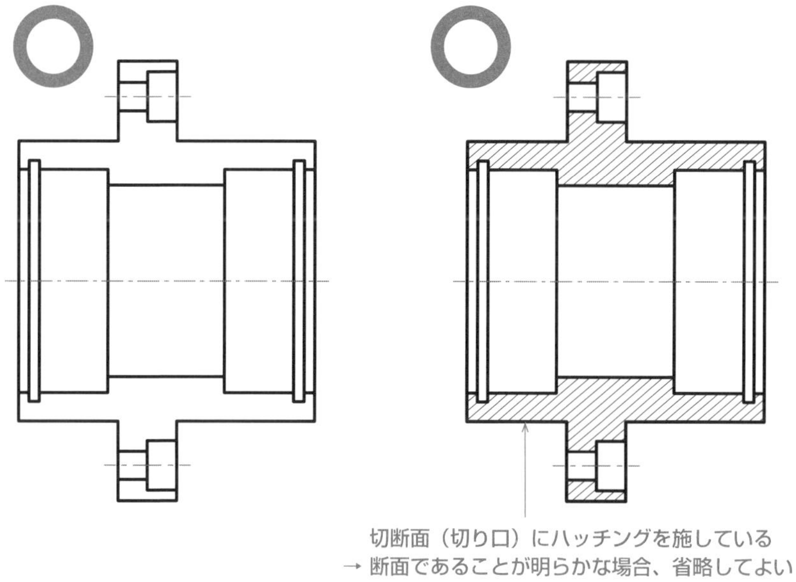

断面図は、“**切断面**”と“**切断面の先に見える線**”で構成されます。切断面の先に見える線を正しく描かないと、断面図が完成しませんので注意しましょう。

図 5-2-6 に、切断面のみを描いた例（誤った描き方）と、切断面の先に見える線を描いた例(正しい描き方)をそれぞれ示します。断面を描く際には、切断面に加えて、その先に見える形状を正しく描くことが重要です。

図 5-2-6　断面図を描く際の注意事項（切断面の先に見える線を正しく描く）

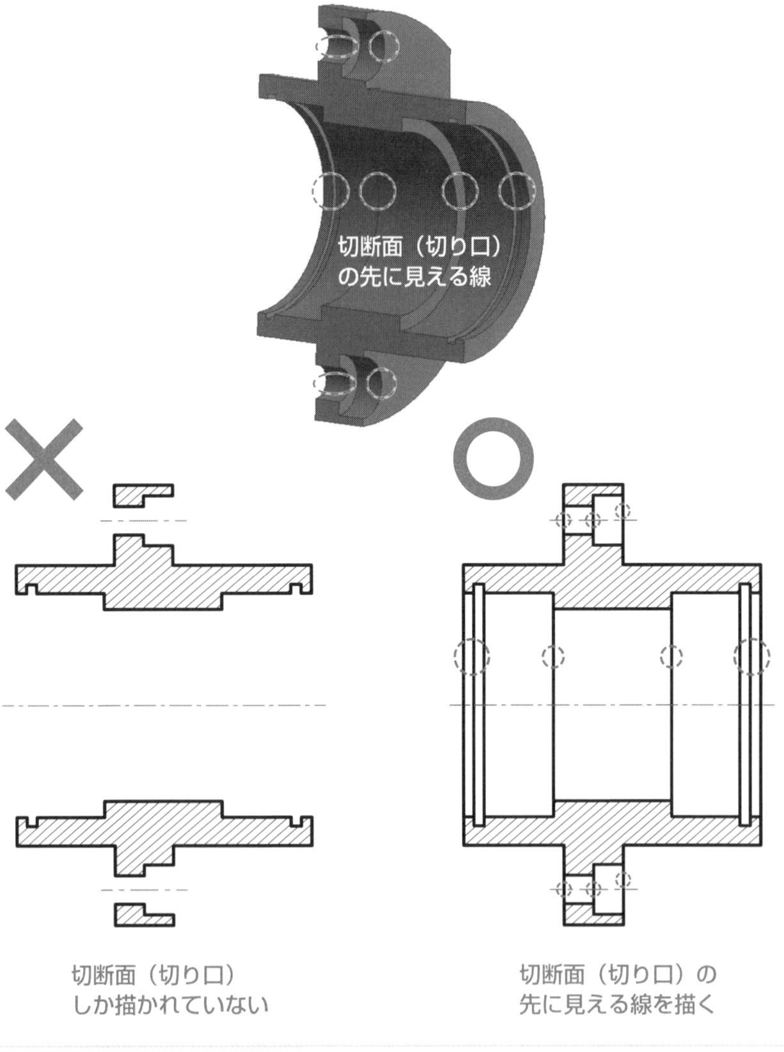

3 片側断面図

- 対称形の品物に対して、基本中心線を境に片方を断面で描き、もう一方は外形で描く方法です。
- 外形と内部構造を同時に表すことができます。

図 5-2-4 に示したように、全断面図を用いることで品物の内部形状を明示することができます。一方で、全断面図にすると、**品物の外形が消えてしまいます。**

一般的に、品物の外観と内部構造はともに重要ですので、外形（外観の形状）と内部構造の両方を示したいケースがあります。このような場合、上下対称または左右対称の形状をした品物では、**片方を断面で描き、もう一方を外形で描く**ことが可能となります。これを、**片側断面図**（**半断面図**）と呼びます。

図 5-2-4 で示したベアリングホルダーを片側断面図で描くと、**図 5-3-1** のようになります。

図 5-3-1 の片側断面図（半断面図）において、上側半分は断面図、下側半分は断面でないそのままの投影図で描かれています。片側断面図を用いることで、1枚の投影図で外観形状と内部構造の両方を、同時に示すことができます。

図 5-3-1　片側断面図（半断面図）

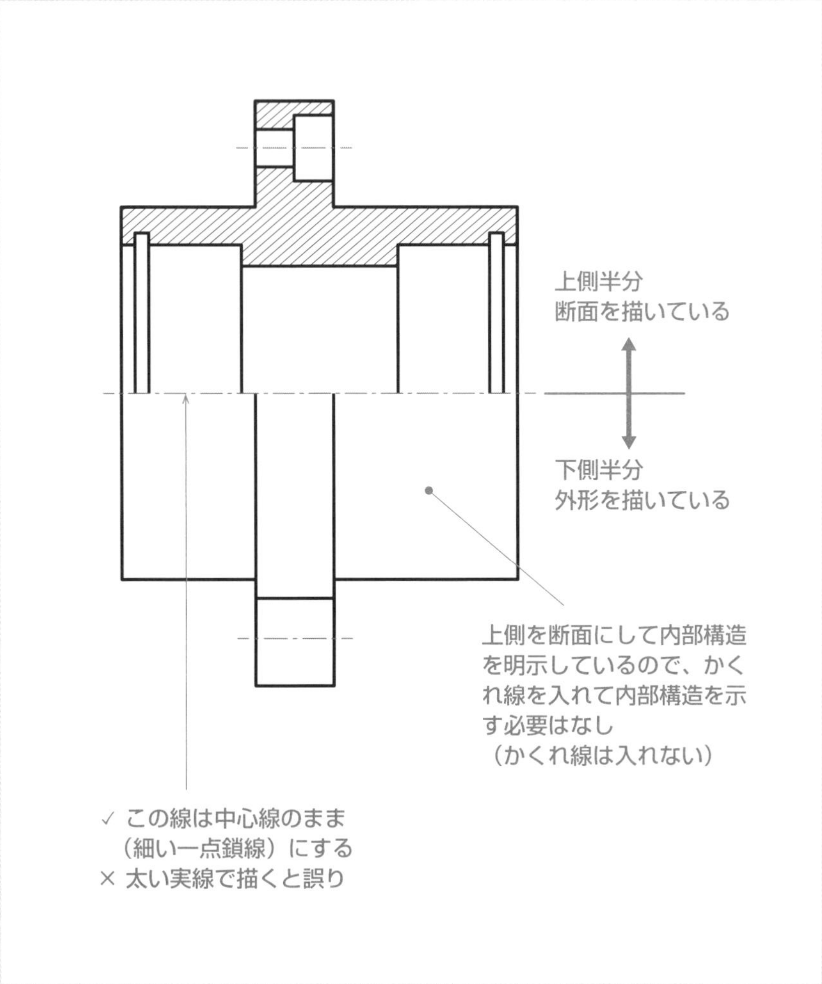

4 部分断面図

●品物の任意の部分を断面で表して、残りの部分を外形で示す方法です。部分的に断面で表す場所の内部構造を、有効に示すことができます。

図 5-3-1 で示したように、基本中心線を境にして片側を断面にする方法を片側断面図と呼びましたが、部分的に断面にしたい場合には**部分断面図**という方法を使います。

部分断面図の例として、ベアリングホルダーの一部分を部分断面図にした例を**図 5-4-1** に示します。部分的に断面にしたい任意の場所を指定して断面で描きますが、その境目には**破断線**（フリーハンドの細い実線または細いジグザグ線）を引きます。

図 5-4-1　ベアリングホルダーを部分断面で描いた例

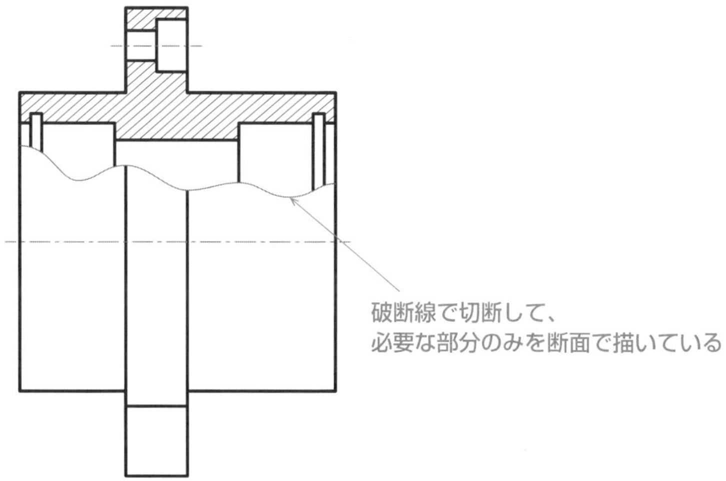

“フリーハンドで線を引く“ことで、その線は直線にはならず、不規則に曲がっています。これによって、切断していることが明らかになります。つまり、意図的に直線ではない線を引くのがポイントとなります。

もう一つ部分断面の例を示します。軸の先端部分にあるキー溝を部分断面で描くと**図 5-4-2（b）**のようになります。後で説明をしますが、軸は、通常断面では描きません。そのため、キー溝はかくれてしまい見えません。そのような場合に、部分断面を使うことで、キー溝部分のみを断面で描くことができます。

図 5-4-2　キー溝を部分断面で描いた例

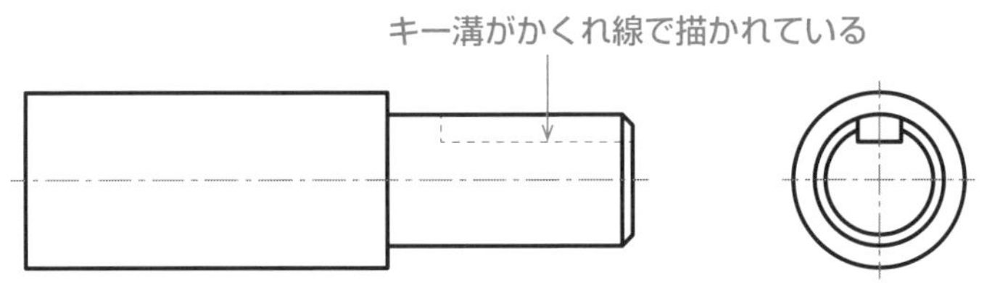

（a）かくれ線でキー溝を示す場合

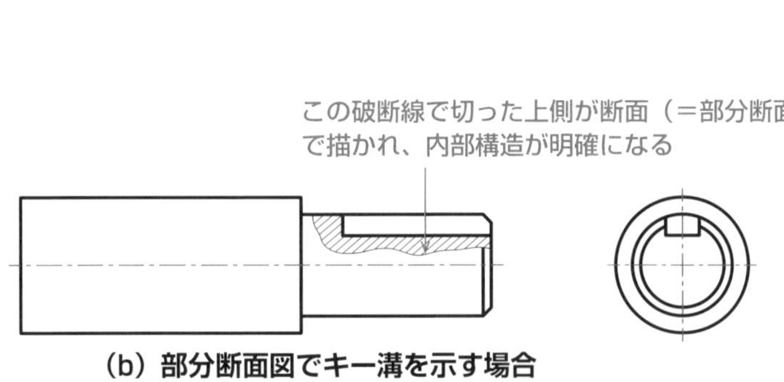

（b）部分断面図でキー溝を示す場合

5 回転図示断面図

- 断面部分を回転させて示す方法です。
- 投影図を減らして、簡便かつ分かりやすく断面構造を示すことができます。

図 5-5-1 の破断線を用いて切断した間に断面を描く例のような、アームや鉄筋（レール）の右側面図に相当する投影面を断面で描きたいとき、右側面図を断面で描くことも可能ですが、正面図中の断面を回転させて見せることが可能です。

図 5-5-1 の例では、アームの途中や鉄筋（レール）の途中の部分の断面を、こちら側（正面）に向くように回転させて描いています。このような画法の断面を、**回転図示断面**といいます。回転図示断面を用いる際には、**図 5-5-1** に示す例のように、**切断箇所の前後を破断線で示してその間に断面を描きます。**

また、**図 5-5-2** の図形中に回転した断面を描く例に示すように、**図の中に直接断面を描く**ということも可能です。

図 5-5-3 の切断線の延長上に断面を描く例に示すように、いくつかの異なる断面形状を持つ品物において、任意の位置での回転図示断面を描きたい場合、**切断線の延長上で回転させて描く**方法があります。

図 5-5-1　回転図示断面（破断線を用いて切断した間に断面を描く例）

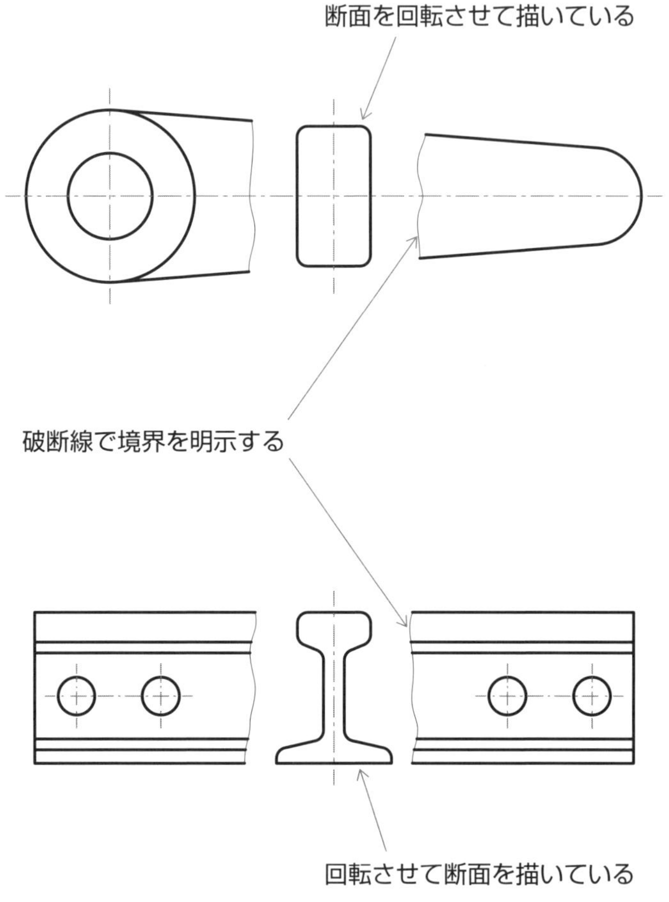

図 5-5-2　回転図示断面（図形中に回転した断面を描く例）

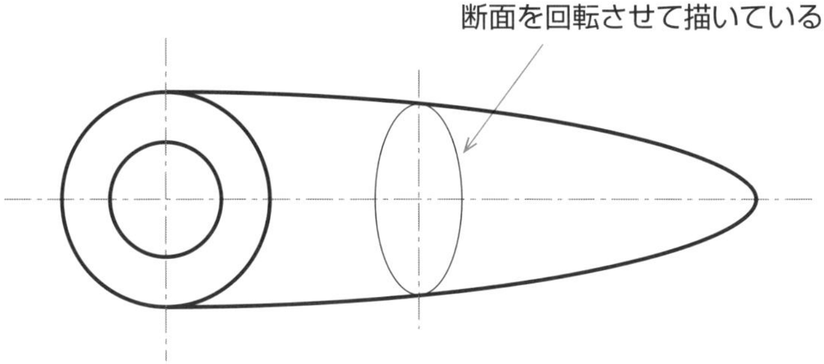

図 5-5-3　回転図示断面（切断線の延長上に断面を描く例）

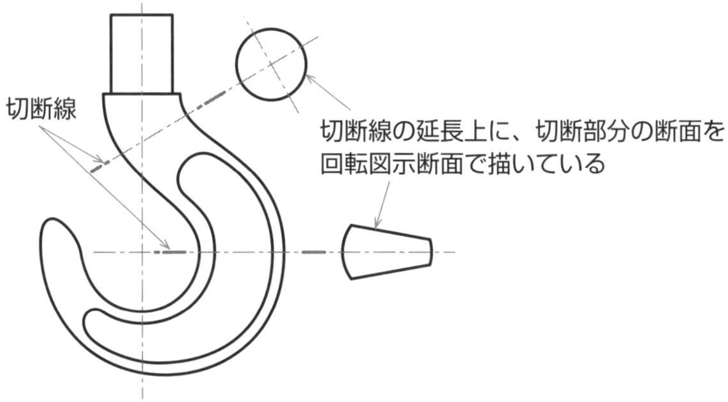

6 基本中心線以外での切断

- 基本中心線以外の場所で切断した断面図を描く場合には、「どの面で切断したのか」を示す必要があります。

図 5-6-1 に示すような、ブロック状の物体に溝、穴、突起などを持つ品物を描きたいとします。

この品物の断面を示す際、特徴的な形状を最もよく表す位置で切断した断面を描くことが可能です。

図 5-6-1　溝、穴、突起などを持つブロック状の物体（その 1）

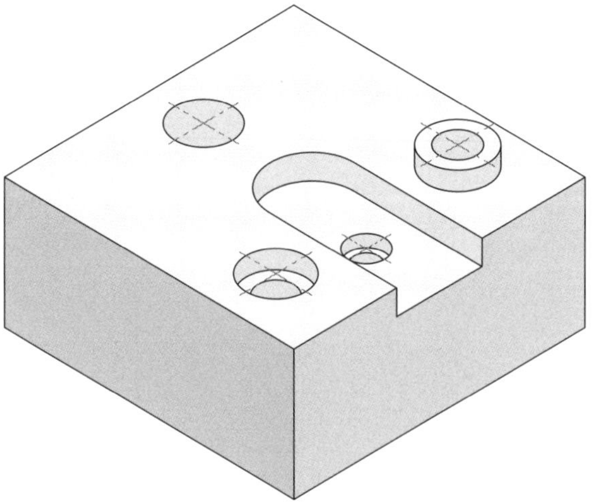

図 5-6-2 に示すように、溝と突起を含む3か所の穴がある位置での断面を描く場合には、切断線 A–A を引いて断面を描く面を明示します。その上で、第三角法の配置で断面図 A–A を描きます。切断線は端部を太く描き、“ここからここまでを切断している”ということを示します（途中で切断線の向きが変わる場合には、その部分も太くする）。太く描かれた部分に、矢印で A などと書かれていますが、この矢印は、切断面を見る方向を表しています。

つまり、“切断線で示す部分で切断された投影面 A－A を矢印の方向から見た断面図を描いている”という意味です。

図 5-6-2　切断線を使って基本中心線以外の位置での断面図を描いた例

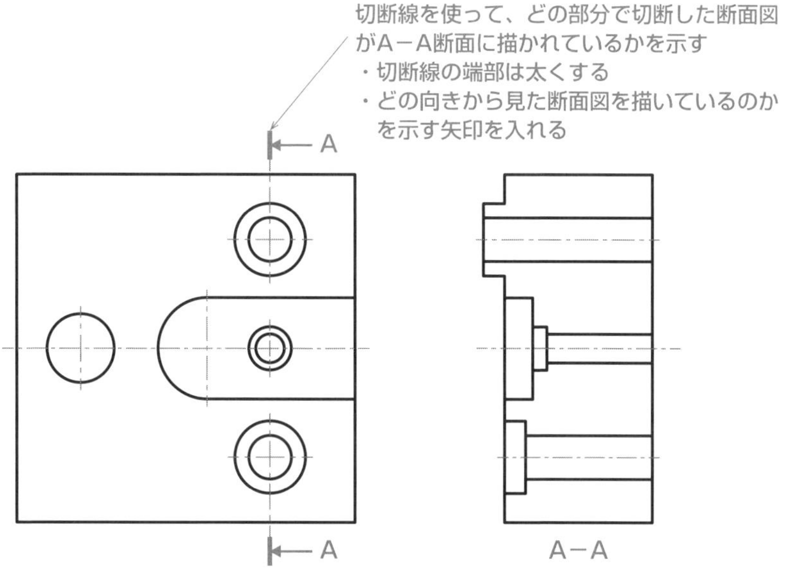

7 組み合わせによる断面図

● ２つ以上の切断面の断面を組み合わせて、１つの投影図にする方法です。品物の内部の異なる部位の内部構造を１枚の投影図にまとめて表すことができます。

２つ以上の面の断面図を組み合わせて描くことで、品物の断面形状を合理的に表すことができます。**図 5-7-1** に示すようなブロックを例にとって考えます。このブロックは、**図 5-6-1** に示したブロックにおいて、穴や突起の位置が変更されたものです。

図 5-7-1　溝、穴、突起などを持つブロック状の物体（その２）

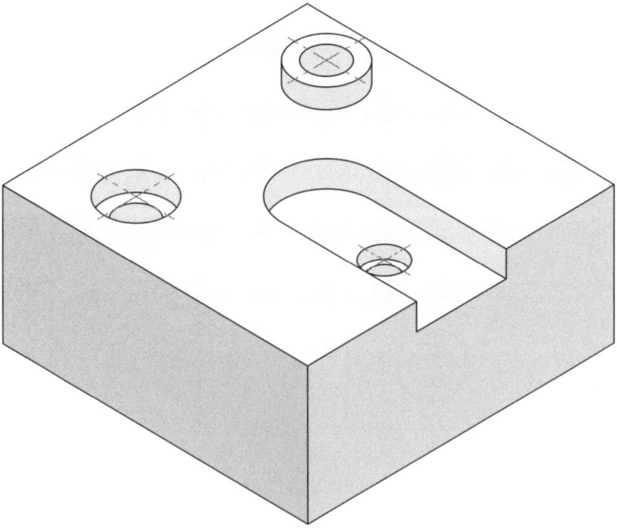

このブロックの断面形状を示す際、**図 5-7-2** の切断線 A–A で切った断面を示せば、特徴的な部分の断面を 1 枚の投影図で表すことができます。このようにして、切断面の位置や向きを変えて切断した断面を描くことを組み合わせによる断面図と呼びます。

このとき、どのように切った断面を描いているのかを正しく示す必要があります。切断線の端部と向きが変わる場所を太くして、切断した場所を明示します。

ここで、**図 5-6-2** と**図 5-7-2** の断面図（右側面図）を比べると、全く同じ投影図になっています。しかし、両者は異なる品物です。穴や突起の位置が違うからです。

図 5-7-2　組み合わせによる断面図

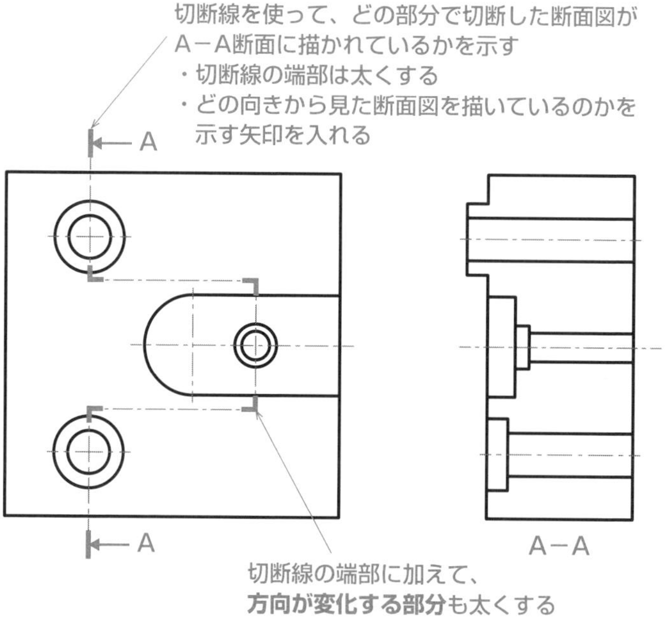

なぜ両者が同じ断面図になったかというと、切断している位置が異なるからです。このように、断面図を読み取ったり、描いたりする際、切断線の場所にも十分注意して作図、読図をしなければ、形状を見誤る恐れがありますので注意が必要です。

図 5-7-3 に示すように、曲がった配管などの断面図を示したいときには、配管の中心に沿って切断した面を投影した断面図を描くことで配管の内部形状が明確になります。

図 5-7-3　曲がった配管に沿う 3 つの切断面の組み合わせによる断面図

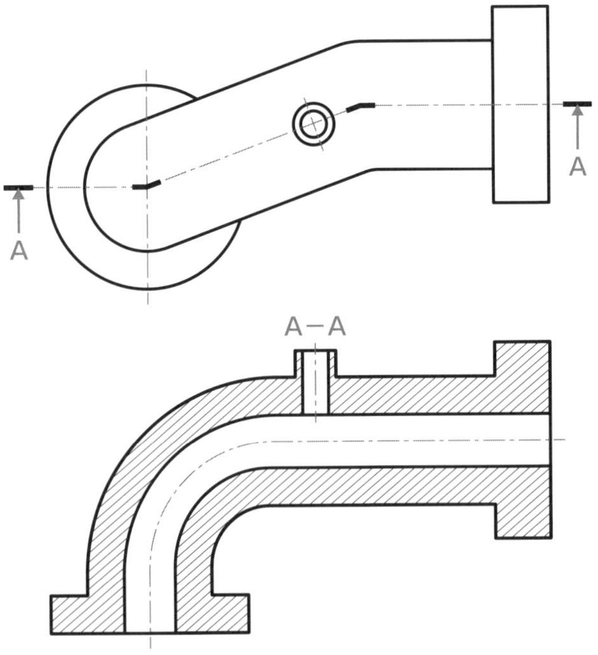

切断線A－Aで切った断面図を描いている

図 5-7-4 に示すような、円盤に突起部を持つフランジの断面図を描くことを考えます。**図 5-7-4** は、基本中心線の位置で切断した全断面で描いています。

この場合、フランジに開けられた4つのボルト穴の部分は切断されていないため、主投影図にはボルト穴が投影されていません。このフランジの形状をより分かりやすく示すためには、ボルト穴が断面図に現れるように切断するのが有効です。このような場合にも、組み合わせによる断面が利用できます。

図 5-7-4　フランジの全断面図

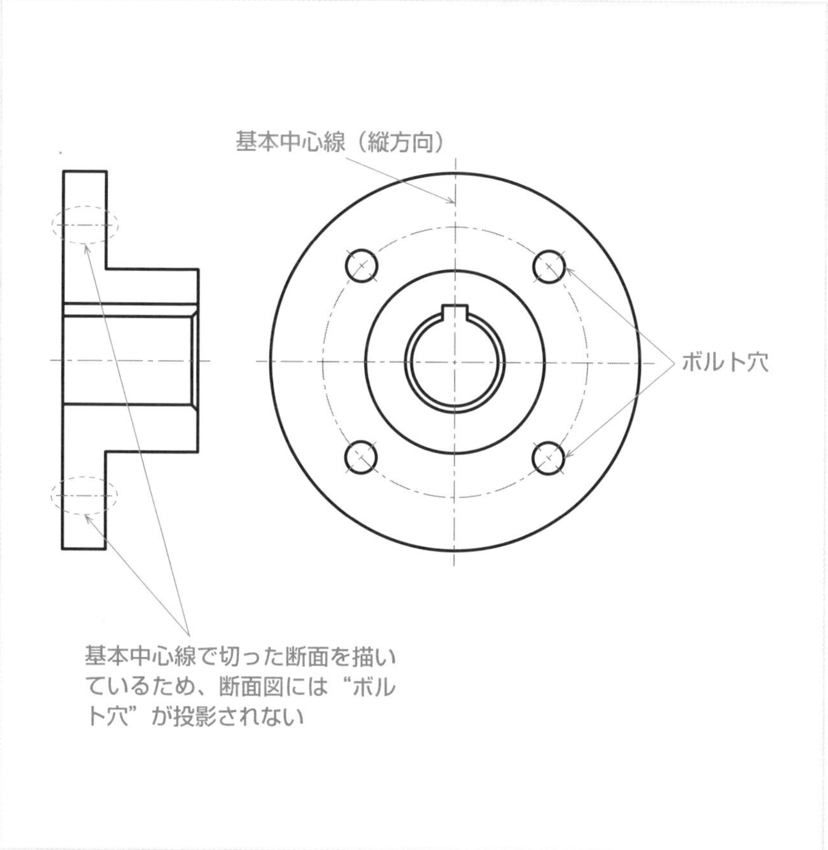

組み合わせ断面で描いた場合の例を、**図 5-7-5** に示します。この図では、右側面図の左半分は省略し、右半分のみを描いています（省略の方法は第6章で学びます）。**図 5-7-5** のように、切断線 A–O–A で切った断面を描けば、主投影図の下半分にのみ、ボルト穴の投影図が現れます。このとき、断面 A–O–A の O–A の部分は垂直の中心線に対して傾いていますが、断面図を描くときには O–A の切断面垂直方向の中心線と一致するまで回転させて描きます。

図 5-7-5　交差する２平面を組み合わせた断面図

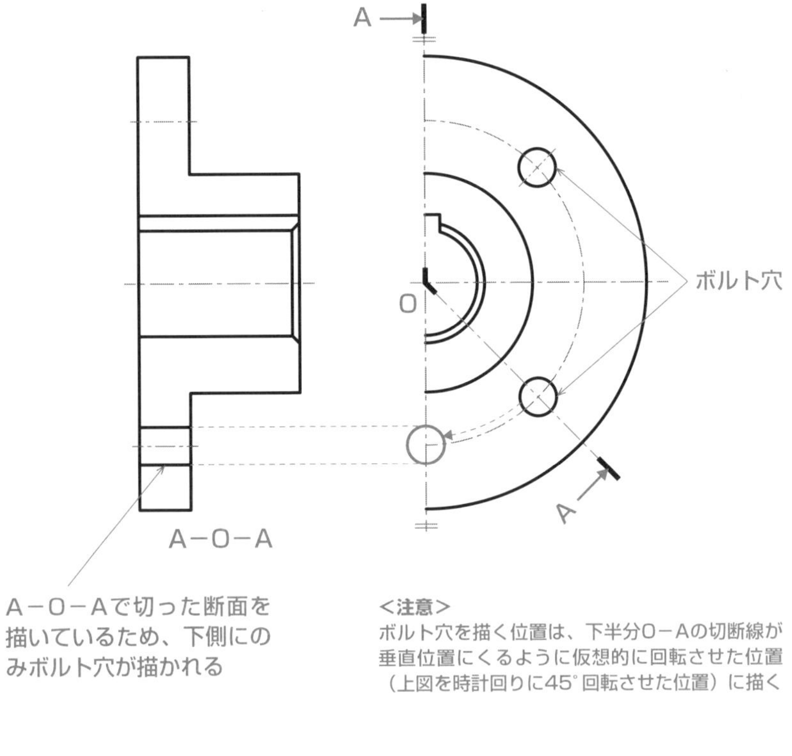

断面の切り方を、**図 5-7-6** のように A–B–C–O–D とすると、切断面 A–B、C–O、O–D の３つを組み合わせた断面になります。そうすると、ボルト穴は上下の２か所に現れます。

この場合も、A–B および O–D の断面は、垂直の中心線まで回転させたとして断面図を描きます。

図 5-7-6　交差する３平面を組み合わせた断面図

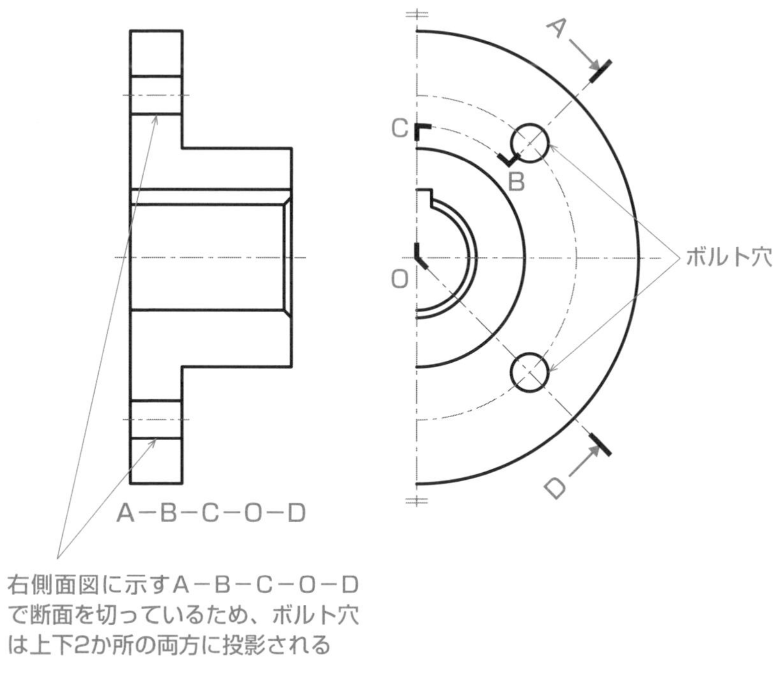

第5章 断面図の描き方

8 多数の断面の表示

● 多数の断面を図示する方法は、複数の場所で切った断面を描くことです。複数の面で切った断面形状を描くことで複雑な形状を表すことができます。

図 5-8-1 に示すように、複数の段を持つ軸において、各段の断面形状をすべて示す必要があるとします。

このような場合には、A–A、B–B、C–C、D–D の切断線を入れて、一連の断面図を描くことができます。

図 5-8-1　多数の断面を図示する方法（切断線の延長の位置に描いた場合）

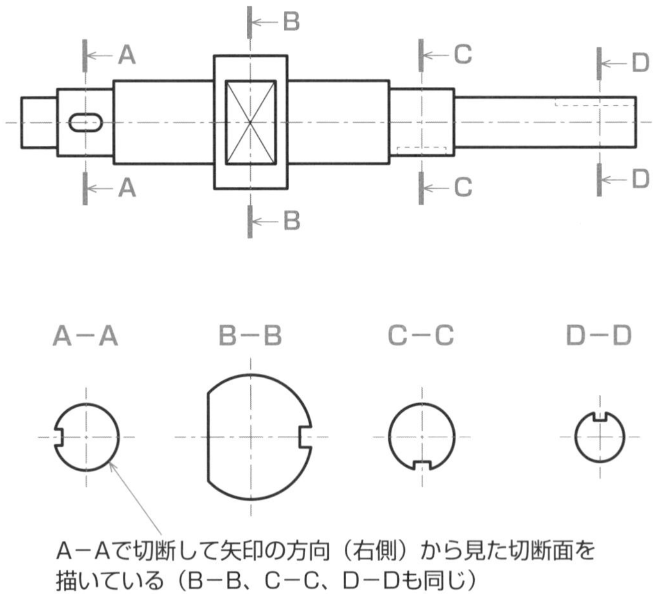

図 5-8-1 では、各切断線で切断した断面を矢印の向きから投影した断面を、**切断線**を下方向に延長した位置に描いています。このとき、**切断面**だけを描き、その奥に見える物体は描きません。

例えば、D–D 断面の奥には C–C の形状と B–B の形状の一部が見えるはずですが、それを描くことに意味はなく、かえって図面が分かりにくくなるので、描かれていません。

また、**図 5-8-2** に示すように、基本中心線の延長上に各断面を描くことも可能です。

図 5-8-2　多数の断面を図示する方法（基本中心線の延長の位置に描いた場合）

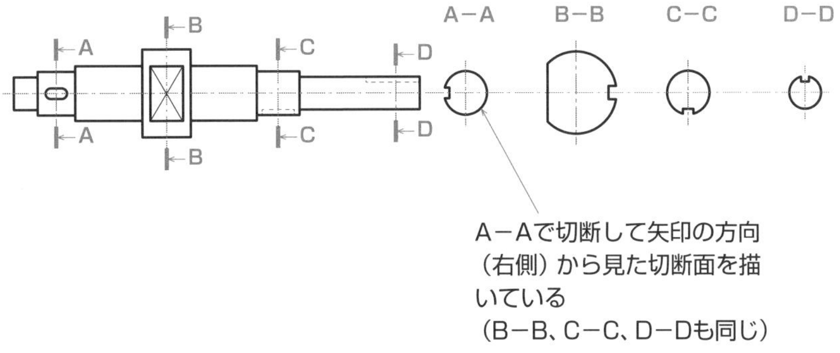

9 断面にしないもの

●切断線が通った部分は断面で描かれるわけですが、一部、切断線が通ったとしても断面で描かれないものがあります。

部品の種類によっては、切断面の中にあっても断面で描かないものがあります。その理由は、断面にしないほうがかえって分かりやすいからです。あるいは、断面にしても意味がないからです。

以下に示す品物は、原則、切断線が通ったとしても切断せずに外形図として描きます。

軸、ボルト、ナット、座金、ねじ類、ピン、キー、リベット、リブ、プーリーや歯車などのアーム、歯車の歯　など

1. 断面にしない図例（Vプーリーと軸の結合）

例えば、**図 5-9-1** に示すように、V プーリーにキーと軸が挿入されている状態の組立図を全断面図で描きたいとします。このとき、基本中心線で全断面にしているため、V プーリー本体、軸、キーの中心部で切断されています。このとき、軸とキーは断面で描かないのが正しい方法です。これらをすべて断面で描くと、**図 5-9-1** のようになります。

図 5-9-1　誤った作図例（断面にしない品物を断面で描いている）

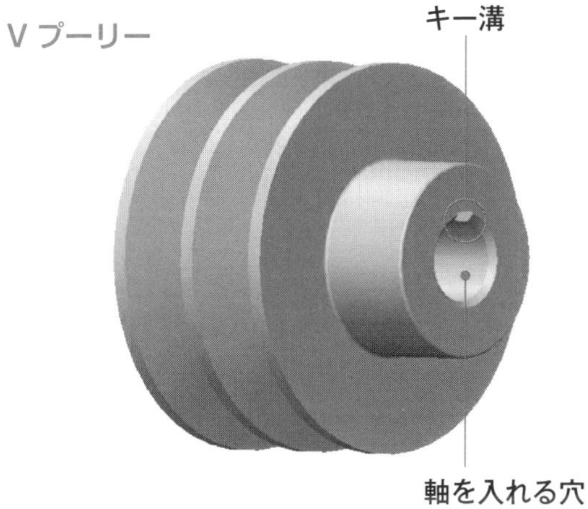

切断しないものを切断して表した例（軸・キーを断面で描いているのが誤り）

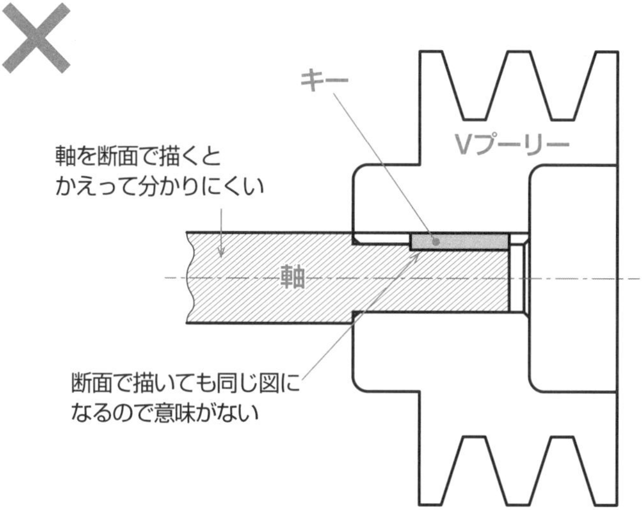

軸を断面で描いてしまっているため、軸が分かりにくくなっています。極端に言えば、これが段付きの軸なのか、それとも途中で厚みが変わる板なのか、区別がつきにくい状態です。常識的に考えれば軸だと分かるとしても、このような読み誤る恐れがある図は不適切です。

なお、キーは中身が詰まった中実の品物で、かつ外形に段差などがないため、断面にしてもしなくても、形状は同じです。つまり断面で描いても意味がない品物です。

図 5-9-2　正しい作図例（断面にしない品物を外形で描いている）

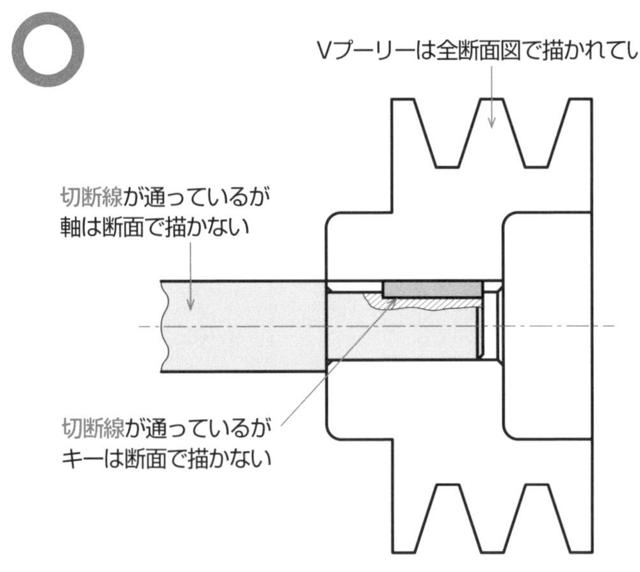

これらの図を正しい方法で描くと、**図5-9-2**のようになります。軸は断面にしていないので、外形で描かれています。

なお、軸を外形で描くと、キー溝にはまっているキーの一部がかくれてしまいます。その場合、軸を**部分断面**にして必要な部分のみ断面にすれば、軸、キー、Vプーリーの結合部分の構造が明瞭になります。

2. 断面にしない図例（ねじの締結）

2枚の板を六角ボルトと六角ナットで固定（締結）する例を考えてみます。ボルトに平座金（プレーンワッシャー）を入れ、ナットにばね座金（スプリングワッシャー）を入れて締め付けた図を描く場合、**ボルト**、**ナット**、**座金類は断面で描かない品物**です。これらをすべて断面で描いた場合は、**図5-9-3(a)**のようになります。ボルトとナットを断面にしたことで、ボルトやナットの種類や形状が不明瞭になっています。

例えば、使っているボルトとナットは、“**一般的な（JIS規格品の）六角ボルトなのか？**”それとも“**特殊形状のものを使っているのか？**”の判断がつきにくくなります。また、座金を断面にしたことで、**平座金とばね座金の区別がつきません**。

これらを断面にせずに外形で描いた正しい作図例は、**図5-9-3(b)**です。ボルト、ナット、平座金、ばね座金を外形で描くことで、締結の状態や各部品の形状がより明瞭に示されています。

特にナットは、六角ナットであることが明瞭になり、座金についてはボルト側の座金が平座金、ナット側の座金には切り欠きがあるのでばね座金であることが分かります。

図 5-9-3　断面にしないものの例（ねじ部品の例）

✕ 断面にしない部品を
断面で描いている

○ 断面にしない部品を
外形で描いている

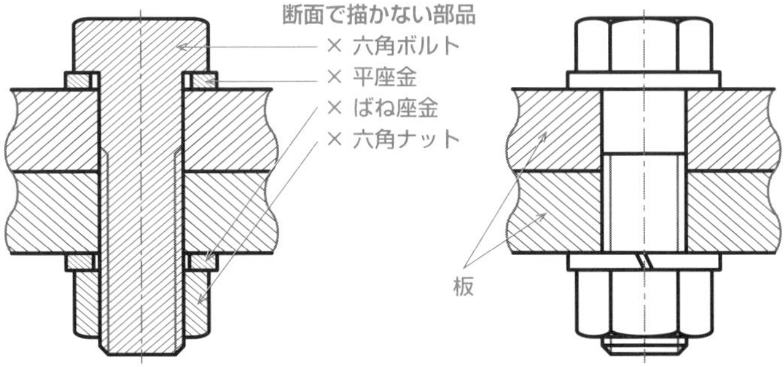

× 六角ボルト、六角ナットを断面で描いている
➡ボルト、ナットの種類や形状が分かりにくい

× 平座金、ばね座金を断面で描いている
➡ 座金の種類が分からない。座金を見落とす恐れあり

(a) 誤った作図例

○ 2枚の板のみ断面で描き、ボルト、ナット、座金類は外形で描いている
➡ ボルト、ナット、座金の種類や形状が明瞭

(b) 正しい作図例

第6章

図形の省略

第6章 図形の省略

1 省略図示法

- 第三角法などの正投影法を用いて、物体の形状を正確に表すことができますが、そもそも図面は、その品物を加工したり組み立てたりするためのものであり、不必要な部分まで品物の形を忠実に再現しようとすると、無駄な労力がかかります。
- 図面は、正確かつ読みやすく描かれている必要があります。そのため、必要に応じて、図形や寸法指示などを省略して描く略画法が用いられます。

1. かくれ線の省略

かくれ線を使ってかくれた部分の形状を示さなくても、物体の形状を理解できる場合には、かくれ線を省略します。

例えば、片側断面図で示したベアリングホルダーに、かくれ線を入れると、**図 6-1-1** のかくれ線を省略せずに描いた例のようになります。この品物では、かくれている部分をかくれ線で示さなくても、形状が分かります。むしろ、不必要なかくれ線を入れたことで、かえって図が読み取りにくくなってしまいます。

このような場合、**図 6-1-2** に示すように、かくれ線を省略したほうが合理的な図面になります。

図 6-1-1　不要なかくれ線は省略（かくれ線を省略せずに描いた例）

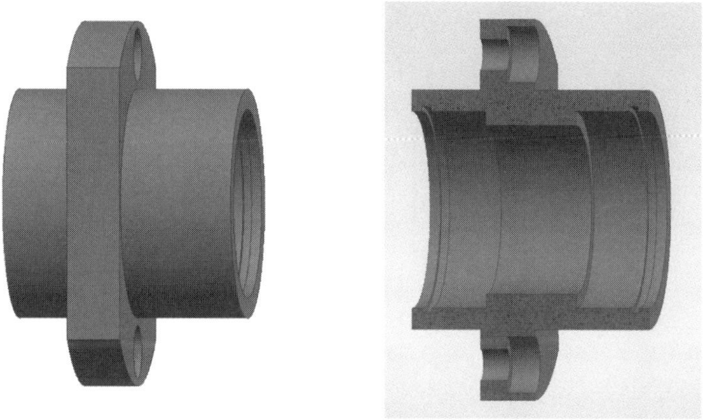

×　不要なかくれ線を引いているため、物品の形状が分かりにくい

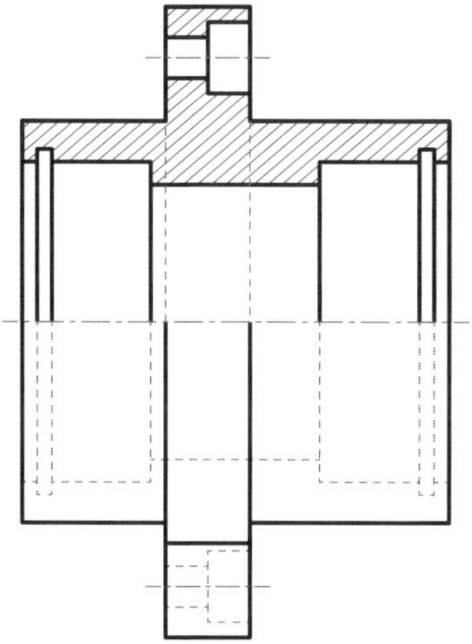

図 6-1-2　不要なかくれ線は省略（かくれ線を省略した例）

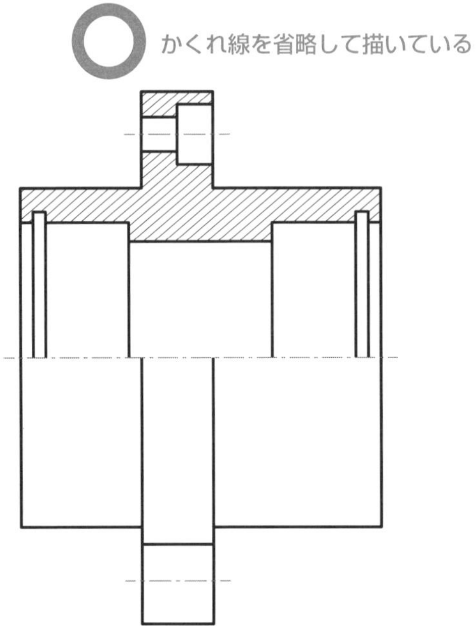

2. 対称図形の省略

対称形の物品を描く場合には、対称中心線に対して片側のみを描き、もう一方の図形を省略することができます。

例として、**図 6-1-3** に示すような“フランジ”部品を考えます。このフランジは、中心部に軸が入る穴があり、その中心と同じ中心を持つピッチ円上に、フランジ同士を接続するための４つの穴が開いています。このようなフランジの図面を省略して描いてみましょう。

この品物の特徴は、次の通りです。

上下方向の基本中心線に対して、**左右が対称**である。

➡ 右半分か左半分のいずれかを省略したとしても、形状が定まる。

図 6-1-3　フランジの図面（省略しないで描いた場合）

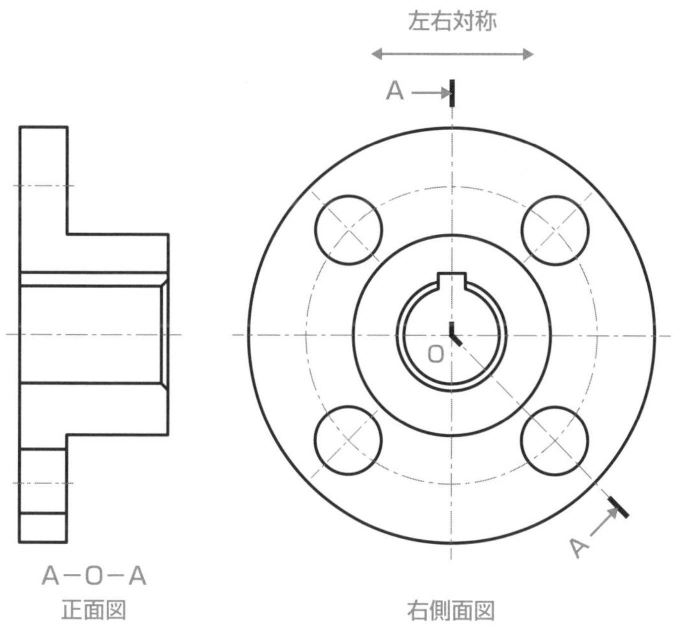

上記の図の場合、**図形を半分省略**して描くことができます。この物品の場合、左右が対称なので、左半分か右半分を省略できます。正面図との対応を考えると、**図 6-1-4** に示すように左半分を省略するのが合理的です。右半分を省略すると、正面図と背中合わせの配置になることに加えて、断面で描かれている正面図の切断面側を、右側面図で省略してしまうことになります。

図6-1-4　片側を省略して描いた円盤状の物品（対称図示記号を使った場合）

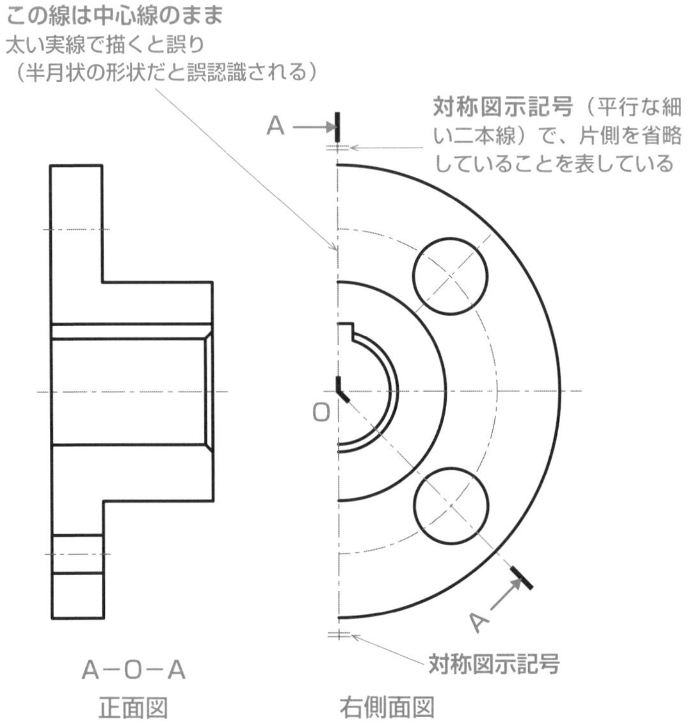

図6-1-4 は、右側面図においてフランジの左側半分を省略して描かれています。このとき、省略する境界部分は中心線ですので、この部分は中心線のまま（細い一点鎖線）で描かれます。この部分を**図6-1-5** に示すように太い実線で描いてしまうと、半月状の物品だと誤認識される恐れがあり、適切ではありません。また、半分を省略していることを示すために、対称図示記号（平行な細い二本線）を付けます。

図 6-1-5　誤った描き方をした省略図の例

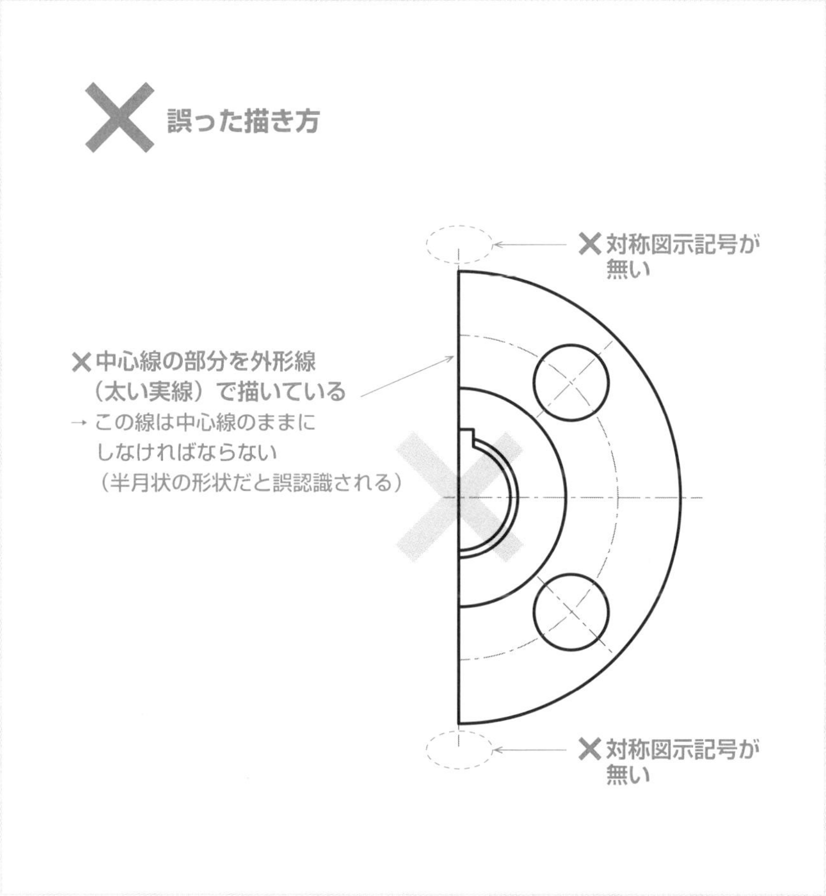

なお、対称となる中心軸の付近に、キー溝などの特徴的な形状がある場合には、意図的に対称中心線を少し超えて形状を示したほうが、理解しやすい場合があります。そのような場合は、対称中心線を少し超えるまで外形線を描いて残りの部分を省略します。この場合には、対称図示記号は省略します。

この方法で描いたフランジを、**図 6-1-6** に示します。

図 6-1-6　片側を省略して描いた円盤状の物品（対称中心線を少し超えて形状を示した例）

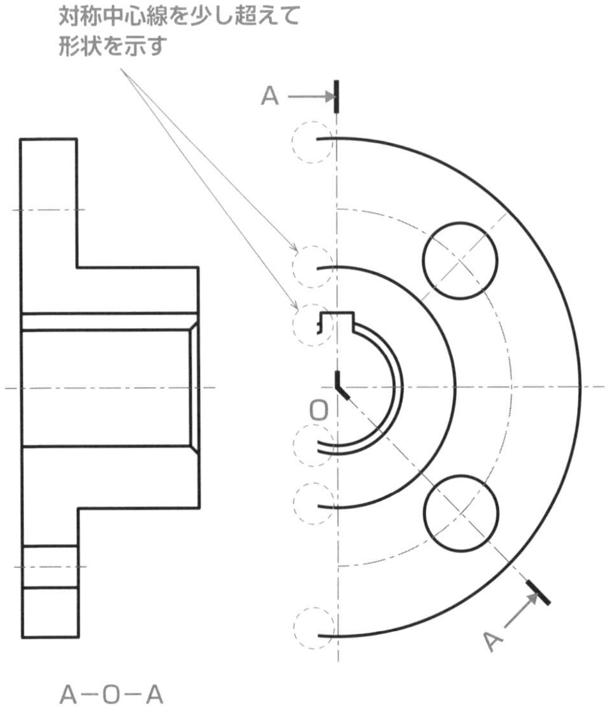

3. 繰り返し図形の省略

同じ形状の穴、ねじなどが多数並んでいる品物を描く際、すべての穴やねじを描く必要はありません。この場合、一部のみを描いて残りを省略できます。

図 6-1-7 に示すように、円盤のピッチ円上に、直径 10 mm の小穴が等間隔で 12 個開けられているとします。この小穴は、次の特徴を持つことが分かります。

小穴は円周上に等間隔に 12 個開けられているので、
360°÷ 12 = 30°　となり、小穴は 30°ごとに等間隔で開けられていることが分かる。

➡ 小穴を開ける間隔を指示しなくても分かる。

➡ 小穴を 12 個描かなくても分かる。

図 6-1-7　繰り返し図形を持つ品物の例

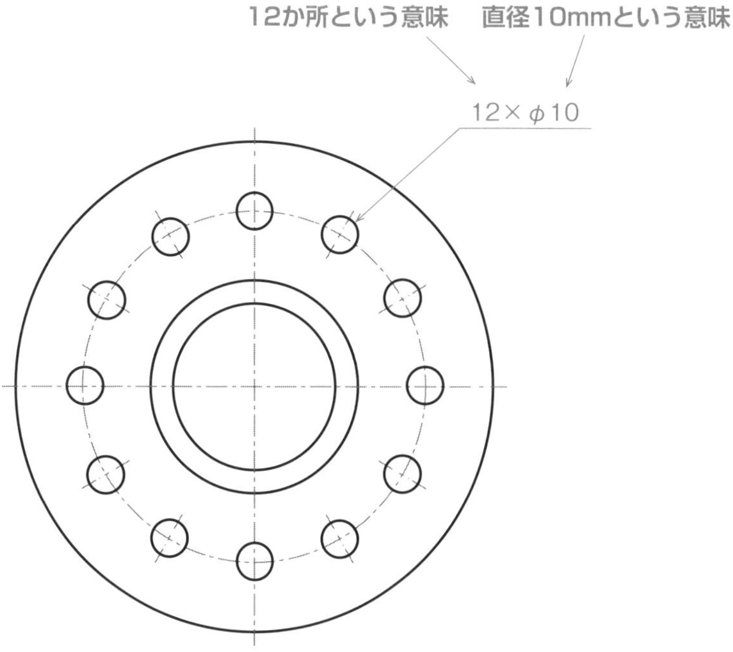

同じ形状の小穴が等間隔に
12か所開いている
➡ 小穴をすべて描かなくてもよい

このような場合、小穴を実際の形状もしくは太い十字などで一部だけ示して、それ以外の部分は穴が開けられる中心位置のみを示すことで、図面作成の手間を省くことができます。

描き方の例を**図 6-1-8** に示します。寸法の意味は第 7 章で学びますが、引出線で描かれた数字は、直径 10 mm の穴が等間隔に 12 か所開けられていることを意味します。このようにすることで、作図の労力を少なくした合理的な図面が描かれます。

図 6-1-8　繰り返し図形を省略した描き方

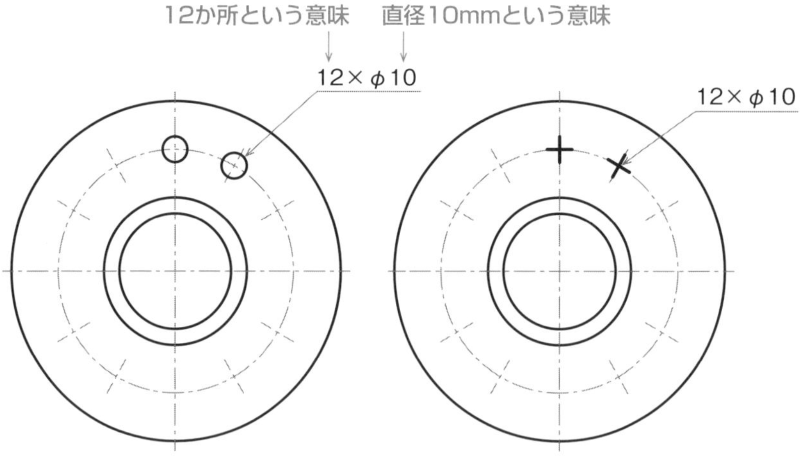

(a) 小穴の一部を描いた例　　**(b) 穴の位置を十字の記号で置き換えた例**

4. 中間部の省略

細長い軸など、単調な形状が長く続く場合、実長で描いても図面のスペースをとるだけで、あまり意味がありません。また、長さによっては、図面に描ききれません。

そのような場合、中間部を省略して短く描きます。中間部を省略していることを明示するために、途中に破断線を入れます。中間部を省略した図の例を図 6-1-9 に示します。

図 6-1-9　中間部を省略した図示法

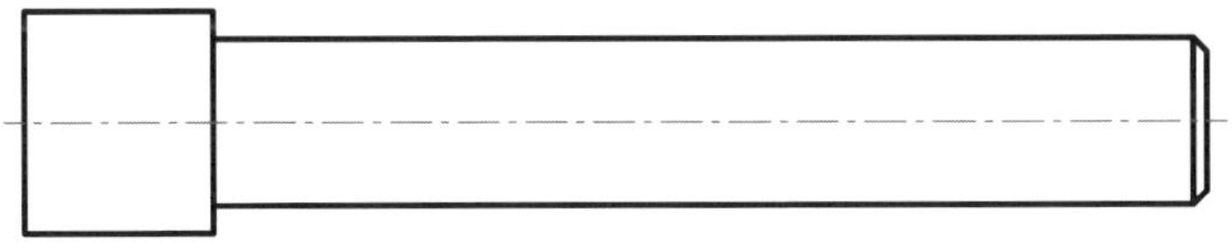

(a) 中間部を省略しないで描いた場合

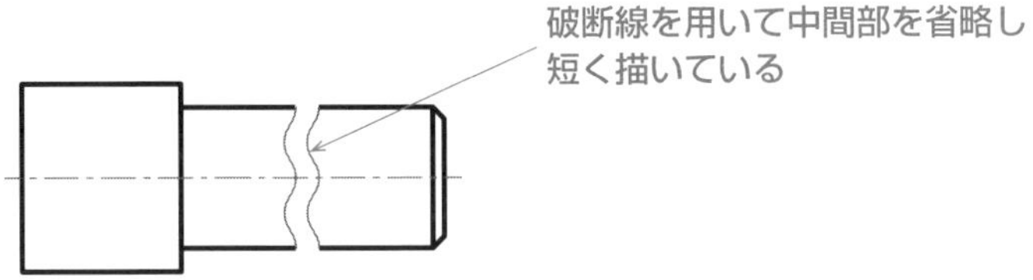

(b) 中間部を省略した場合

5. 必要部分のみの図示

図6-1-10に示すような、コの字に曲げられた板材の図面を考えます。この品物を矢印の方向から見た投影図を描く際、奥側に見える板を含めて描くと図6-1-11のようになり、かえって図が紛らわしくなります。

そのような場合、図6-1-12に示すように、奥に見える形状は描かずに、左右それぞれに振り分けて前面にある投影面のみを部分投影図として描いたほうが合理的で、分かりやすい図面になります。

図6-1-10　コの字に曲げられた板材

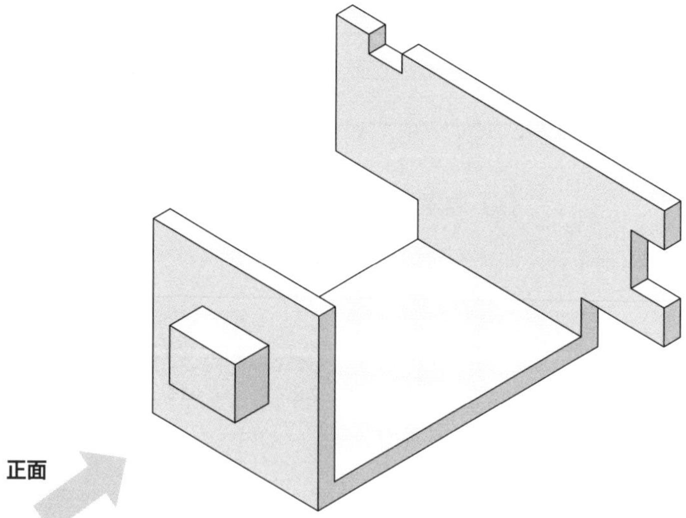

図 6-1-11　奥に見える形状を描いた場合（適切ではない描き方）

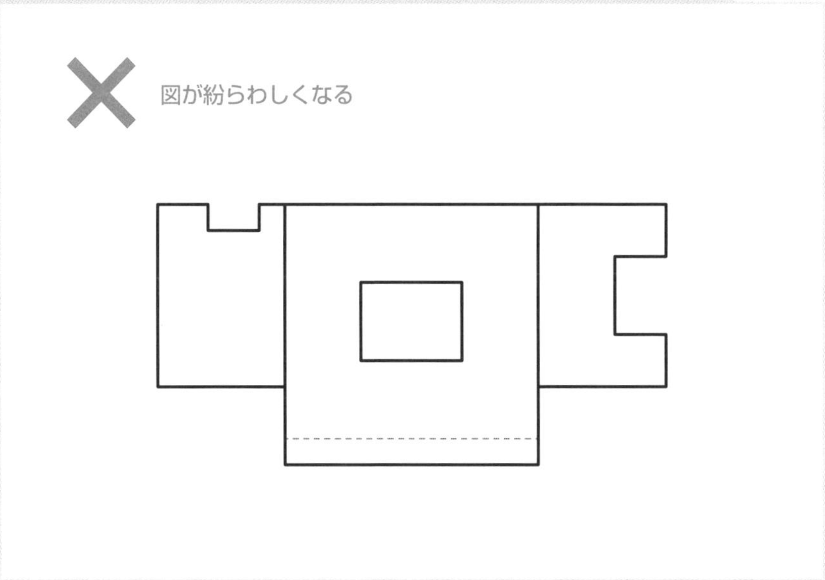

図 6-1-12　左右に振り分けて部分投影図として描いた場合（適切な描き方）

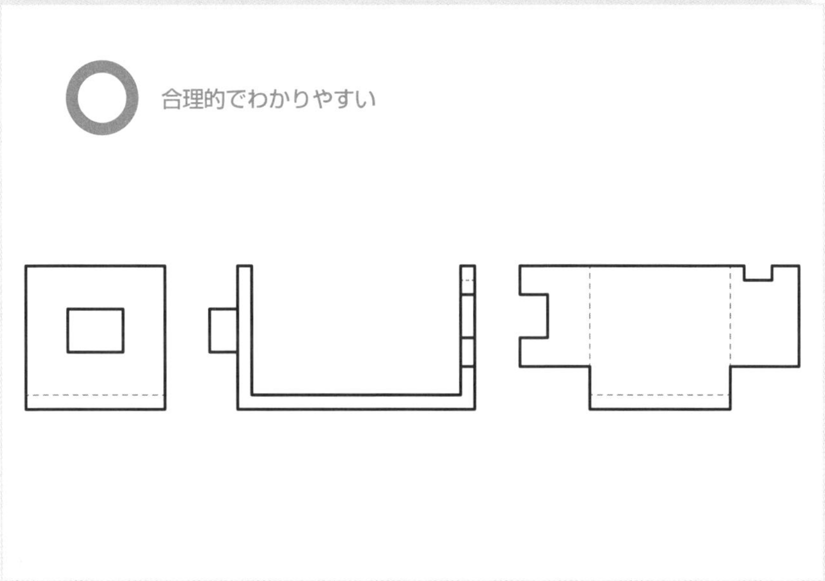

Column

図面の訂正

図面が完成し出図をした後に、設計変更などによって図面を訂正する場合があります。そのような場合、訂正の履歴が分かるようにしなければなりません。一般的には、次のように訂正を実施します。

＜訂正の方法＞

- 訂正前の文字、数字、記号などは消去せず、**図Ⅰ**に示すように取り消し線などを使って訂正する
- 訂正箇所に適当な記号を付けて明示する
- **表Ⅰ**に示すような訂正欄を設けて、その内容と履歴を保存する
- 図面管理部署などに届け出るなどして、必要な手続きをとって周知・保存する

図Ⅰ　図面訂正の例

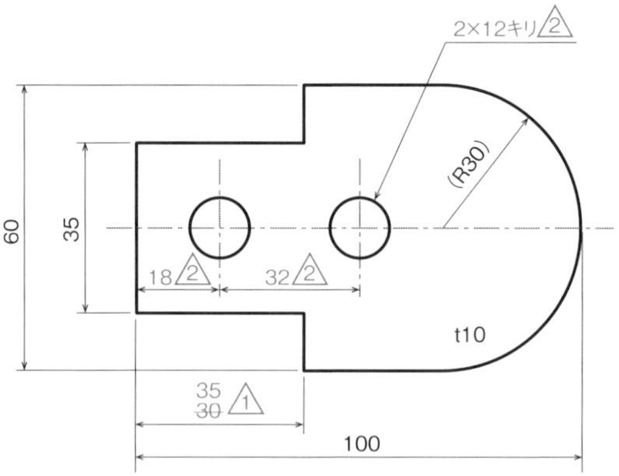

表Ⅰ　訂正欄の例

図面変更履歴				
記号	訂正内容	日付	訂正者	備考
△1	寸法の変更	20XX.X.X	飯島	
△2	キリ穴の追加	20XX.X.X	飯島	2か所

第7章

寸法の記入法

第7章 寸法の記入法

1 寸法記入の原理

● 品物を製作する際に、寸法は欠かせません。寸法記入に不足や誤りがあった場合、製作ができなかったり、不良品ができ上がり大きな損害をもたらしたりします。このように、寸法は重要な役割を担っていますので、正しく記入できるようにしましょう。

品物を製作する際、製作者は図面に記入された寸法を読み取って、加工や検査などを行います。そのため、品質の高い製品をより早く製造するために、寸法は重要な役割を担っています。もし、寸法記入に不足があれば、製造できません。誤った寸法記入があったら、不良品ができ上がり大きな損害をもたらします。

寸法を記入する際、次のような点に十分な配慮が必要になります。

① 寸法の誤りがないこと
② 寸法の不足がないこと
③ 製作現場で計算をしなくても必要な寸法が求められること
④ 誤読するような紛らわしい寸法記入がないこと

など

この章では、寸法記入の基本的な方法を学びます。

2 寸法記入の単位

●寸法記入時に用いる単位について解説します。

1. 長さの寸法の単位

図面に長さの寸法を記載するとき、通常はmm（ミリメートル）の単位で数値を記入します。このとき、寸法の単位は省略します。例えば、**図7-2-1**に示すような、幅が130 mm、高さが90 mmで、角度45°の斜面を持つ物体の寸法を示す際に、寸法補助線と寸法線で寸法を示したい場所を明らかにしたうえで、その上に「130」「90」のように寸法が記入されます。このとき、130とは130 mm、90とは90 mmの意味です。130 mmや90 mmのように、mmの単位を付けて示すのは誤りです。

図7-2-1　長さと角度の寸法の基本的な示し方

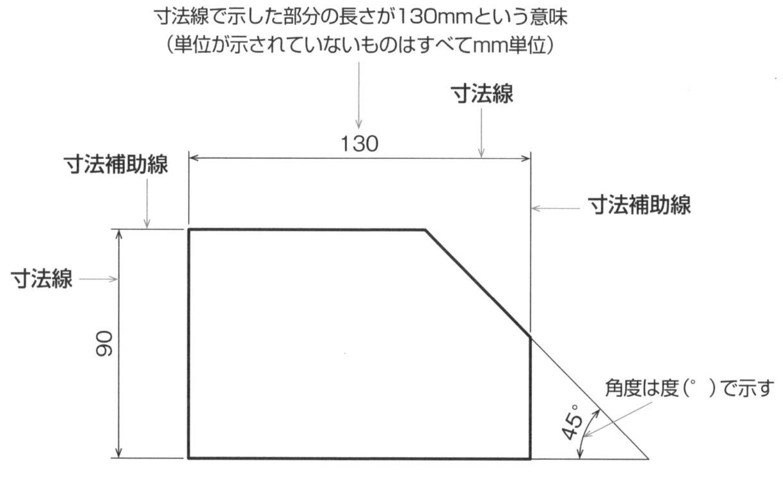

2. 角度の寸法の単位

前ページの**図 7-2-1** に示したように、角度については、度数法を用いて 45° のように、**度**（degree）で記入します。度数法では、円 1 周が 360° です。もし、1° よりも細かい角度を設定したいときには、度（°）のほかに、分 (′)、秒 (″) が併記されます。

1 周 = 360°
1° = 1 周の 1/360（360 分の 1）
1′（1 分）= 1° の 1/60（60 分の 1）
1″（1 秒）= 1′ の 1/60（60 分の 1）

3. ミリメートル以外の単位を使うケース

旅客機、船舶など、大きなものの全長を mm で示すと、桁が多くなり分かりにくくなります。そのため、mm ではなく m(メートル) で示すべきです。このような場合は、**単位をつけて m で寸法を記入**します。

例えば、全長 200 m の船舶の寸法数値は、200 m と記入します。同じように、非常に小さい品物に寸法を入れる際にも、マイクロメートル（μ m：1 mm の 1/1000）などの単位を使って 300 μ m などのように**単位付きの寸法数値を記入**します。

mm（ミリメートル）の単位で寸法を示す場合
➡寸法数値には単位をつけない
mm 以外の単位で寸法数値を記入する必要がある場合
➡寸法数値に単位をつけて 300 m、220 μm などのように記入する

3 基本的な寸法記入法

●最も基本的な寸法記入法は、寸法線と寸法補助線を用いて記入する方法です。まずはその方法を学びましょう。

1. 基本の寸法記入法

最も基本的な寸法の記入法は、寸法線と寸法補助線を用いる方法です。

例えば、**図 7-3-1** に示すように、寸法を示したい箇所から、細い実線で寸法補助線を出します。次に、2 本の寸法補助線の間に、細い実線で寸法線を引きます。寸法線の端末は、通常は矢印にします（矢印の他に、斜線や黒丸を用いる場合もあります)。こうすると、寸法線の長さはその部分の寸法と同じになります。このように寸法線の上に寸法数値を記入します。

図 7-3-1 の 45 および 28 のように、上下に伸びる寸法線上に数値を記入する際には、数値を左に 90°回転し、寸法線の上に乗せるように数値が記入されます。

寸法補助線は、寸法線の先端から 2 ～ 3 mm 程度飛び出すように引きます。また、外形線から寸法補助線を出すときに、外形線と寸法補助線の間にわずかにすきまを開けたほうが、外形線と寸法補助線の違いが明確になり、見やすくなります。

また、複数の寸法線が並行して引かれるときには、寸法の大きいほうを外側にすることで、寸法線と寸法補助線が交差するのをなるべく避けるようにします。**図 7-3-2** に、不適切な記入例を示します。

その他、**図 7-3-2** に示したように、外形線、中心線、基準線とそれらの延長線を寸法線と兼用すると、図面が非常に分かりにくくなるため、してはいけません。

図 7-3-1　基本の寸法記入法

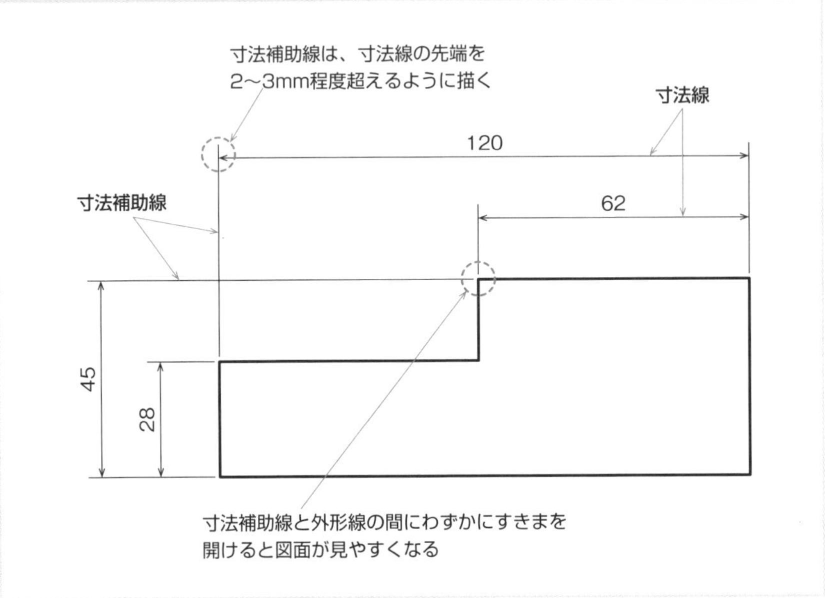

図 7-3-2　寸法線と寸法補助線との不要な交差を招く例（不適切）

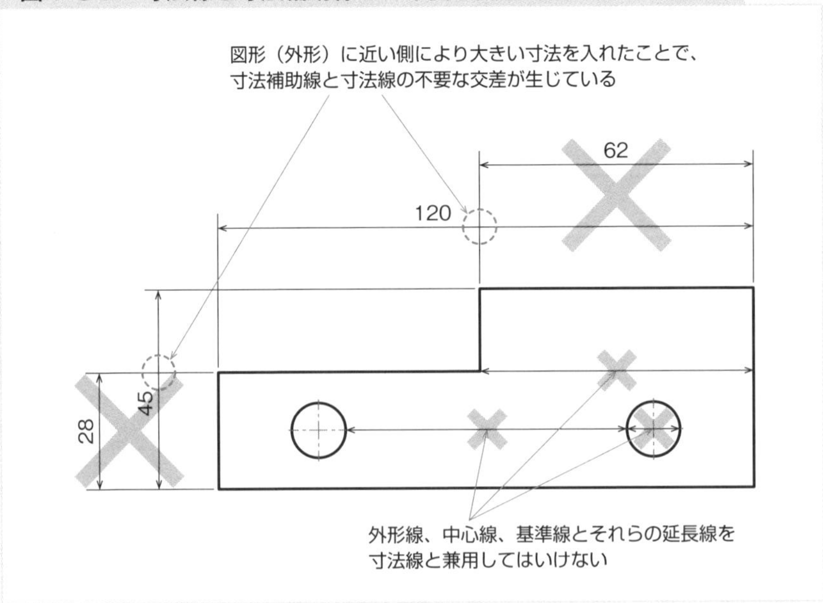

2. 図中に直接寸法線を記入する方法

図 7-3-3 (a) に示すように、複数の段を持つ部品に対して寸法補助線を引いて寸法を記入すると、長くて密接した寸法補助線が複数引かれることになり、図形が混雑して大変読みにくくなります。

このような場合は、**図 7-3-3 (b)** に示すように、寸法補助線を用いず、図中に直接寸法線を記入して寸法を入れることも可能です。したがって、**図 7-3-3 (b)** のようにしたほうが、寸法が読み取りやすいと言えます。

図 7-3-3　図中に直接寸法を記入したほうが良い例

(a) 寸法補助線と寸法線を用いて寸法を記入した場合

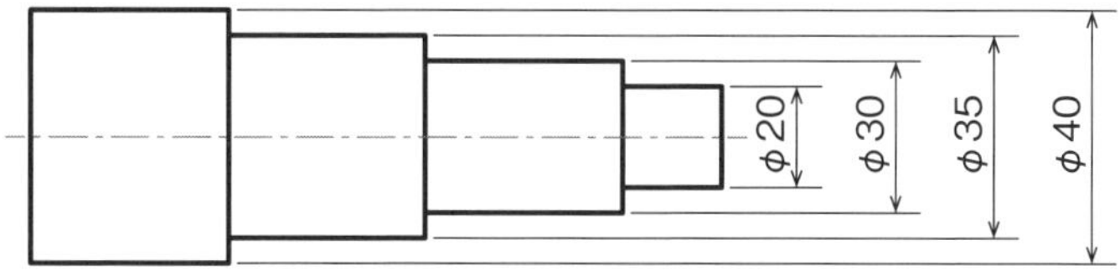

✖ 寸法補助線と外形線との交差が増えて読みにくい
✖ 寸法補助線が長くなり、寸法指示箇所が分かりにくい

(b) 図中に直接寸法を記入した場合

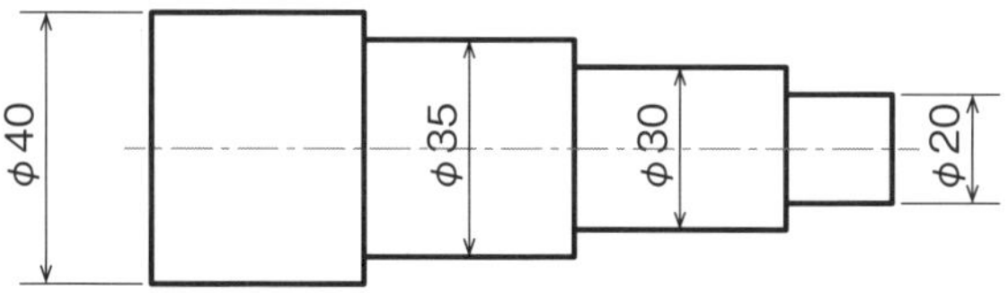

○ 直接的な寸法指示で分かりやすい

3. 寸法を記入する向き

寸法を記入する向きにも決まりがあります。寸法は、図面の正面（下辺）または右側（右辺）から読める向きに記入します。

図 7-3-4 (a)において、右上にある 35 の寸法は上辺から読める向きになっていますので、誤りです。同じく、15 の寸法も左辺から読める向きになっているので、誤りです。これらは、**図 7-3-4 (b)** に示すように 180° 回転させて寸法線の上に記入する必要があります。つまり、水平方向の寸法線に対しては上側、垂直方向の寸法線に対しては左側に寸法を記入します。

図 7-3-4　寸法記入の向き

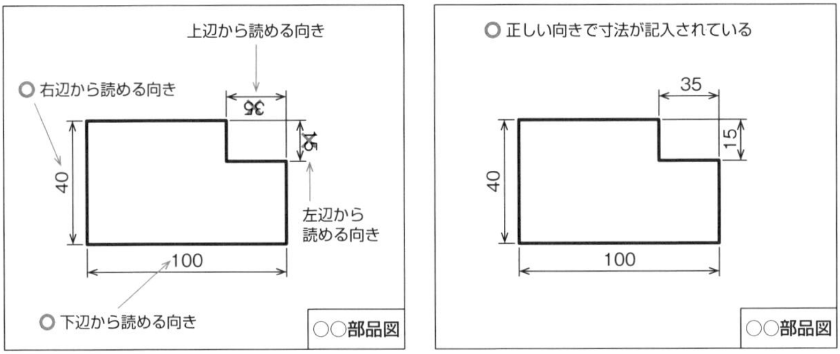

(a) 誤った向きの寸法が含まれる

(b) 正しい向きで寸法が記入されている

図 7-3-5 に示すように、斜め方向に引かれた寸法線上に寸法数値を記入する場合にも、水平方向の寸法線に対しては上側に、垂直方向の寸法線に対しては左側に寸法を記入することに準じて寸法数値を記入します。

図 7-3-5　斜め方向に引かれた寸法線への寸法記入

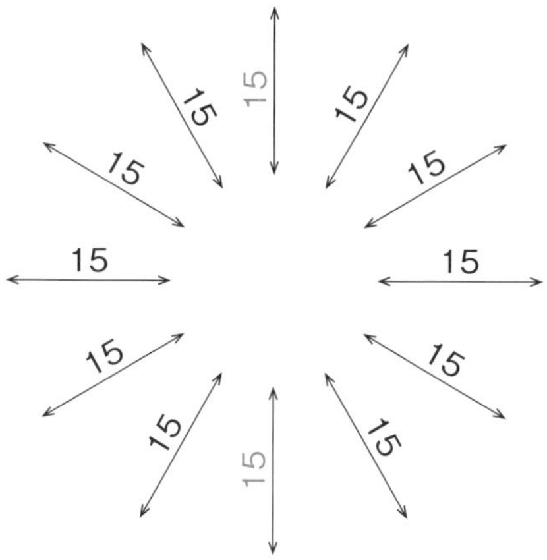

図 7-3-6 (a) のように、角度の寸法においても、前述と同様に下辺、または右辺から読める向きに記入します。なお、**図 7-3-6 (b)** に示すように、すべて上向きで記入することも可能です。

図 7-3-6　角度の寸法記入する向き

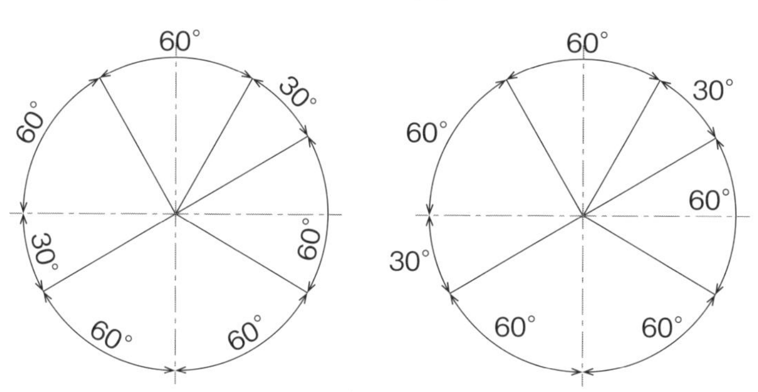

4. 狭い場所に寸法を記入する際に用いられる方法

図 7-3-7 に示すように、溝部分の幅の寸法を記入したい場合、通常は、左側の**図 7-3-7 (a)** に示すように、両側を矢印で閉じた寸法線を引いて、寸法数値を記入します。

しかし、中央の**図 7-3-7 (b)** に示すように、狭い場所の寸法を記入する際には、寸法線の片方を延長して、その延長線の上に寸法数値を書くことが可能です。

右側の**図 7-3-7 (c)** のように、さらに狭い場合に矢印を外側から挟むように閉じます。

図 7-3-7　狭い場所への寸法線の記入法

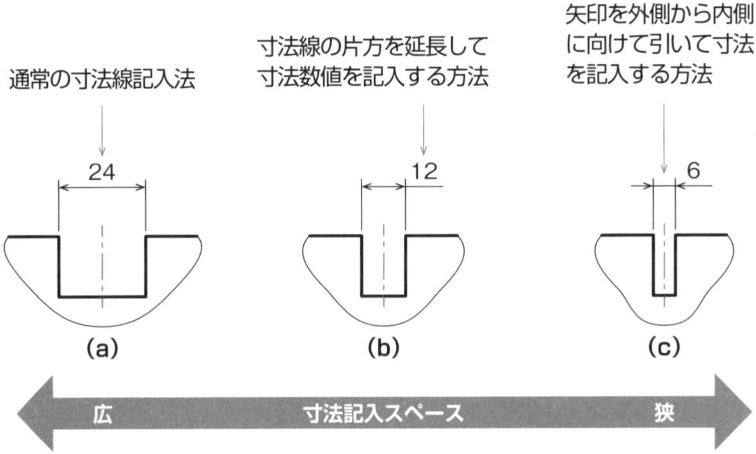

5. 連続した狭い場所に寸法を記入する方法

図 7-3-8 に示すように、狭い部分が間に挟まれる格好で、連続した寸法を記入しなければならない場合、間に矢印を描くことができません。そのような場合、矢印の代わりに間に**黒丸**や**斜線**を用いて区切ります。

さらに、その狭い場所に数値を記入できない場合には、**引出線**と**参照線**を使って数値を入れることも可能です。

図 7-3-8　連続した狭い場所に寸法を記入する方法

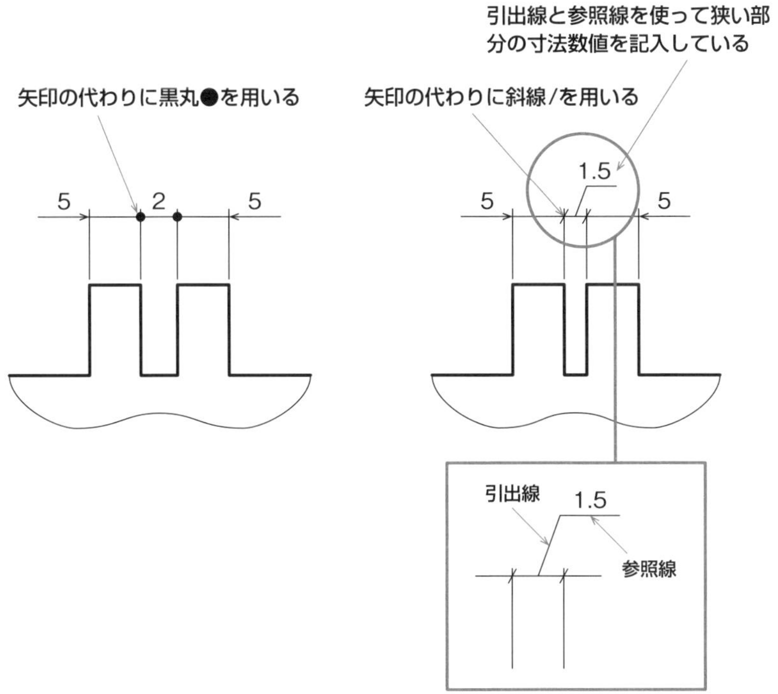

4 寸法補助記号を用いた効果的な寸法記入

● 寸法補助記号を使うことで、その形状を明確に示して、不要な図を省略することができます。図面を描く際には、寸法補助記号を正しく有効に用いることが求められます。各種の寸法補助記号の意味と使い方の例を説明します。

1. 寸法補助記号の種類

寸法補助記号とその意味を**表 7-4-1** にまとめます。

これらの寸法補助記号の使い方について、例を挙げて次に説明します。

表 7-4-1 寸法補助記号

記号	記号の意味	記号の呼び方
ϕ	円の直径 円弧（180°を超えるもの）の直径	まる、 ふぁい
S ϕ	球の直径 球の円弧（180°を超えるもの）の直径	えすまる、 えすふぁい
R	半径	あーる
SR	球の半径	えすあーる
CR	コントロール半径	しーあーる
C	45°の面取り	しー

∧	円錐（台）状の面取り	えんすい
t	厚さ	てぃー
□	正方形の辺の長さ	かく
⌒	円弧の長さ	えんこ
⊔	座ぐり 深座ぐり	ざぐり、 ふかざぐり
∨	皿座ぐり	さらざぐり
↧	穴深さ	あなふかさ

2. 直径を表す記号 φ

φは、直径を示すときに用いられます。この記号は、ギリシャ文字のφ（ファイ）ですが、製図では、“まる”または“ふぁい”と呼びます。

例えば、直径 12 mm の円であることを示すときに、φ 12 などと書くことで、それは円の形状であることが明確になります。

例として、内径 10 mm、外径 14 mm、長さ 70 mm のパイプの図面を考えます。寸法補助記号を用いない場合、**図 7-4-1 (a)** のようになります。この場合、右側面図を描くことで、パイプであることを示しています。右側面図を描くと、明らかに円であることが分かるので、そのような場合には、φの記号は省略します（ただし、実務的にはφを省略しない場合も多いです）。

寸法補助記号を用いて描くと、**図 7-4-1 (b)** のようになります。正面図（主投影図）を全断面にして、そこにパイプの内径φ10と外径φ14を記入しています。このとき、φの記号がついていることで側面図を見なくても"円"であることが分かります。つまり、**図 7-4-1 (b)** のように寸法補助記号を用いた場合、右側面図は不要になります。そのため、右側面図は省略できます。

図 7-4-1　寸法補助記号φを用いて円の寸法を記入する例

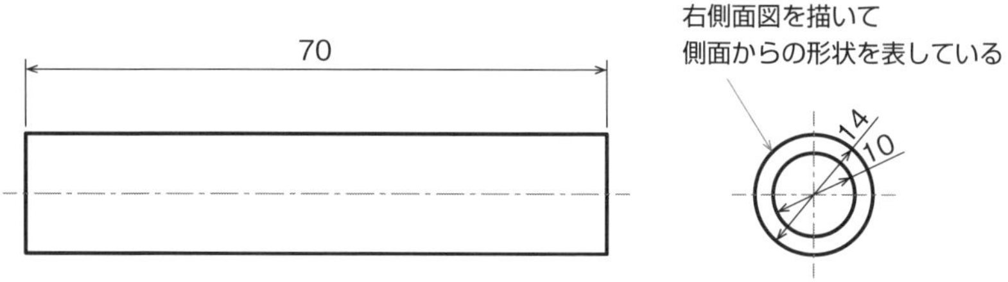

(a) 右側面図を描いて形状を示す場合

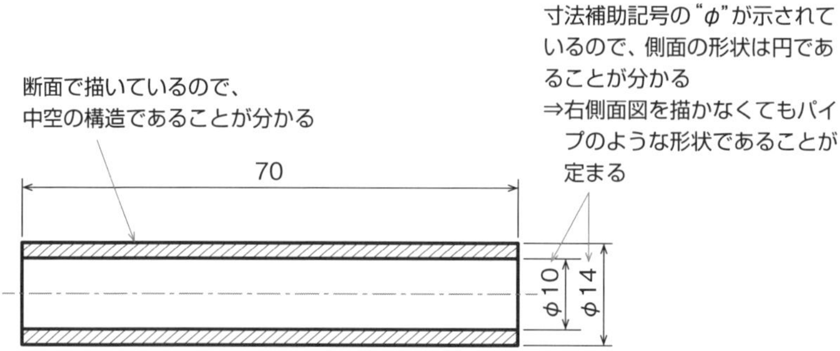

(b) 寸法補助記号を用いた場合

片側省略によって半円のみ描かれている場所に直径の寸法を入れる方法を説明します。**図 7-4-1 (a)** の右側面図に示したように、円に見える投影図に両側矢印の寸法線を入れて直径を入れる際には ϕ の記号は省略すると説明しました。**図 7-4-2** に示すように片側省略で描いた円の場合には、次のように書かれます。

(a) 片側矢印で直径を示す方法

円の半分を省略したため、図形上は半円になっています。このような場合、直径の寸法を示すには、片側の矢印を引き、矢印がない側は意図的に中心線を超えて長めに引きます。また、円であることが分かるように、寸法補助記号 ϕ を示します。

【注意 !!】 円形のものを片側省略して描いたため、半分しか描かれていないからといって、半分の寸法（半径の寸法）を入れるのは適切ではありません。円弧の寸法を直径で入れるか、半径で入れるかについては、実物（省略していない図）の形状をもとにして原則として次のように判断できます。

① 実物の形状において、円弧が 180° を超える場合 ➡ 直径で寸法を記入する
② 実物の形状において、円弧が 180°（半円）以下の場合 ➡ 半径で寸法を記入する

(b) 細線で円弧を延長して直径を示す方法

180° の半円に対して、細線で円弧を延長することで、両側を矢印の端末記号にして直径の寸法を入れることができます。この場合、両側矢印で直径を示し、円であることが分かるため、寸法補助記号 ϕ は省略します（実務では、ϕ を省略しない場合も多くあります）。

図 7-4-2　片側省略された円の直径を示す方法の例

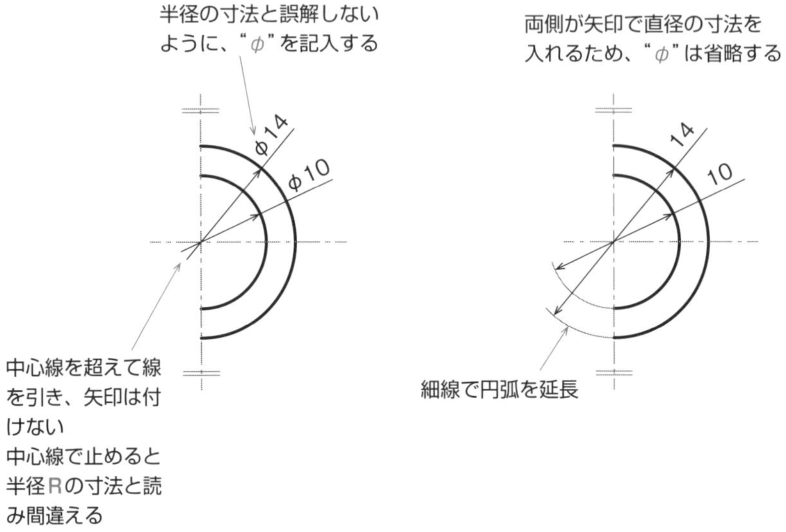

(a) 片側矢印で直径を示す方法

(b) 細線で円弧を180° を超えるように延長し直径を示す方法

※ (a)と(b)どちらの図も同じ意味

なお、円の直径にはφの記号を用いますが、球形の直径に対しては球体であることが分かるようにＳφの記号を使います。

【例】

直径 12 mm の円の直径 ➡ φ12

直径 12 mm の球体の直径 ➡ Sφ12

3. 半径を表す記号 R

半径を示すときに、寸法補助記号 R が用いられます。この記号は、半径の英語 radius の頭文字をとったものです。

図 7-4-3 (a) に示すように、半径 15 mm の円弧の寸法を入れる際、半径の中心となる部分から円弧に向かって寸法線を引き、円弧側のみに矢印を付けます。このとき、**図 7-4-1 (a)** で直径の寸法を入れる際に ϕ の記号を省略したのと同様に、半径であることが明らかな場合には、R の記号を省略します。※

それ以外の場合には、**図 7-4-3 (b)** のように R の記号を入れたうえで半径の数値を記入します。**図 7-4-3 (b)** において、R3 と示している箇所は、半径 3 mm の小さな R です。

そのような場合、円弧の中心から円弧までの距離が 3 mm と短いため、寸法線が短くなってしまいます。3 mm の長さの寸法線に矢印および寸法数値を書くと、スペースが不足して読みにくくなります。そのような場合、円弧を超えて反対側に線を引き出して、そこに寸法数値と矢印を記入します。

図 7-4-4 に記入例を示します。**図 7-4-4 (a)** のように書くよりも、**図 7-4-4 (b)** のように寸法線を引き出して R3 の寸法を記入したほうが分かりやすいため、よく用いられます。小さな R の寸法を入れる際には、このようにして入れると読みやすい寸法記入になります。

なお、球状の形状に対して半径を入れる際には、R ではなく SR の寸法補助記号を用います。

※実務で使われる図面においては、このような場合でも R を省略しないことも多いです

図 7-4-3　半径の寸法記入法の基本

(a) 半径であることが明確な場合にはRの記号を省略

円弧であることが明確な場合
寸法補助記号Rは省略する

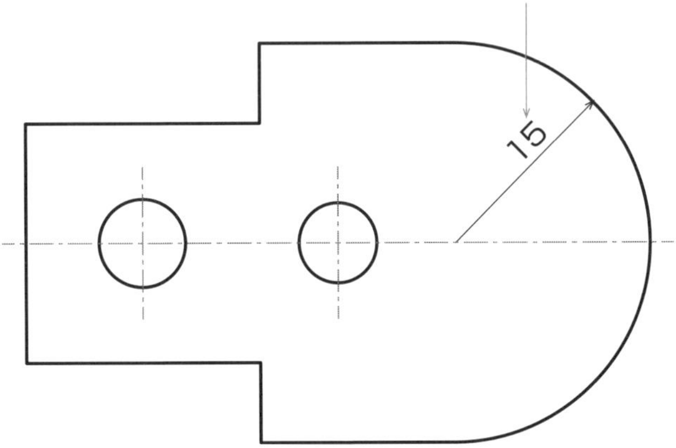

(b) 寸法補助記号 R を用いた円弧の寸法記入例

半径の小さな円弧や短い円弧の場合、円弧であることが分かりにくいので、寸法補助記号Rを表示して円弧であることを明確にする

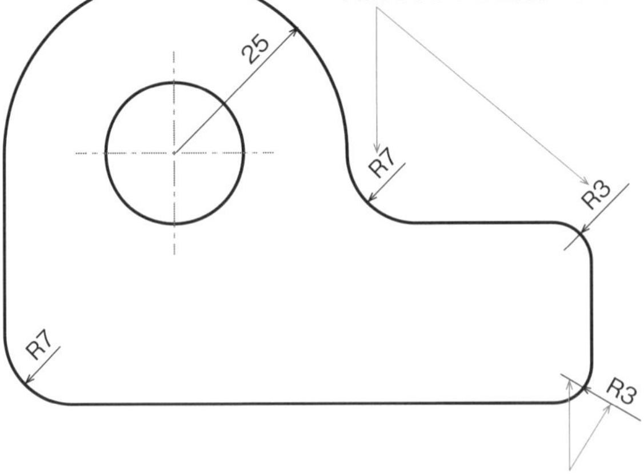

小さな円弧の場合、円弧の中心から円弧までの距離が短いため寸法線が短くなる（R3の場合の寸法線の長さは3mm）。3mmの長さの寸法線には矢印および寸法数値を書くスペースがないため、円弧を超えて反対側に線を引き出して、そこに寸法数値と矢印を記入する

図 7-4-4　小さな R に寸法を記入する方法

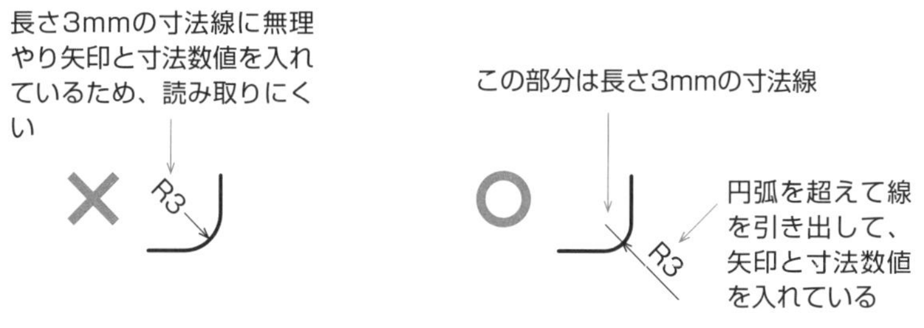

(a) 通常の描き方で寸法を入れた場合

(b) 円弧を超えて線を引き出して寸法を入れた例

以上、半径が小さい円弧の寸法について説明しましたが、次に、大きな半径の円弧はどのように示されるかを説明します。

大きな円弧の寸法を、原則にのっとって入れると**図 7-4-5 (a)** のようになります。このように寸法を入れると、寸法線が非常に長くなってかえって見にくくなります。

そこで、**図 7-4-5 (b)** に示すように、寸法線を短く描くことも可能です。その場合、寸法線を短縮していることを明示するために、途中で折り曲げて描きます。このような寸法記入法を用いることで、非常に長い寸法線の記入を避けることができます。

図 7-4-6 (a) に示すように、直線部を円弧でつなぐ際、直線部の形状と R の数値によっては滑らかにつながらずに段差が発生してしまう場合があります。そのような場合にコントロール半径 CR を用いることで、滑らかにつなげることができます。CR で円弧の寸法を指示した場合、直線部と半径の曲線部が滑らかにつながるよう「最大許容半径と最小許容半径の間に半径が存在するように」円弧を規制することができます。

図 7-4-5　大きな R に対する寸法記入例

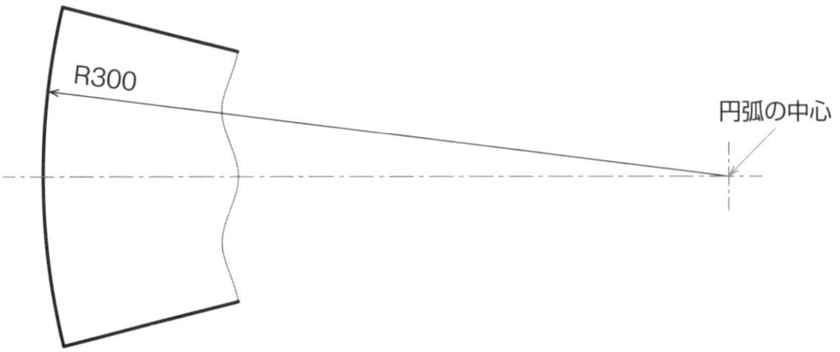

(a) 大きなRの寸法線を中心位置から円弧までの実際の長さで引いた場合

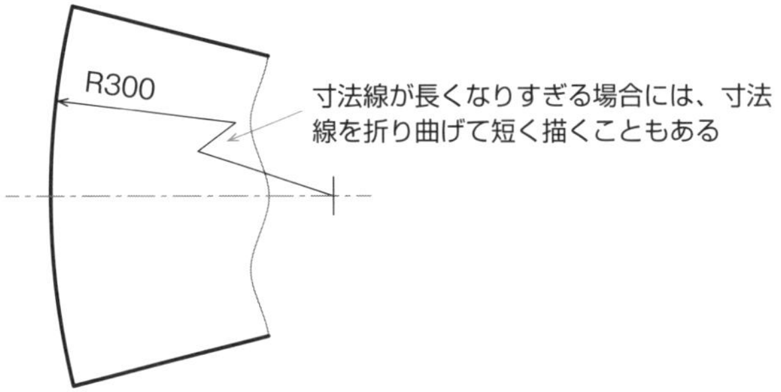

(b) 大きなRの寸法線を短く描く方法

図 7-4-6　コントロール半径 CR による円弧の指定

(a) CR を用いず R の寸法を記入し段差が生じた例

(b)) コントロール半径 CR を用いた場合

4. 45°の面取りを表す記号 C

面取りとは、品物の角を落とす加工のことを指します。金属材料などを切削加工して製作した品物の角は鋭利に尖っているため、他の物品と接触すると角が損傷しやすいです。また、そのような鋭利な角に触れると、けがをする恐れもあります。そのため、**角をある角度で切り落とす加工**を施します。これを**面取り**と呼びます。

図 7-4-7　面取りがない部品の結合

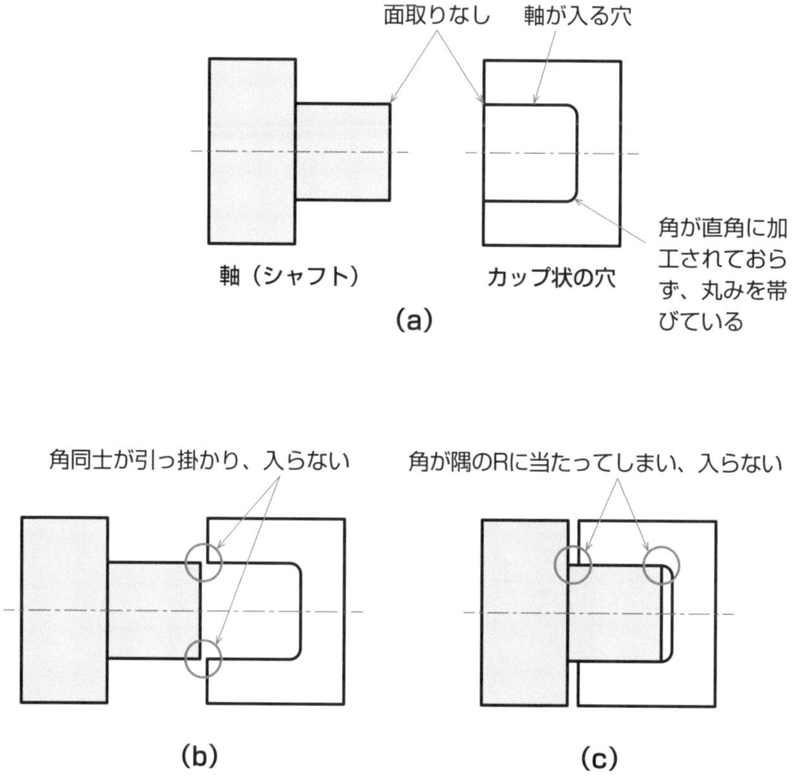

例えば、**図7-4-7**に示すように、穴に軸が挿入される場合を考えます。面取りがない**図7-4-7 (b)** の場合、角に少しでもキズがあると、穴の入り口で軸が引っ掛かり、うまく挿入できません。面取りがある**図7-4-8**の場合、角が引っ掛からずに挿入できます。また、カップの底にRがある場合、面取りがないと干渉してしまいます。

そこで、軸とカップの先端部に面取りを施すと、以下の利点が得られます。

1. **角が損傷しにくい**
2. **軸と穴の組み立て作業が容易にできる**
3. **作業者が角でけがをしない**
4. **軸がカップの底に接するように組み付けられる（図7-4-8）**

図7-4-8　軸とカップの結合

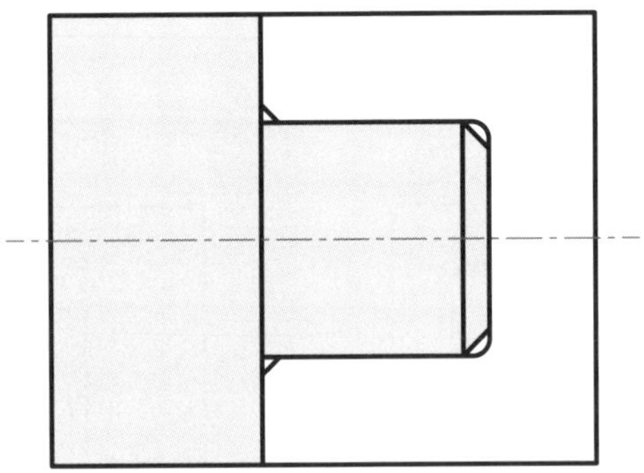

面取りを角度 45° で施す場合に、寸法補助記号 C を使って指示することができます。**図 7-4-9（a）**に示すように、幅 2 mm の 45° 面取りを施す場合、**図 7-4-9（b）**に示すように C2 と指示することができます。

図 7-4-9　45° の面取りの寸法記入法

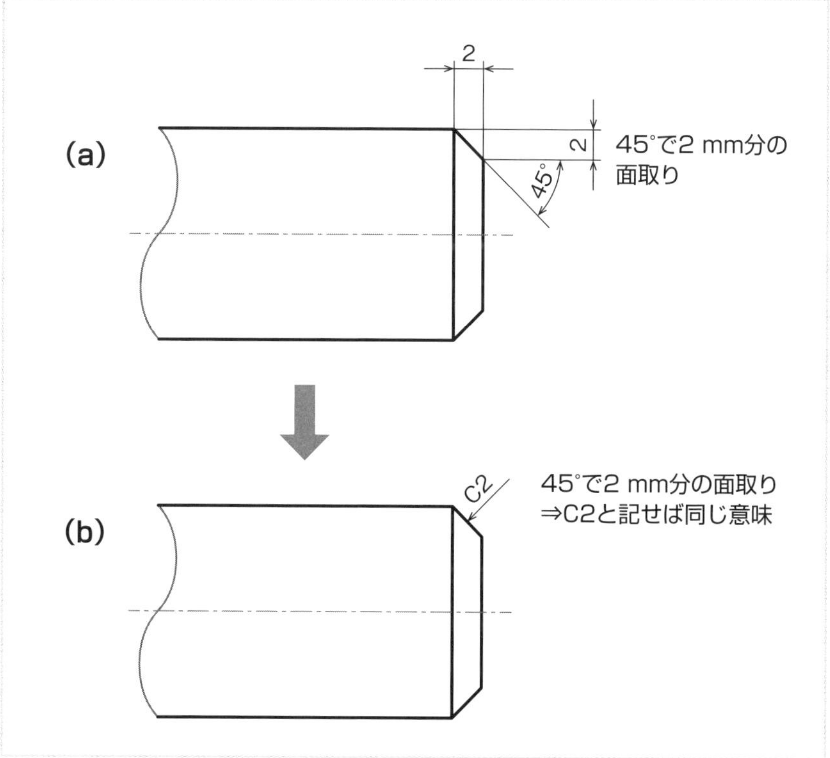

寸法補助記号 C を使わずに 45° の面取りの寸法を入れる場合、**図 7-4-10** のような方法があります。つまり、面取り寸法 2 mm で 45° の面取りをする場合、2 × 45° と寸法を入れると、C2 と同じ意味の寸法になります。

図 7-4-10　面取りの寸法× 45°で寸法を記入する方法

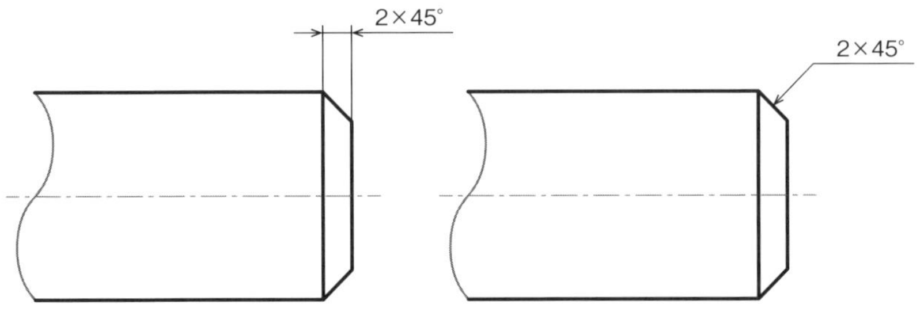

面取りの角度が45° 以外の場合には、C の記号は使えないため、**図 7-4-11** のように通常の方法で寸法を記入します（**面取り部の寸法 "3"** と**角度 "30°"** を記入）。

図 7-4-11　45° 以外の面取りの寸法記入例

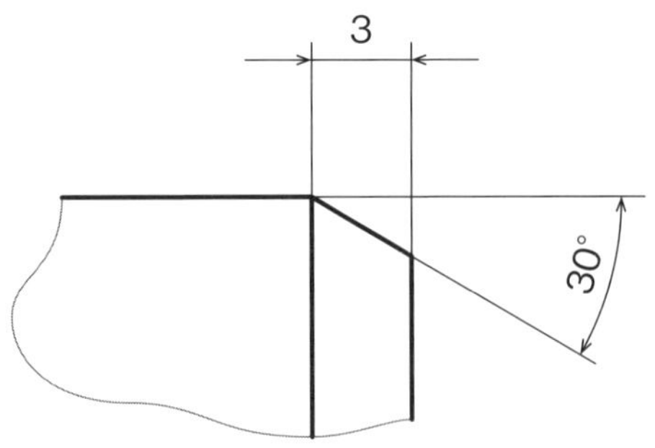

図 7-4-12 に、寸法補助記号 C を用いて寸法記入をする際の注意点を示します。寸法補助記号を用いて 45° の面取りを指示する際には、**面取りを施す箇所に直角に矢印を当てて**、C2 のように記入します。もし、面取りを施す表面が込み合っていて矢印を当てるのが難しい場合には、面取りの表面から**補助線を引いて**、**その補助線に直角に矢印を当てて**寸法を指示します。

図 7-4-12　寸法補助記号 C を用いた 45° の面取りの寸法記入例

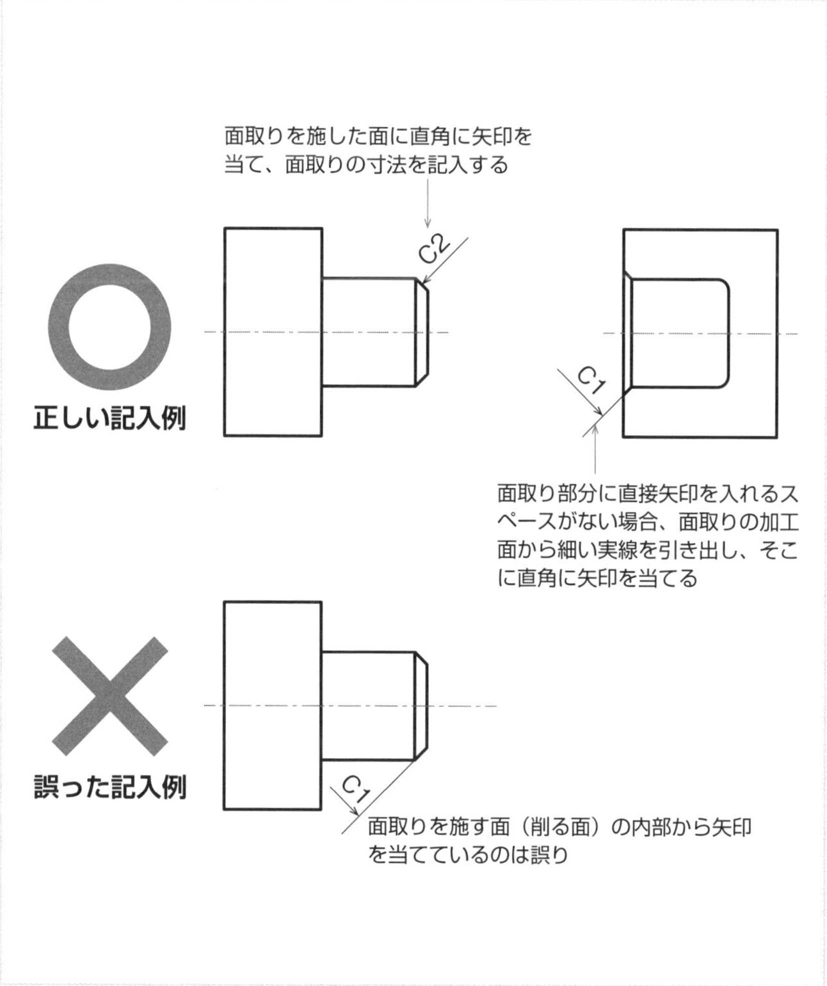

5. 板の厚さを表す記号　t

図 7-4-13 に示すように、板状の物品の厚さを示すとき、通常は右側面図か平面図を描いて厚みを指示します。しかし、厚みだけを指示すれば済む場合に、わざわざ右側面図を描く必要はありません。**寸法補助記号 t を使って、厚さを示すことが可能**です。例えば、厚さ 6 mm の板である場合には、正面図に t6 と指示すれば、側面図や平面図を描く必要はありません。

図 7-4-13　板の厚さを表す寸法補助記号 t

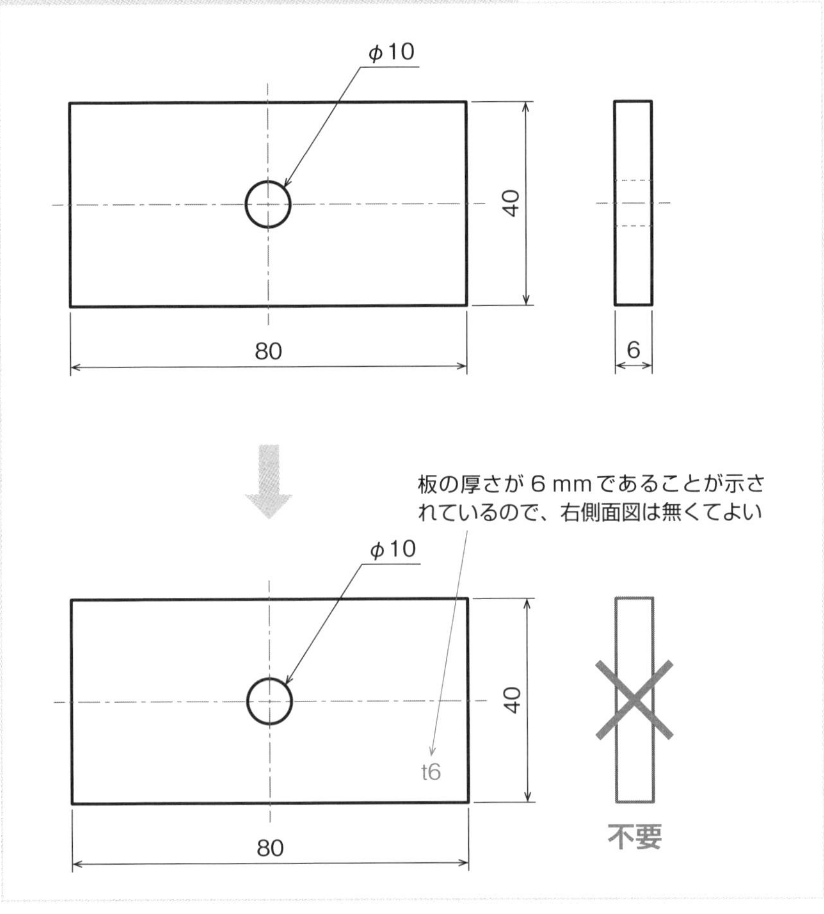

6. 正方形であることを表す記号□

円形の直径であることを示すときにφの記号を用いるのと同様に、**正方形であることを示す場合に□の記号を用いて正方形の一辺の長さを指示**できます。例えば、**図 7-4-14** のように、円形の円柱と正方形断面の角柱で構成される部品の主投影図を描き、そこに円柱の直径をφを使って指示し、正方形角柱の一辺の長さを□を使って指示すれば、右側面図は無くても形状が定まることが分かります。

図 7-4-14　正方形を表す寸法補助記号□の使用例

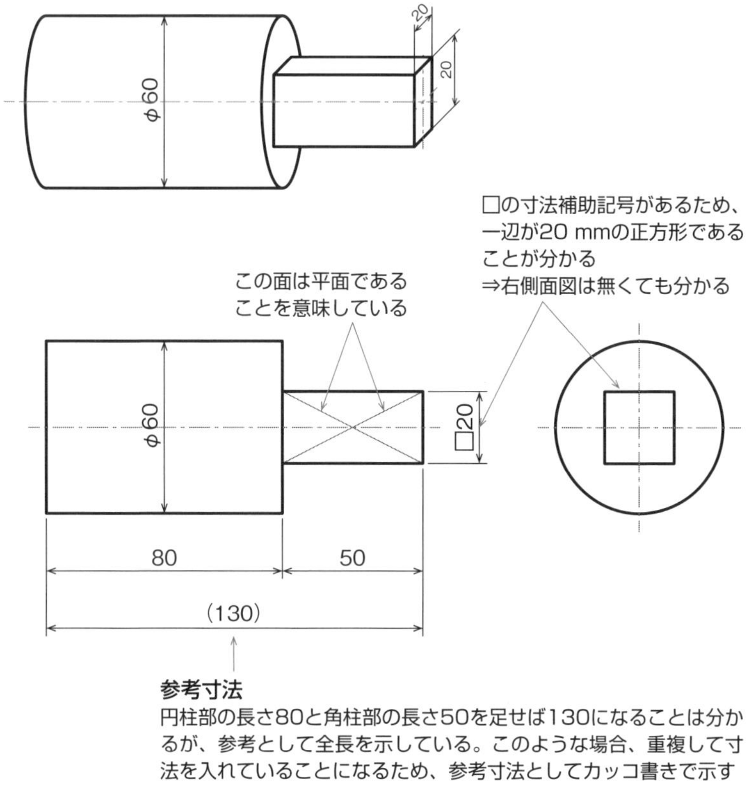

7. 円弧の長さを表す記号 ⌒

図 7-4-15 に示すように、円弧部分の寸法を読むときに、注意が必要となります。**図 7-4-15 (a)** は、**円弧の弦の長さ（角から角までの直線距離）**を示していますが、**図 7-4-15 (b)** は、円弧の長さを示しています。また、**図 7-4-15 (c)** は角度を示しています。これらの寸法記入法を間違えないように注意しましょう。

図 7-4-15　円弧の寸法

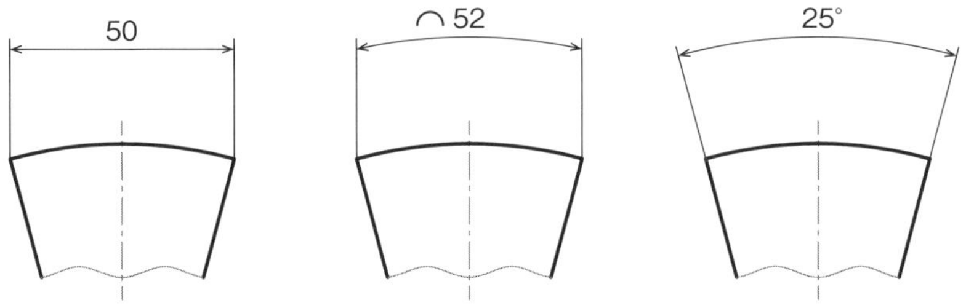

（a）弦の長さが 50 mm

（b）円弧の長さが 52 mm

（c）円弧が描かれている角度が25°

8. 穴の深さや座《ざ》ぐりの形状を表す記号 ↧⌴⌵

(1) 穴の開け方

物体に穴を開ける方法には、いくつかの方法があります。主な方法を**表 7-4-2** に示します。

金属や樹脂などの材料に穴を開ける場合には、ドリルの刃を使って加工するのが一般的です。このような穴開けの方法を、“キリ”と呼びます。“**キリ穴**”と呼ばれたときには、「**ドリルで開けた穴**」を意味します。

表 7-4-2　代表的な穴開け加工の方法と図面記入時の指示法

穴を開ける方法	呼び方	寸法記入時の指示例
ドリルによる穴開け	キリ穴	10 キリ
ドリルで穴を開けた後、リーマと呼ばれる工具で穴を仕上げる	リーマ穴	15 リーマ
プレスで打ち抜いて穴を開ける	打《うち》抜き穴	25 打ヌキ
鋳造する際に中子を用いて穴を開ける	鋳《い》抜き穴	30 イヌキ

一般的なドリルの刃は、**図 7-4-16（a）**に示すようにらせん状の刃が形成され、先端が 118° に尖っています。そのため、このようなドリルでキリ穴を開けると、**図 7-4-16（b）**、**（c）**のようになります。特に、**図 7-4-16（c）**のように穴を貫通させない場合、ドリルの刃の先端形状が残ります。この部分の角度は、製図では近似的に 120° で描きます。

図 7-4-16　ドリルによるキリ穴加工

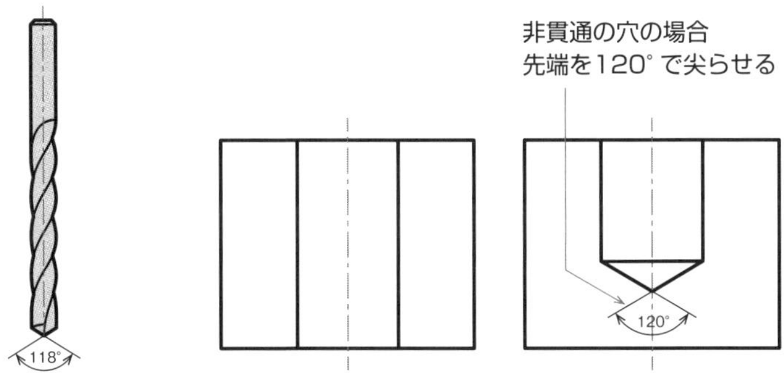

（a）ドリル刃　（b）貫通穴　（c）非貫通穴

この他に、キリ穴の加工後に、リーマと呼ばれる工具で仕上げ加工を施す場合があります。

また、薄い板に穴を開ける場合などでは、型とポンチで打ち抜いて穴を開けることがなされます。このような穴開けを**打抜き**と呼びます。鋳造製品においては、鋳型の時点で穴が形成されるように作っておき、そこに溶融した金属等を流して穴の開いた物品を成形することもあります。このような方法を**鋳抜き**と呼びます。

(2) 穴の寸法記入法

キリ穴などの穴の寸法記入法はいくつかあります。それらを**図 7-4-17** に示します。

図 7-4-17（1）は、穴の断面図中に直接穴の直径（ϕ 20）と穴深さ（50）を記入しています。このとき、ドリルで開けた穴では、先端が 120° に尖りますが、穴としての役目を果たしているのは、あくまでも直径 20 mm の穴の部分です。そのため、通常は**直径 20 mm を保っている部分の穴の深さ**が指示されます。

図 7-4-17（2）は、断面図から引出線と参照線を使って穴の寸法を指示した例です。**寸法補助記号 ϕ** と**穴深さの記号 ↧** を用いて、穴の直径と深さを指示しています。

図 7-4-17（3）、（4）は、**図 7-4-17（1）、（2）**で示した断面図の平面図に相当する、穴の円の形状が見える投影図に寸法を記入した例を示しています。このような場合、**円の中心を向いた矢印を円の縁から斜めに引き出し**て、**穴の直径と深さの寸法を記入**します。特に、穴の加工方法（どのような方法で穴を開けるか）を指示したい場合には、**図 7-4-17（4）**に示すように、“20 キリ ” などのように指示します。

図 7-4-17　穴の寸法の記入例

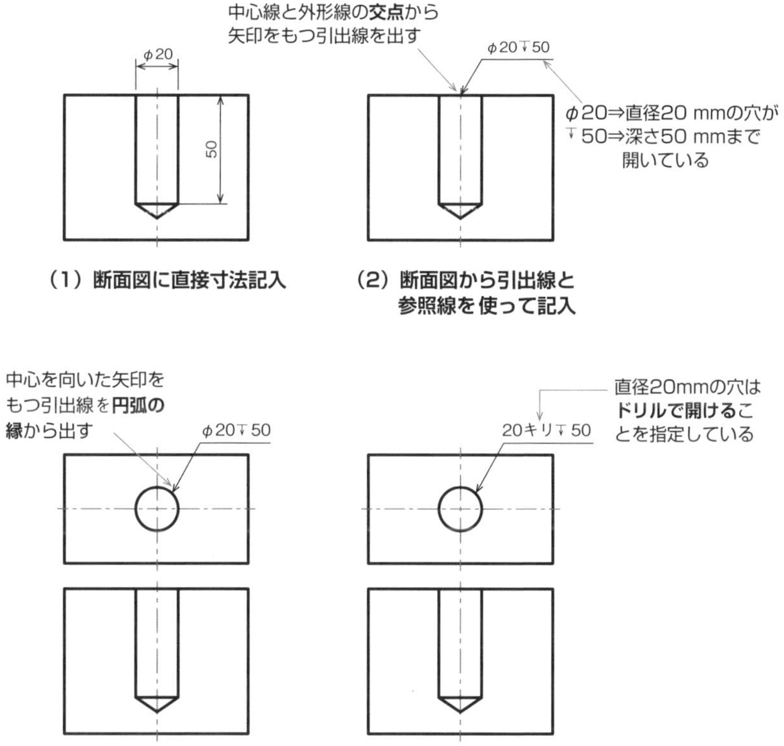

(1) 断面図に直接寸法記入

(2) 断面図から引出線と参照線を使って記入

(3) 円に見える投影図に記入

(4) ドリルで穴を開けることを指示

貫通穴の場合は、**図 7-4-18 (2)** に示すように穴の深さを省略します。

穴を加工する際、リーマ加工をする場合は 20 リーマ、鋳造品で型を使って穴を成形する場合は 20 イヌキ、薄板など、プレスで型抜きして穴を開ける場合は 20 打ヌキと指示されます。同じ直径 20 mm の穴でも、**図 7-4-19 (a)、(b)、(c)** とでそれぞれ穴の開け方や仕上げ方が全く異なります。

図 7-4-18　貫通穴の場合は深さを書かない

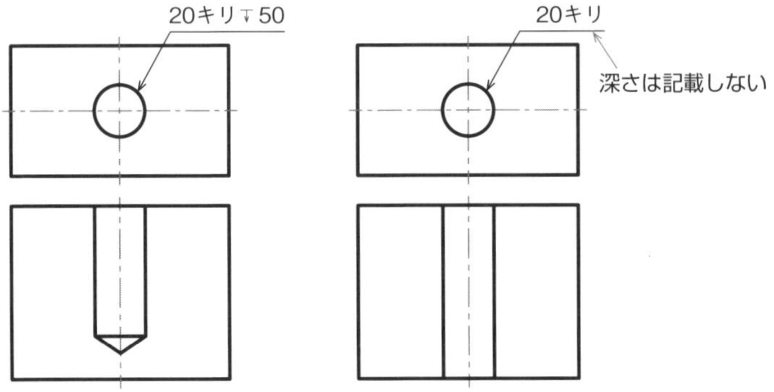

（1）非貫通穴　　（2）貫通穴

図 7-4-19　リーマ、打抜き、鋳抜き穴の指示法

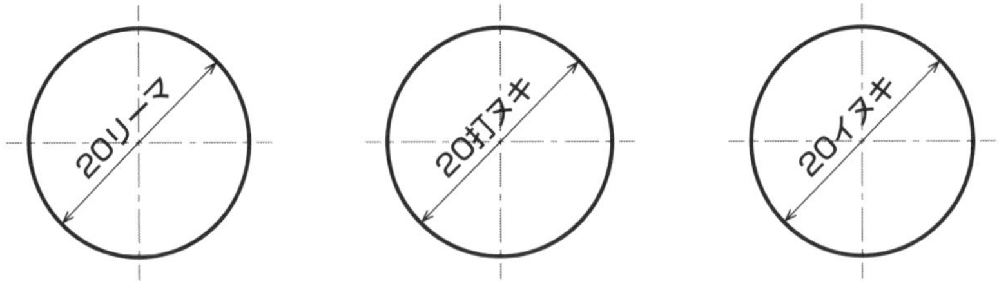

（a）リーマで仕上げた穴　　（b）プレスで打ち抜いた穴　　（c）鋳造時に鋳抜いた穴

9. 座《ざ》ぐりの寸法記入法

ボルト、ナット、座金（ワッシャー）などが接触する面を切削加工して平らに加工することを**座ぐり**と呼びます。座ぐりには、**深座ぐり**、**皿座ぐり**などの種類があります。これらの寸法記入法を理解しましょう。

(1) 座ぐり、深座ぐり

図 7-4-20 に示すように、鋳造品にボルト穴を開けてボルトで固定することを考えます。一般に、鋳造品の表面は平らではないため、ボルトで締め付けた際に、ボルトや座金が鋳物の表面に均一に密着せず、接触する場所としない場所が生じます。このような状況を“**すわりが悪い**”と言います。

そのため、**図 7-4-20** に示すように、座面を円形に少し削ることで、すわりをよくすることができます。このような加工を座ぐりと呼びます。

図 7-4-20　ボルト締結部の座ぐり加工

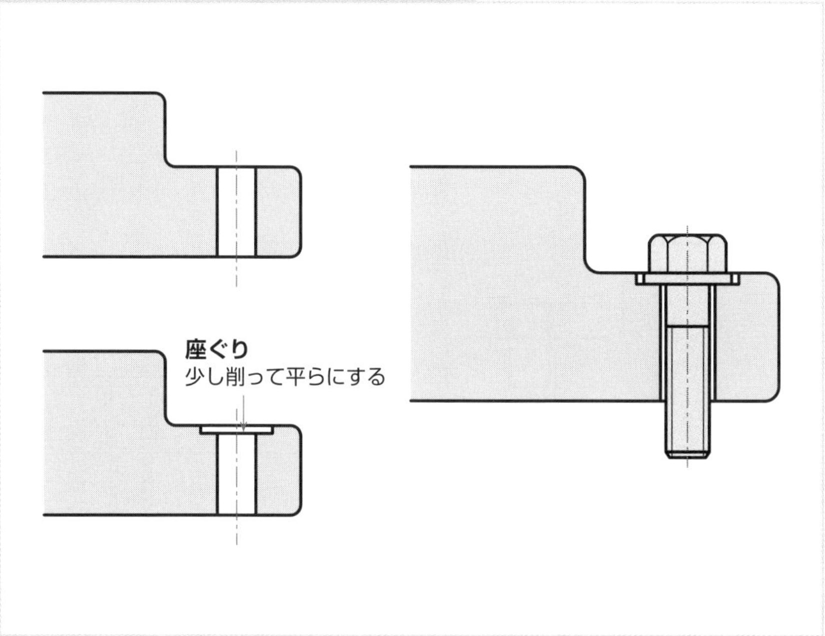

座面のすわりをよくする目的のみの場合、座ぐり加工でさらう量（削り代）は、わずかでよいです。一方で、座ぐり加工によって、ボルトやナットの頭を物品表面から沈めたい場合には、意図的に座ぐりを深くします。このような場合を深座ぐりと呼びます。深座ぐりを施した物品の例を、**図 7-4-21** に示します。

図 7-4-21　深座ぐりに六角穴付きボルトを挿入した例

(a) 深座ぐりを施したフランジ　**(b) 深座ぐりがない場合**　**(c) 深座ぐりがある場合**

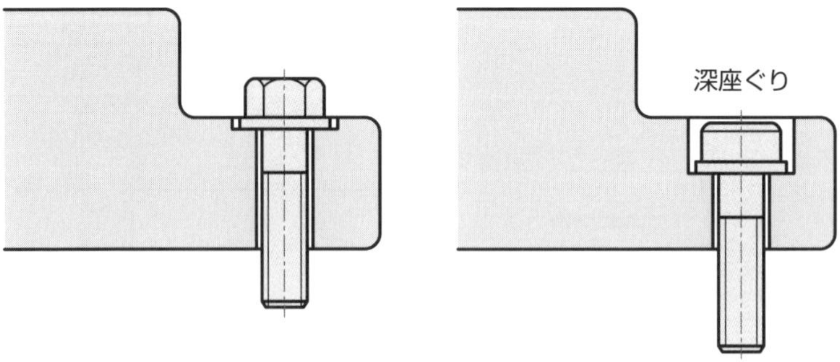

座ぐりおよび深座ぐりの寸法記入法を、**図 7-4-22** で説明します。

図 7-4-22（a） に示すように、直径 10 mm の穴を開けたのち、直径 14 mm で深さ 7 mm の深座ぐりを入れるとします。各寸法を直接記入した**図 7-4-22（a）** に対して、寸法補助記号を用いて**図 7-4-22（b）、（c）、（d）** のように指示します。つまり、引出線と参照線を用いて穴の直径φ10、深座ぐりであることを示す記号、深座ぐりの直径φ14、深さ 7 を一括で指示しています。

図 7-4-22　座ぐりおよび深座ぐりの寸法記入法

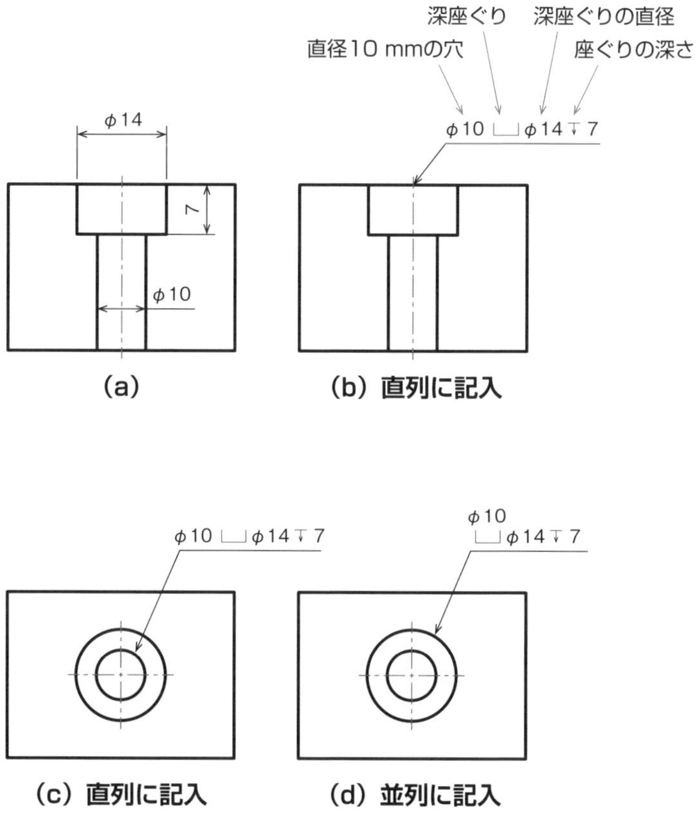

図 7-4-22（b）のように、穴の中心軸上で切った断面上に寸法を記入する際には、座ぐりの上端と中心線の交点から引出線を出します。**図 7-4-22（c）**のように、座ぐりによる円形の穴が見える方向からの投影図に寸法を記入する際には、最初に開ける ϕ 10 の穴の円弧の縁から斜めに引出線を出します。このとき、引出線の向きは穴の中心に向かうように引きます。**図 7-4-22（d）**のように、深座ぐりの円弧の縁から引出線を出して並列で記入することもできます。

（2）皿座ぐり

図 7-4-23 に示すように、皿ねじの頭の形状に合わせて、90° の皿状に入れられた座ぐりを、皿座ぐりといいます。

図 7-4-23　皿座ぐりの例

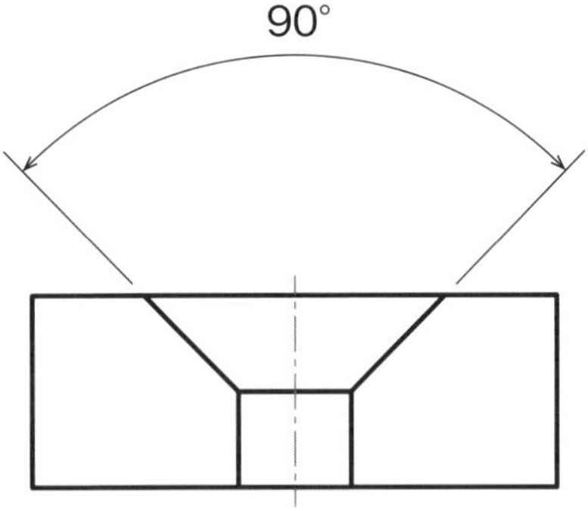

皿座ぐりの寸法記入法を、**図 7-4-24** に示します。例として、直径 9 mm の穴を開けたのち、皿座ぐりの加工を施し、皿の最大径が 17.8 mm になるまで皿座ぐりを入れることを考えます。皿座ぐりを示す場合、寸法補助記号 ⌵ を使用します。入れ方は深座ぐりと同様です。**図 7-4-24（b）**、**（c）** のように直列に入れる方法に加えて、**図 7-4-24（d）** のように並列で入れることもできます。

図 7-4-24　皿座ぐりの寸法記入例

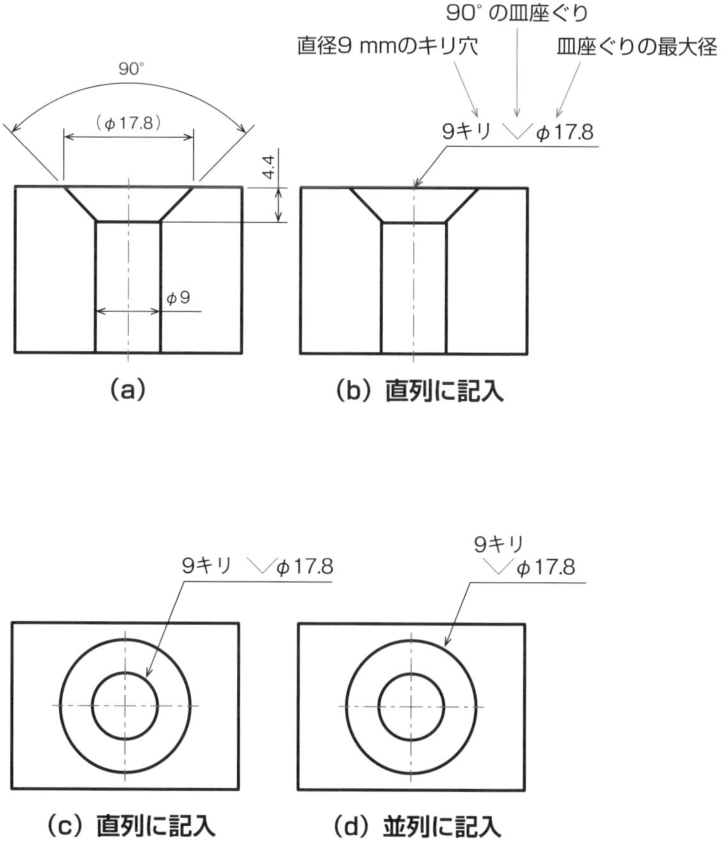

10. 円錐台の寸法記入法

図 7-4-25 に示すように、円錐あるいは円錐台状の面取りに対して、寸法補助記号 ヘ を用いて寸法を記入することができます。

図 7-4-25（a） のように、角度 120° の円錐に対しては、引出線と参照線を用いて ヘ120° と寸法を記入します。**図 7-4-25（b）** のように、φ 5 に示す平面部がある円錐台の場合には、**図 7-4-25（c）** のように寸法を記入します。

図 7-4-25　円錐（台）の寸法記入法

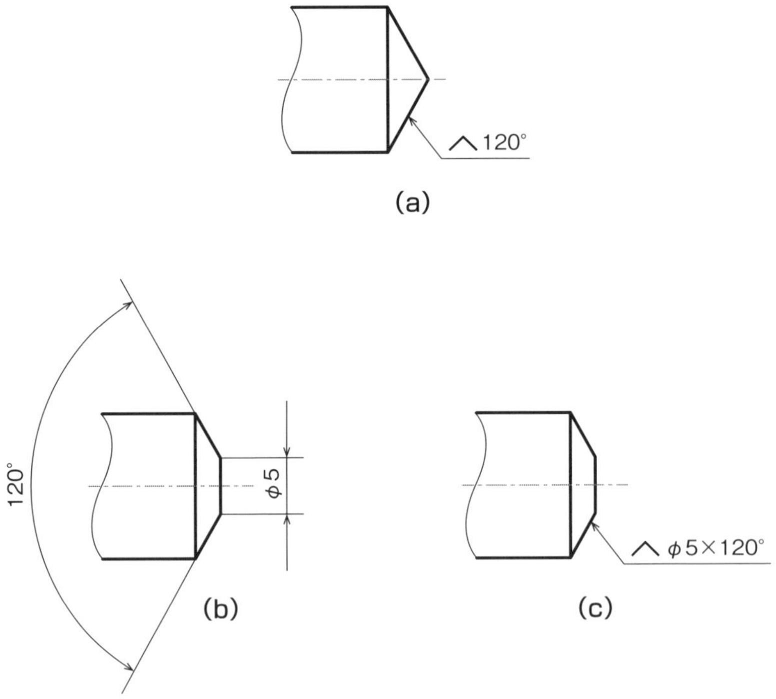

5 繰り返し形状の寸法記入法

●同じ形状の穴などが等間隔に複数開けられている場合、その一つ一つに位置と大きさの寸法を記すと手間がかかります。そのような場合、寸法を一括で指定することができます。

1. 同じ形状が等間隔で連続配置されている場合

例として、φ 10 の穴が 30 mm の等間隔で合計 20 個開いているとします。この場合、**図 7-5-1** に示すように、穴の大きさと位置の寸法を一括で記入します。つまり、穴の直径と加工法（10 キリ：直径 10 mm の穴をドリルで開ける）、穴の間隔（30 mm 間隔で開ける）、個数（合計 20 個の穴を開ける）を 1 か所に示したうえで、間隔数×間隔＝乗数［19 × 30（＝ 570）］を示しています。この方法は、穴以外の連続する同一形状に対しても利用できます。

図 7-5-1　連続する穴の寸法を記入する方法の例

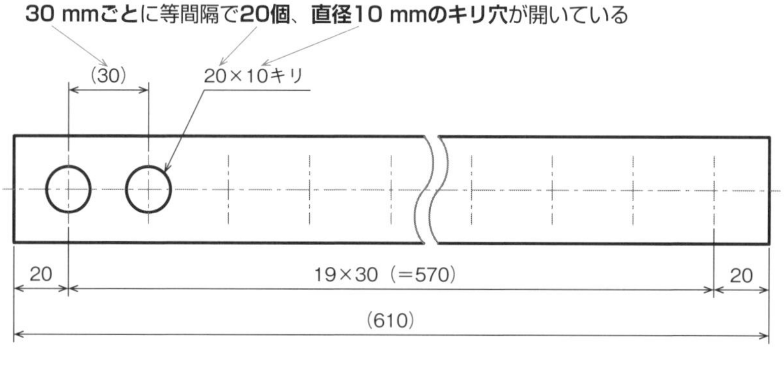

6 長円の穴の寸法記入法

●次節「7 キー溝の寸法記入法」で示すキー溝など、長円の穴に寸法を記入する方法を説明します。

図 7-6-1 に示すように、幅が 10 mm、長さが 40 mm の長円の穴の寸法記入を考えます。

図 7-6-1 キー溝の例（長円の穴の例）

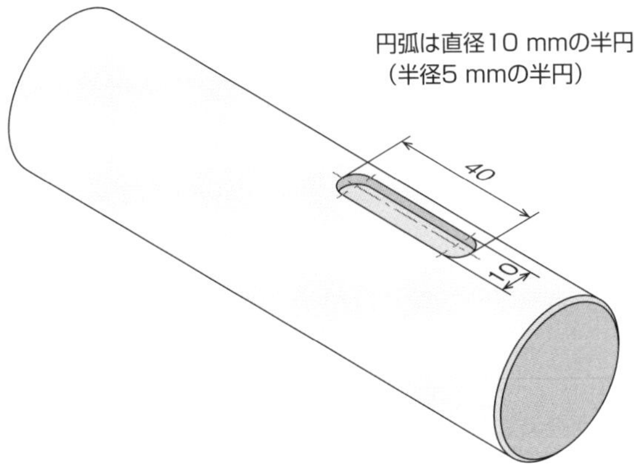

これらの寸法の記入法を**図 7-6-2** に示します。**図 7-6-2（a）**は、長円の長さ 40 mm と幅 10 mm で寸法を示しています。このとき、円弧は半円なので、幅 10 mm と指示されていれば R5 であることは分かります。そのため数値なしで（R）と示すか、あるいは数値ありで（R5）と示します。つまり、カッコ付きの参考寸法で示します。

図 7-6-2(b)は、平行な２面の長さ 30 mm と幅で寸法を指示した例です。図 7-6-2（c）は、幅を指定する代わりに、この長円を加工するための工具（エンドミル）の直径で指示した例です。直径 10 mm のエンドミルが想像線（二点鎖線）で描かれています。図 7-6-2（d）は、引出線および参照線上に、幅 10 mm、長さ 40 mm の長円の穴であることを “SLOT 10 × 40” と指示した例です。

図 7-6-2　長円の穴の寸法の記入例

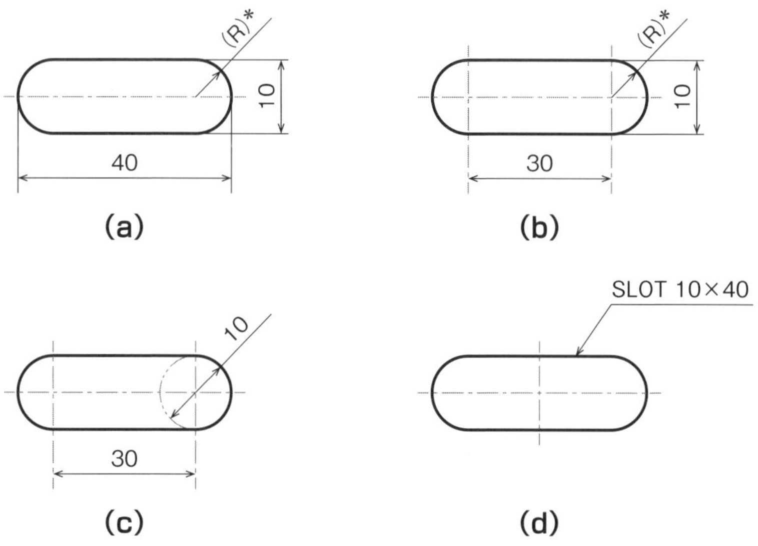

＊溝の幅10が示されているので、円弧部はR5であることは明らかです。
そのため、参考寸法としてカッコ付きで（R）または（R5）と示します。

7 キー溝の寸法記入法

●キー溝の寸法を記入する場合、長さ方向は、前節「6 長円の穴の寸法記入法」で説明した方法で示します。キー溝の深さは、軸の外径部からキー溝の底までの寸法を記します。

1. 軸のキー溝の寸法記入

図 7-7-1　軸のキー溝の寸法記入

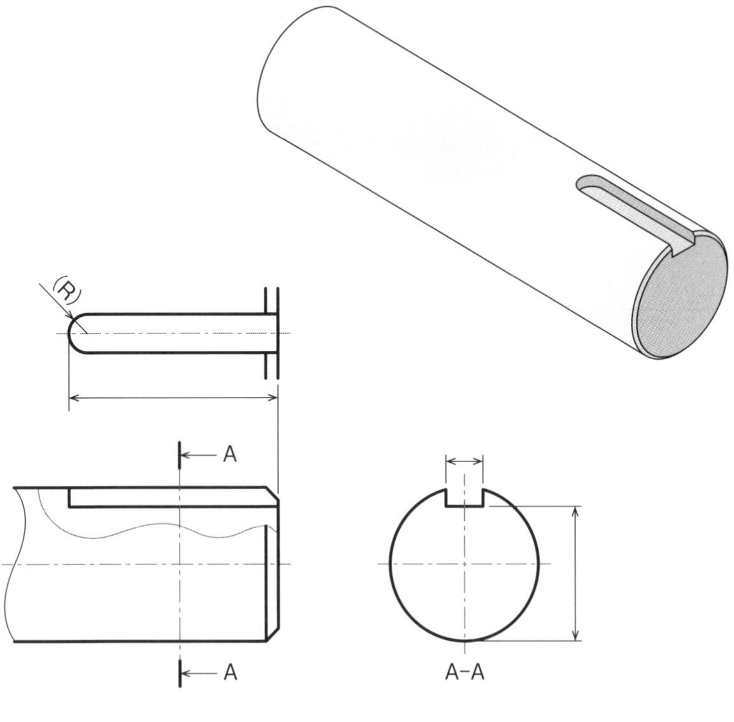

図 7-7-1 に示すような、キー溝の寸法を記入する場合、長さ方向は、前節**図 7-6-2** に示した方法で示します。キー溝の深さについては、**図 7-7-1** の右側面図に示すように、軸の外径部からキー溝の底までの寸法を記します。なお、**図 7-7-2** に示すように、キー溝を加工する際の工具の切込み深さの寸法で示すことも可能です。

図 7-7-2　軸のキー溝の寸法記入（切込み深さで示す場合）

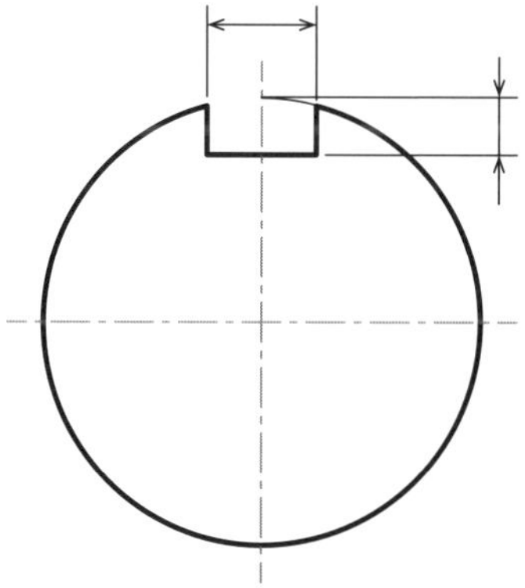

A-A

2. 穴のキー溝の寸法記入

図 7-7-3 に示すように、穴のキー溝の寸法を記入する場合、キー溝の深さは穴の直径部からキー溝の天井までの寸法を記します。

なお、特に必要な場合は、**図 7-7-4** に示すように、キー溝を加工する際の工具の切込み深さの寸法で示すことも可能です。

図 7-7-3　穴のキー溝の寸法記入

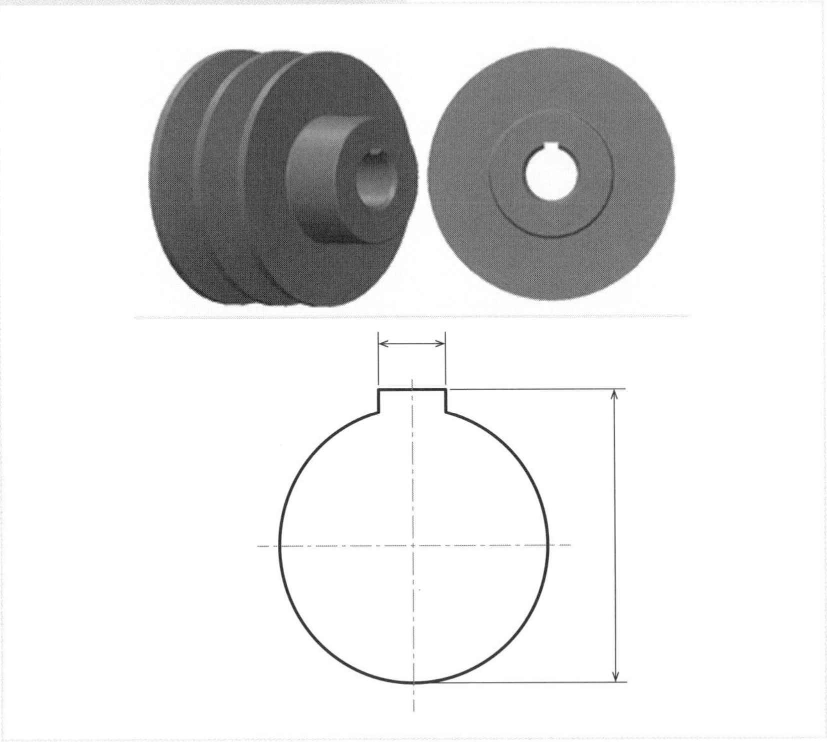

図 7-7-4　穴のキー溝の寸法記入（切込み深さで示す場合：必要な場合用いる）

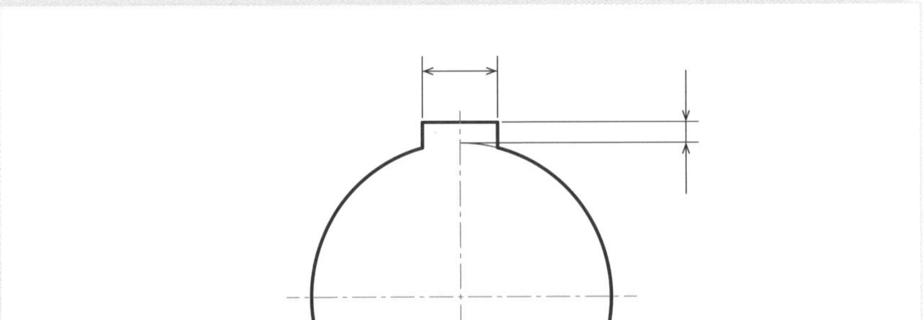

また、キー溝が断面に現れている場合の穴の内径の寸法を表す場合には、**図 7-7-5** に示すようにキー溝が無い側の内径部から**片側矢印**で示します。キー溝側に現れている線は、内径部の線ではないため、**キー溝側に矢印をつけるのは誤り**です。

図 7-7-5　キー溝がある穴の内径寸法記入時の注意事項

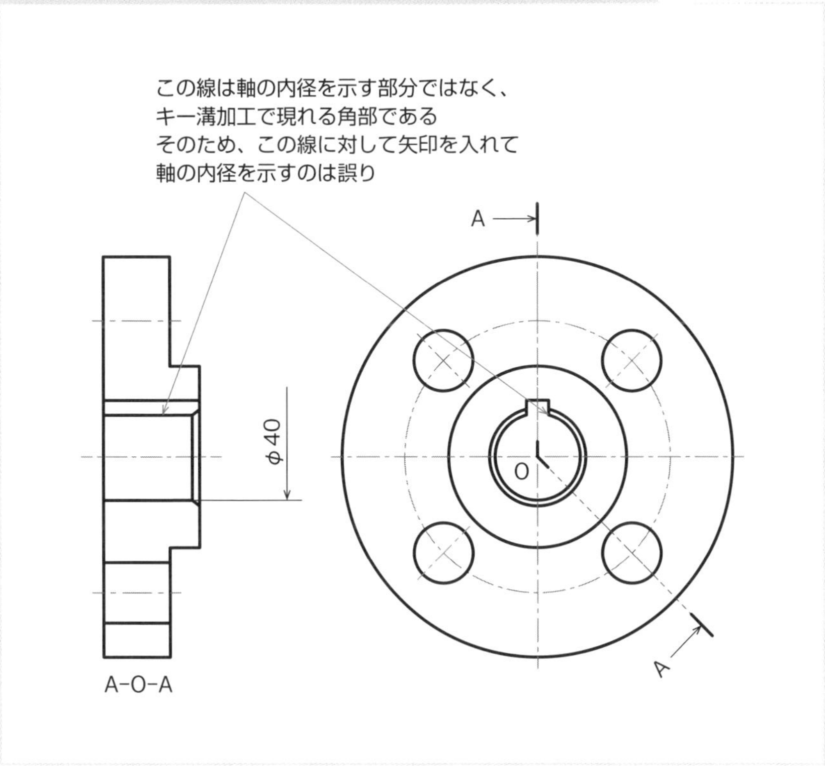

8 大きさの寸法と位置の寸法

●寸法は、その品物を製造するのに必要な寸法を漏れなく、かつ理解しやすい位置に記入することが求められます。寸法の不足などを起こさないために、寸法を記入する際には「大きさの寸法」と「位置の寸法」を区別して入れることが大切です。

1. 大きさの寸法と位置の寸法

以下に具体例を用いて説明します。大きさの寸法と位置の寸法を意識して取り組みましょう。

大きさの寸法とは、その形状のサイズを表す寸法です。例えば、「突起の長さ」、「軸の直径」、「穴の大きさ」などです。位置の寸法は、形状がどの位置にあるのかを表すものです。例えば、「穴がどの位置に開いているか」などです。

大きさの寸法と、位置の寸法の違いについては、順を追って考えていきましょう。

まずは、**図 7-8-1** に示すような四角形の板材の寸法を考えます。

この板の横方向の寸法は 400 mm で、縦方向の寸法は 200 mm となります。これはどちらも大きさの寸法です。**図 7-8-1** で示したような、上下左右に対称な板を図面に表すときには、位置の寸法は必要ないことが分かります。

図 7-8-1　板の寸法（大きさの寸法だけで表されている）

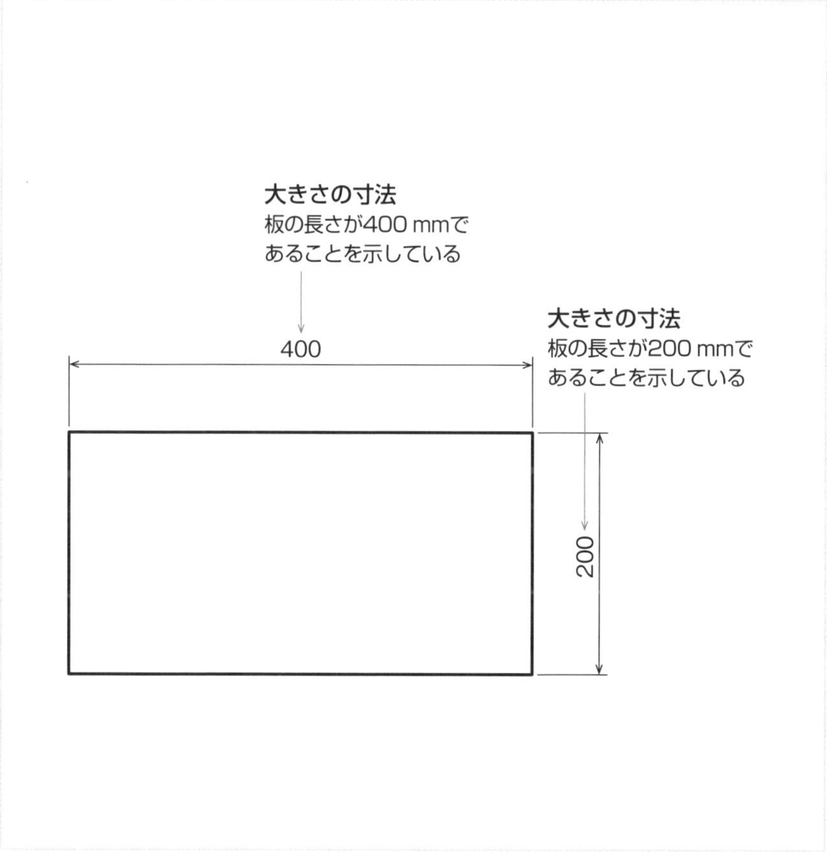

それでは、**図 7-8-2** に示すように、この板に直径 110 mm の穴が開けられているとします。穴の直径 110 mm は、大きさの寸法ですが、これだけを指示しても、寸法が定まりません。なぜなら、直径 110 mm の穴をどこに開けたらよいかが不明だからです。

このような場合、板の左端から 320 mm、上の端から 130 mm などのように、穴を開ける位置の寸法を指定しなければならないということが分かります。

図 7-8-2　穴が開けられた板の寸法（大きさの寸法と位置の寸法が必要）

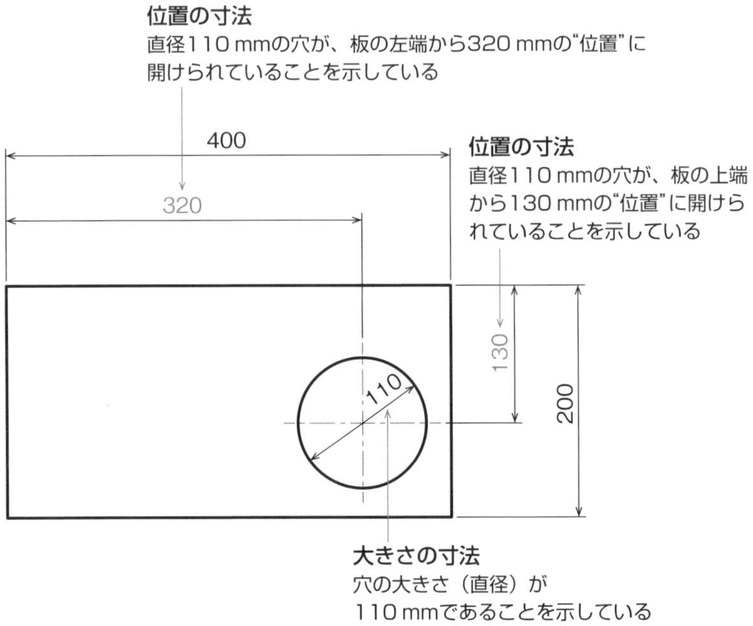

それでは、同じ板で、穴の開く位置が**図 7-8-3** のように変わった場合にはどのようになるでしょうか。この場合、穴が板の中心に開けられています。そのため、横方向が 400 mm、縦方向が 200 mm という板の大きさの寸法が示されただけで、穴の位置の寸法も併せて示されたことになります。つまり、穴は 400 mm と 200 mm のそれぞれ半分の位置に開けられます。このような場合には、通常は端から○○ mm というような穴の位置の寸法は書きません。

図 7-8-3　穴が開けられた板の寸法（対称形の場合）

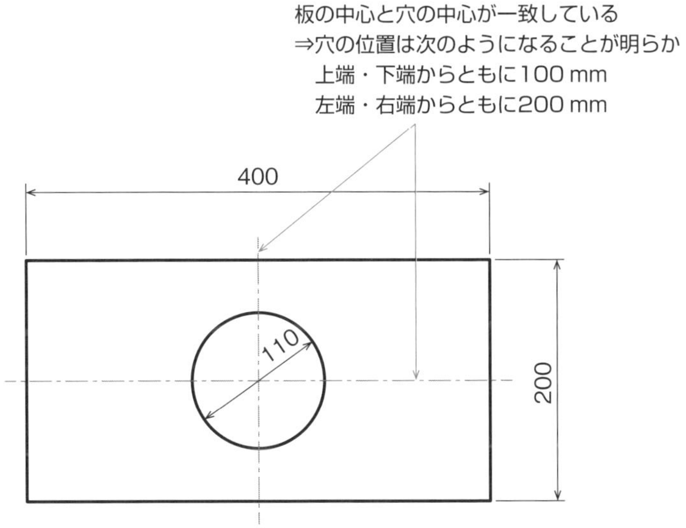

次に、円盤状の物体に直径 10 mm の小穴が 12 個、等間隔に開いているものについて、小穴の寸法を入れてみます。**図 7-8-4** に示すように、直径 10 mm を意味する**φ 10 が小穴の大きさの寸法**です。12 個等間隔に開いているので、穴の間隔は 360° ÷ 12 = 30° であることが分かります。また、その穴が円盤のどの位置に開いているのかは、**ピッチ円の直径**（180 mm）で示されています。

穴の加工をする人は、ピッチ円の直径 180 mm と、穴の個数とサイズ（12 × φ 10）を読み取ることで、穴開けを行うことが可能になります。

図 7-8-4　円周上に穴が開けられた場合の寸法

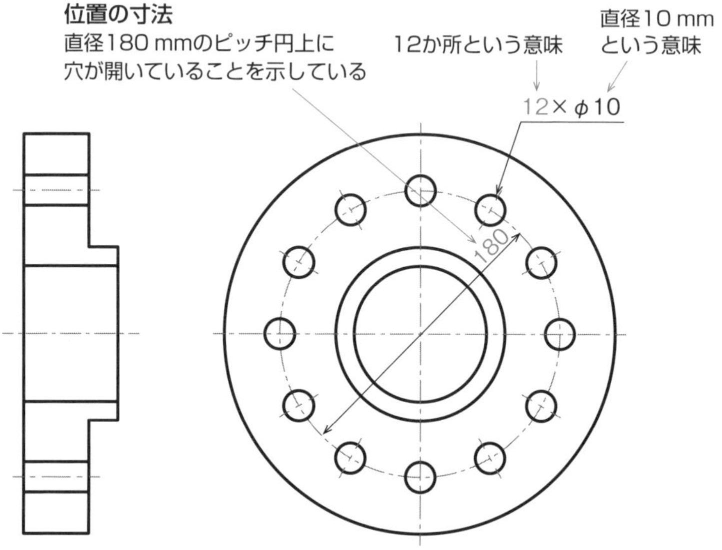

以上、板に開いた穴を例に、大きさの寸法と位置の寸法を示しましたが、そのほかの形状の物品でも全く同じ考え方になります。突起物、溝、穴などの部分的な形状に対して、大きさの寸法と位置の寸法に分けて寸法を記入すると、寸法の記入漏れなどを防ぐことができます。

第7章 寸法の記入法

9 寸法記入上の注意

- 寸法記入上の基本的な注意事項について解説します。
- 寸法記入場所、寸法記入の方法、重複寸法や不必要な寸法は避けることなどについて学びましょう。

1. 寸法記入場所

寸法は、できるだけ主投影図に集中させて記入します。主投影図（正面図）に記入できない寸法を、他の投影図に記入します。

ただし、他の投影図に入れた寸法と関連する寸法については、たとえ主投影図に入れられるとしてもセットで他の投影図に入れます。具体例を**図7-9-1**に示します。

図7-9-1に示すように、円盤状の物品に小穴が複数開けられた品物を考えます。寸法は主投影図に集中して入れます。ここで、小穴の寸法に着目します。正面図に、小穴の直径の寸法を入れることも可能ですが、正面図は小穴を12個開けることを示せません。そのため、小穴の直径と個数を右側面図に指示します。

このとき、小穴を開けるために必要なピッチ円の直径（180 mm）は、主投影図に入れることも可能ですが、小穴とセットの寸法ですので、右側面図にセットで入れたほうが良いです。

このように寸法を入れることで、この小穴を加工する人は、右側面図で小穴の加工に必要な情報をまとめて得ることができるので、加工がしやすくなります。

図 7-9-1　寸法記入の考え方

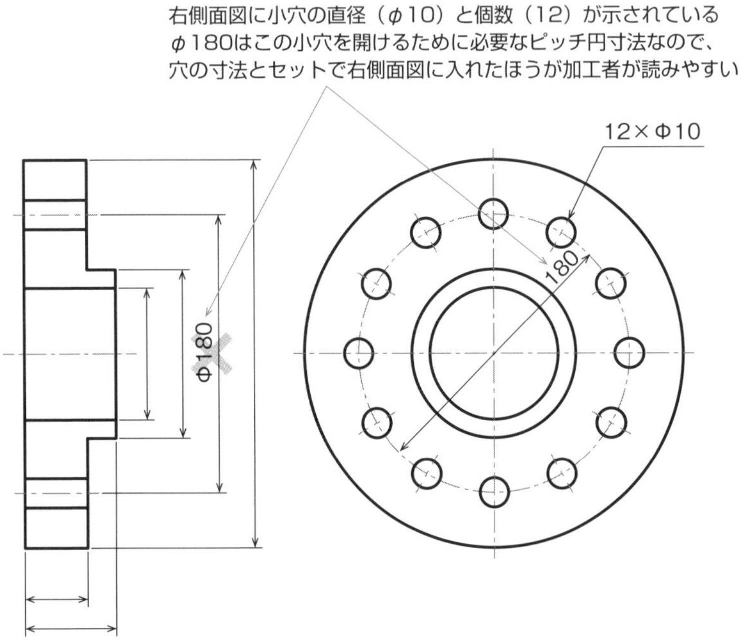

2. 寸法記入の方法

(1) 直列寸法記入法

図 7-9-2 に示すように、一直線上に連続する寸法を記入する方法を直列寸法記入法と言います。この寸法記入法の注意点として、公差（詳しくは第 9 章で説明します）が蓄積して全体の寸法に影響することです。

例えば、**図 7-9-2** に示した例では、各段差の幅を左から 30 mm、25 mm、15 mm としていますが、そうすると全長は、理想上は 70 mm になるはずです。しかしながら、実際に加工した品物には**必ず理想からのずれ（公差）**が生じます。一般的には、上記のようなサイズの形状については、± 0.1 mm 程度の公差が発生します（詳しくは後述する普通公差で説明します）。つまり、各段に ± 0.1 mm の公差が発生するので、それらが蓄積すると全体の寸法は 70 ± 0.3 mm になります。

図 7-9-2　直列寸法記入法

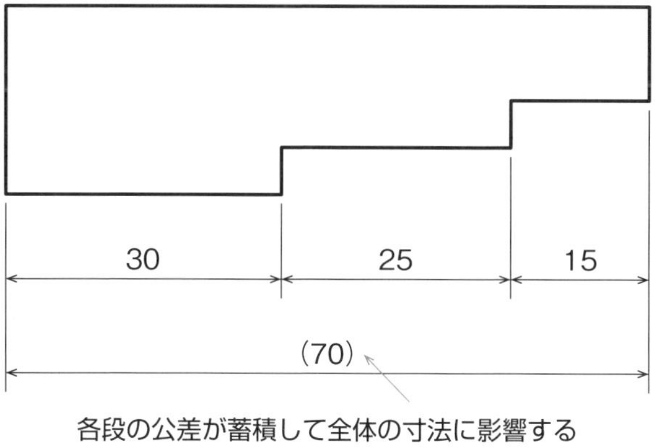

(2) 並列寸法記入法

図 7-9-3 に示すように、**基準面を設けて各部までの寸法を並列して記入**する方法を**並列寸法記入法**と言います。このように寸法を入れれば、個々の段の公差が蓄積することはありません。

並列寸法記入法の注意点として、基準面をどこにとるかを適切に選ぶことが挙げられます。基準面に不適切な面（例えば、表面が粗く、精度が悪い面や、加工時に基準にすることが難しい面など）を選ぶと、加工精度が悪くなります。

図 7-9-3　並列寸法記入法

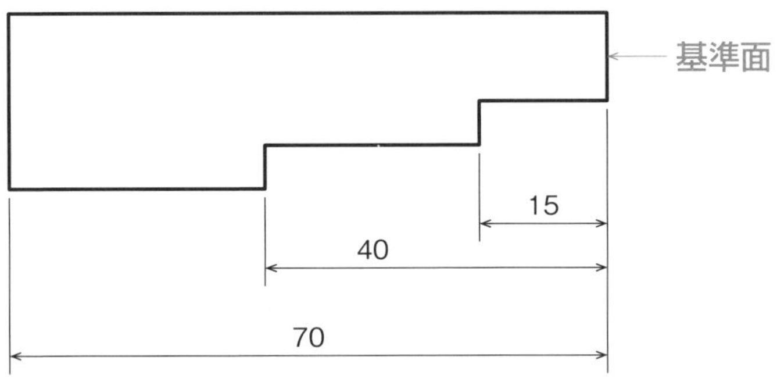

(3) 累進寸法記入法

並列寸法記入法を用いて多数の部分の寸法を入れていくと、寸法線が多く並んでスペースをとり、図が読みにくくなることがあります。このような場合、**図 7-9-4** に示すように起点から伸びる 1 本の寸法線上に寸法を記入する方法があります。これを、累進寸法記入法と言います。寸法の起点となる位置に白抜きの小さな円で起点記号○を示し、そこから片側矢印で寸法を示していきます。

図 7-9-4　累進寸法記入法

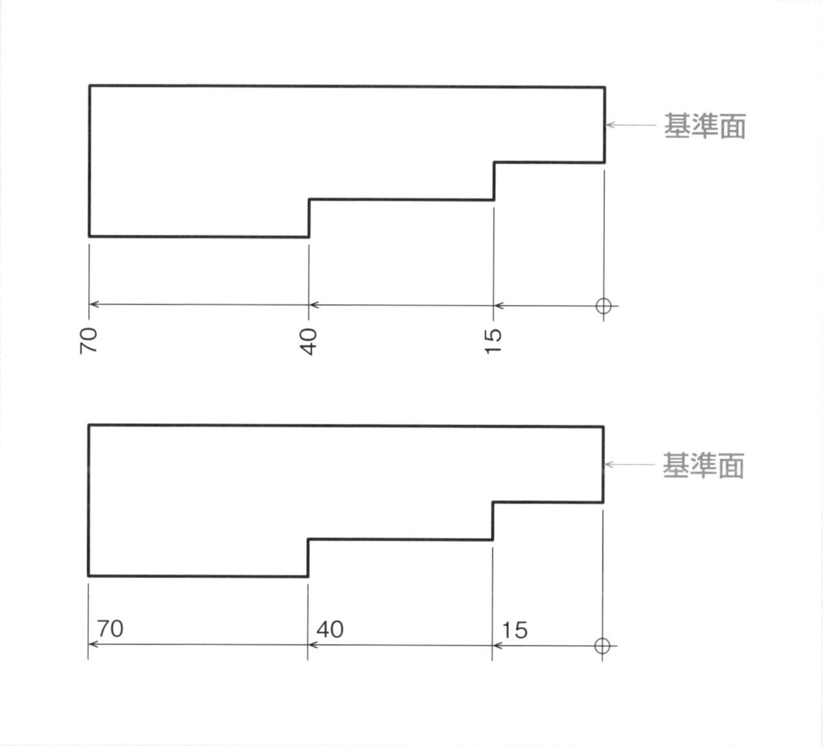

3. 加工や基準を考えて必要な箇所の寸法を計算せずに得られるように記入

図 7-9-5 に示すように、段付き軸を製作する場合を考えます。段付き軸を加工する場合、一般的には旋盤を用います。ϕ 40 の軸を素材として、右から左に向かって削っていきます。この場合、水平方向の寸法をどのように入れるべきでしょうか。適切な寸法記入例を **図 7-9-6（a）** に、適切ではない寸法記入例を **図 7-9-6（b）** に示します。**図 7-9-6（a）** では、ϕ 35 の軸を右から左に、何 mm 削ればよいかが直接示されています。そのため、加工をする人にとって作業がしやすく、かつ ϕ 35 の軸の幅をより精度よく加工できます。

図 7-9-5　旋盤による段付き軸の加工

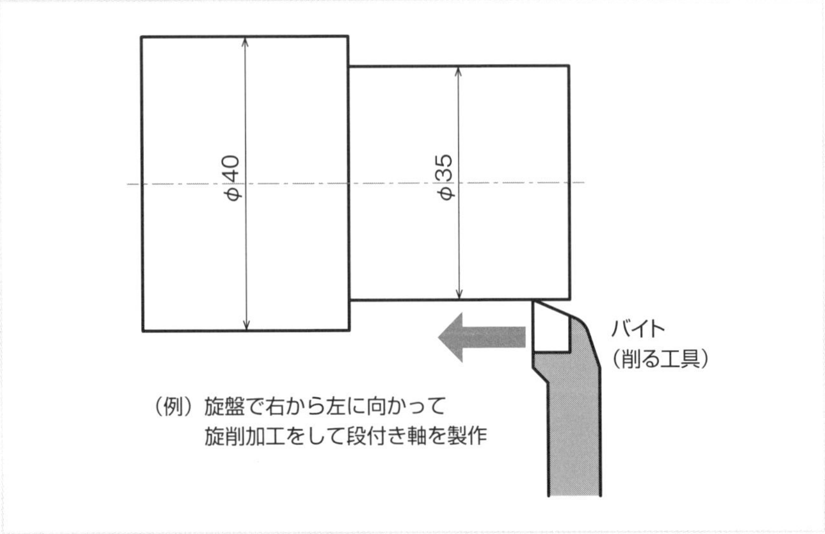

図 7-9-6　段付き軸の寸法記入例

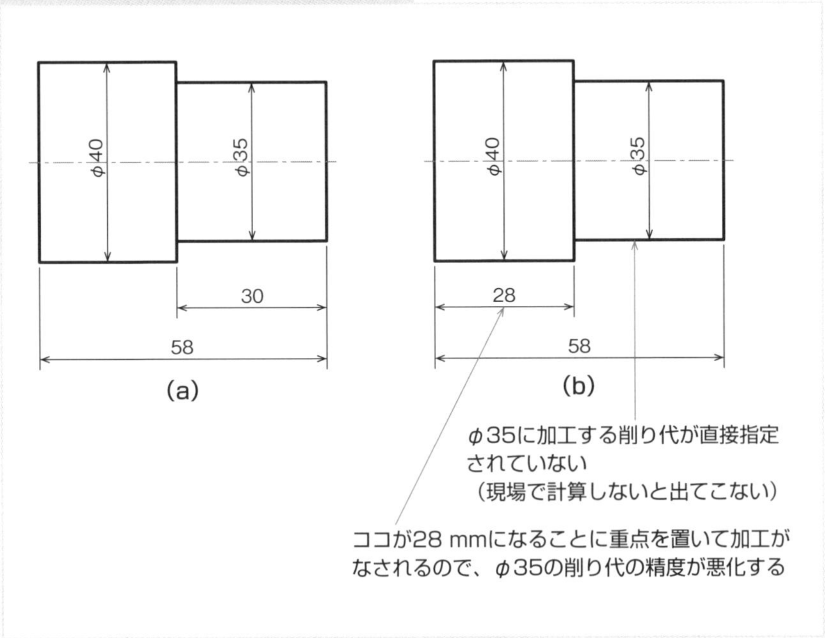

4. 重複寸法や不必要な寸法は避ける

2つ以上の投影図に同じ寸法記入を行うことを重複寸法と言います。2か所以上に同じ寸法を記入すると図面が複雑になるだけですので、重複寸法は避けなければなりません。ただし、図を理解するのに必要な場合には、重複して寸法を記入することも可能です。その場合、重複寸法があることを明示するために、重複寸法部分に黒丸●をつけるなどして、明記します（**図7-9-7**）。

図 7-9-7　重複寸法への注記

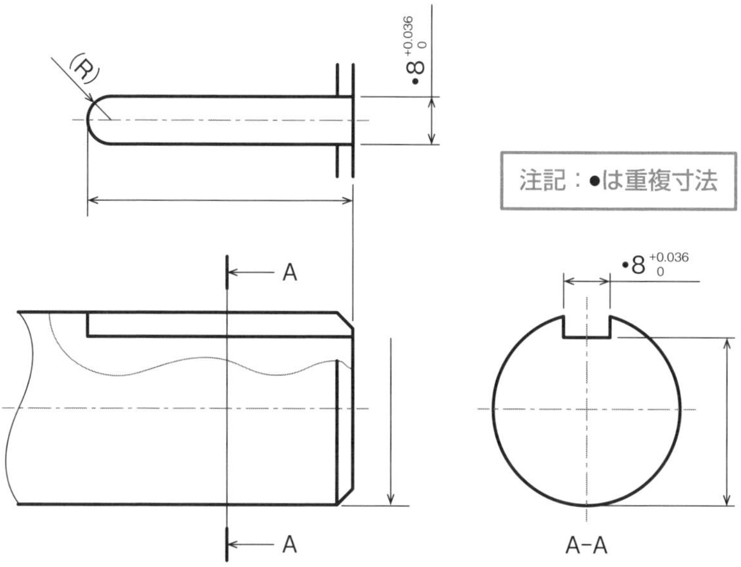

図 7-9-6 で示した段付き軸に対して、**図 7-9-8 (a)** のように寸法を記入すると、二重で寸法が記入されていることになります。製作者は、58 mm、28 mm、30 mm の寸法のうち、どの寸法が重要なのかが分かりません。例えば、58 mm の長さの ϕ 40 の軸に対して、ϕ 35 で 30 mm 削った場合、残りの 28 mm の部分に誤差が蓄積します。このような場合は、**図 7-9-8 (b)** に示すように不要な寸法は書かないか、**図 7-9-8 (c)**、**(d)** に示すように重要度が低い部分の寸法を参考寸法として、カッコ書きで入れます。

図 7-9-8　二重寸法を避けた寸法記入

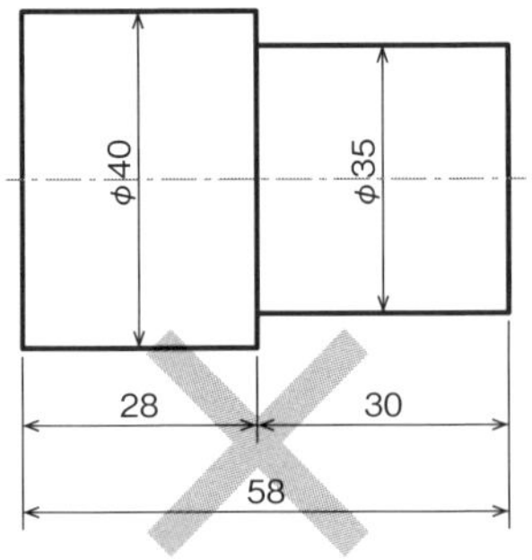

(a) 二重寸法になっている不適切な例

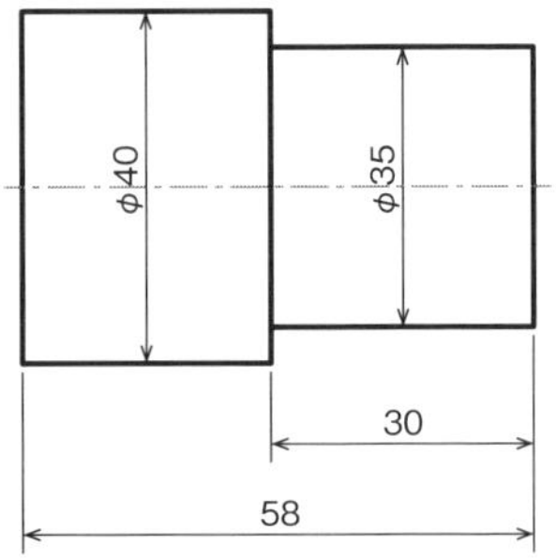

(b) 不要な寸法を入れない例

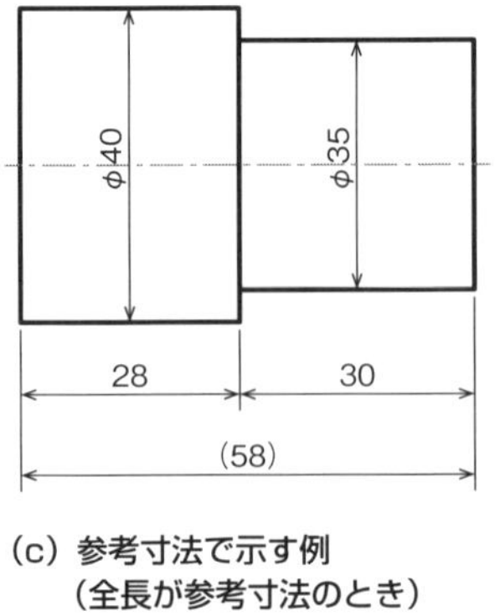

(c) 参考寸法で示す例
(全長が参考寸法のとき)

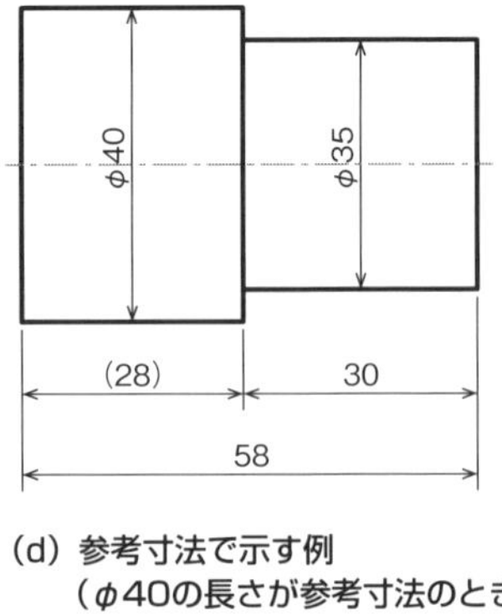

(d) 参考寸法で示す例
(φ40の長さが参考寸法のとき)

第8章

表面性状

第8章 表面性状

1 表面性状の表し方

- 品物を作る際には、表面性状を指定する必要があります。
- 第8章では、表面性状の種類と、表面性状を図面に指示する方法を学びます。

1. 表面性状について

製品の表面を拡大して観察すると、表面に凹凸があります。この凹凸の大小は、その部品に求められる機能を満足するように考慮して決められています。

例えば、金属同士が擦れ合う表面では、凹凸の少ない滑らかな表面が求められます。

また、製造・加工法の違いによって表面性状は異なります。

例えば、金属を溶かして砂型に流し込み、成形する鋳造法で製作された品物の表面は、砂で作った型の表面の凹凸が反映されます。金属を削り出して成形した表面は、より滑らかになります。表面を研磨すると、さらに滑らかになります。

このように、品物を作る際には表面性状を指定する必要があります。本章では、表面性状の種類と、表面性状を図面に指示する方法などを詳しく学んでいきます。

第8章 表面性状

2 表面粗さの例

●表面粗さの例として、エンジン内に用いられている部品を紹介します。

エンジン内に用いられている部品の写真を、**図 8-2-1** に示します。これは、カムシャフトという部品です。この部品は、①に示す歯車で駆動されますが、その際、中心軸がぶれずに滑らかに回転するよう、②の部分などにベアリング（軸受け）が挿入されて保持されます。③の部分はカム駒で、このカム駒がバルブを押して開閉します。

図 8-2-1　様々な表面性状を持つ部品の例

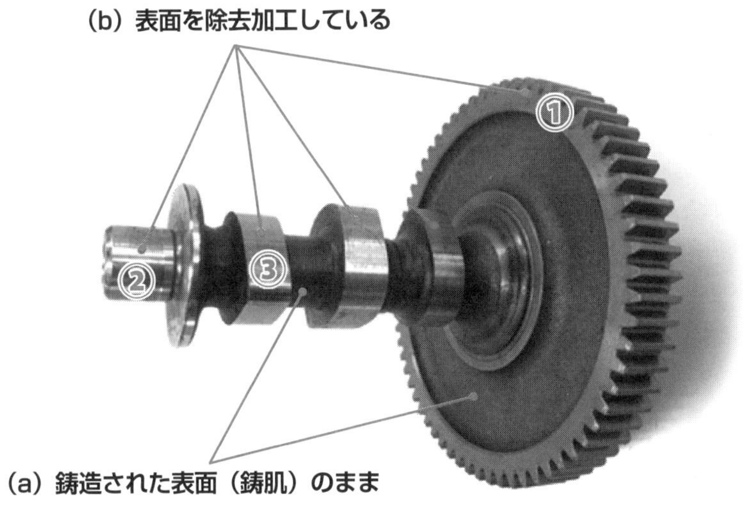

この部品は、鋳造（溶けた金属を型に流し入れて成形する方法）で全体形状を作った後に、以下の３つの表面を除去加工（切削、研削など、金属を削る加工）して仕上げています。

①歯車の歯形
②ベアリングが挿入される軸部
③カム駒など

図 8-2-1 の (a) に示す部分については、鋳造で成形したままの状態となっています。砂型の表面の凹凸が反映されているため、表面が粗いことが目視でも分かります。

一方で、**図 8-2-1** の (b) に示す部分については、鋳造で成形した後に表面を除去加工して仕上げています。そのため、表面が (a) の表面に比べてより滑らかです。

図 8-2-1 の①、②、③ともに削っているわけですが、その表面の粗さの度合いは、同じわけではありません。

このとき、表面が「どの程度の粗さなのか？」を数値で定量的に表す必要があります。

3 表面粗さの種類

- 図面に、表面粗さを数値で指示します。
- 表面粗さを数値で表す方法（粗さパラメータ）には、いくつかの種類がありますが、主に用いられる 3 種類の方法について学びましょう。

図 8-3-1 に示すように、物品の表面を拡大すると、表面には凹凸が存在します。

図 8-3-1　品物の表面性状

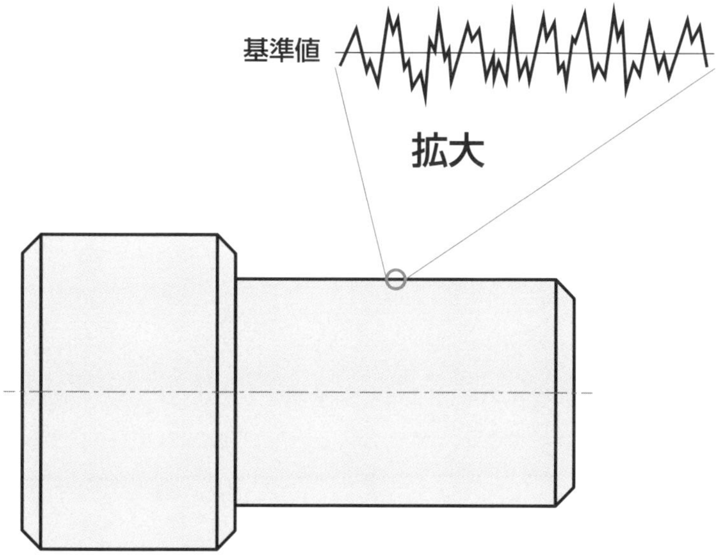

このとき、表面の凹凸の度合いを数値化して、その数値で表面粗さを規定すれば、製品の品質を保証するうえで有効です。表面粗さを指示する際には、その粗さを数値で定量的に表す、統一された基準が必要となります。

表面粗さを数値で表す方法（粗さパラメータ）として、いくつかの方法がありますが、ここでは主に用いられる以下の３種類の方法について説明します。

1. 算術平均粗さ　：　*Ra*
2. 最大高さ粗さ　：　*Rz*
3. 十点平均粗さ　：　Rz_{JIS}

1. 算術平均粗さ：*Ra*

算術平均粗さ *Ra* は、一般的に用いられている粗さパラメータです。**図 8-3-2** に示すように、指定した長さ（抜き取り部長さ）ℓ の区間の凹凸の平均値を出す方法です。

図 8-3-2 に示す曲線 $z(x)$ は、表面の凹凸を示しています。この曲線と基準値に囲まれた網掛け部の面積 *A* を求めて、それを長さ ℓ で割ったものが、算術平均粗さ *Ra* です。

網掛け部の面積 *A* を求める際には、基準値よりも小さい部分の面積をマイナス（−）で示してしまうと、プラス（＋）とマイナス（−）でキャンセルされて、ゼロ（0）になってしまいます。そのため、小さい側の面積もプラス（＋）として求めます。

図 8-3-2　算術平均粗さ *Ra* の意味

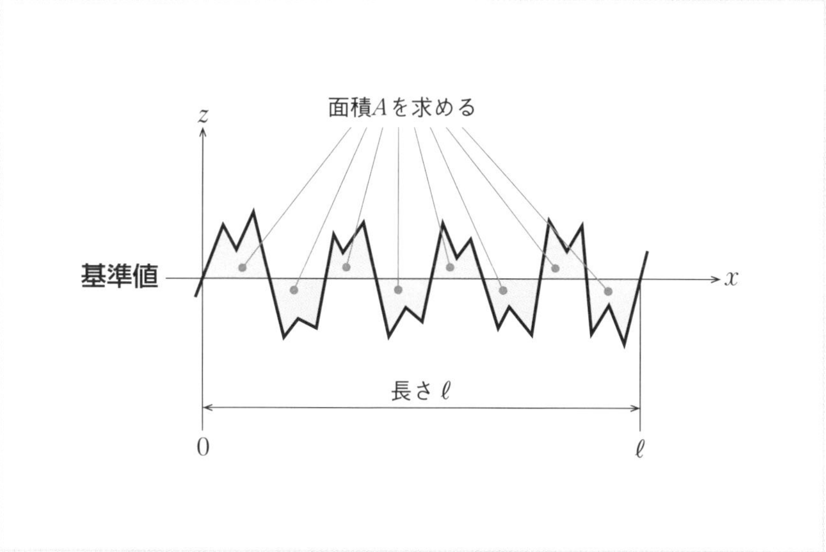

つまり、**図 8-3-3** に示すように、基準値からのずれの絶対値 $|z(x)|$ をとって、網掛け部の面積を求めます。求めた面積 A を抜き取り部長さ ℓ で割って、算術平均粗さ *Ra* が求められます。

算術平均粗さ *Ra* は、次の式で求められます。Ra の数値が小さいほど、表面が滑らかになります。

面積　$A=\int_0^{\ell}|z(x)|\,dx$

算術平均粗さ　$Ra=\dfrac{A}{\ell}=\dfrac{1}{\ell}\int_0^{\ell}|z(x)|\,dx$

図 8-3-3　算術平均粗さ Ra

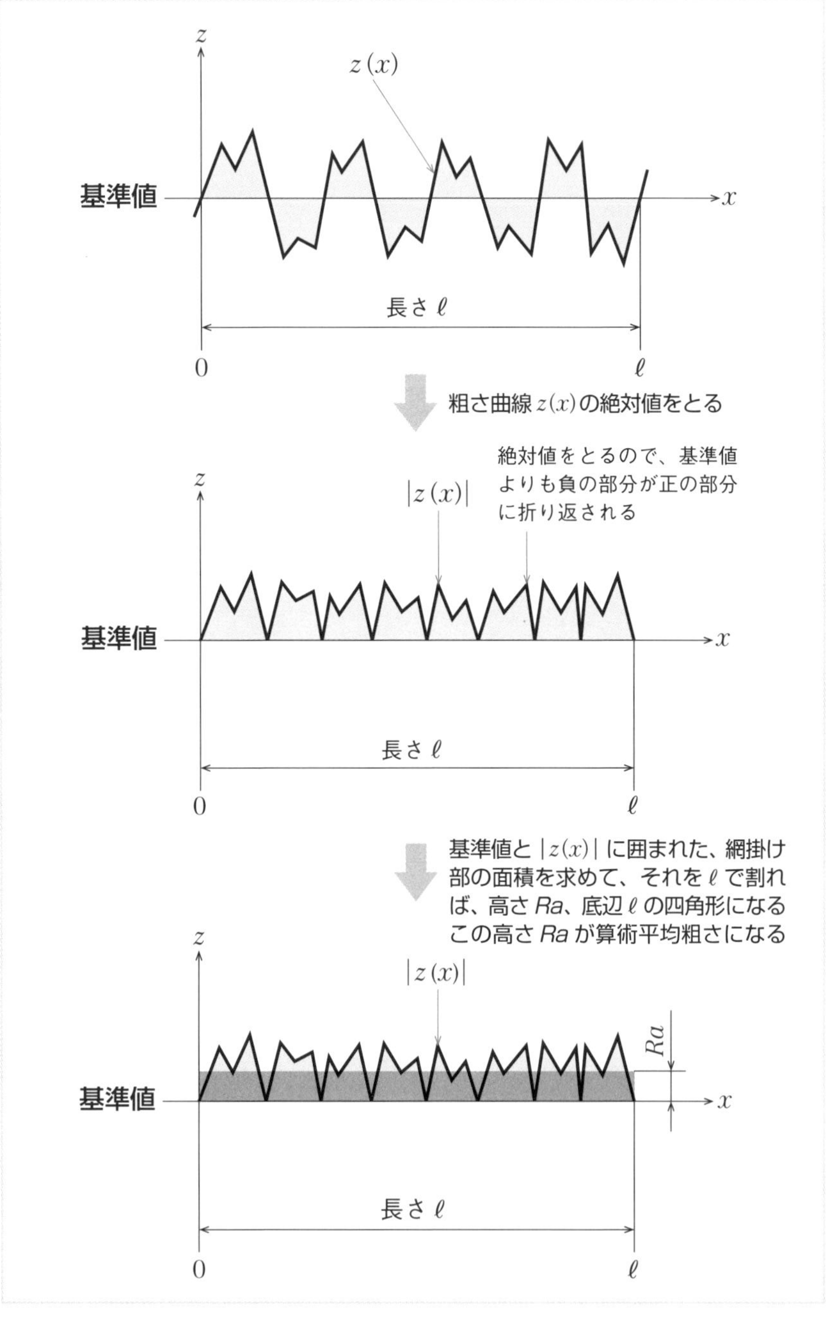

2. 最大高さ粗さ：*Rz*

算術平均粗さは、抜き取り部長さ ℓ における平均的な粗さを表しています。それでは、**図 8-3-4** に示すような表面の場合はどうなるでしょうか。

図 8-3-4 に示すように、表面の一部分にキズがある場合など、局所的に大きな粗さの部位がある品物の表面粗さを考えます。このような場合に、算術平均粗さ *Ra* を求めると、キズ以外の場所と合わせて平均化されてしまうため、***Ra* はさほど高く算出されません**。したがって、**算術平均粗さ *Ra* は局所的に大きな粗さがある場合の粗さを表すのには向いていません**。

図 8-3-4　最大高さ粗さ *Rz*

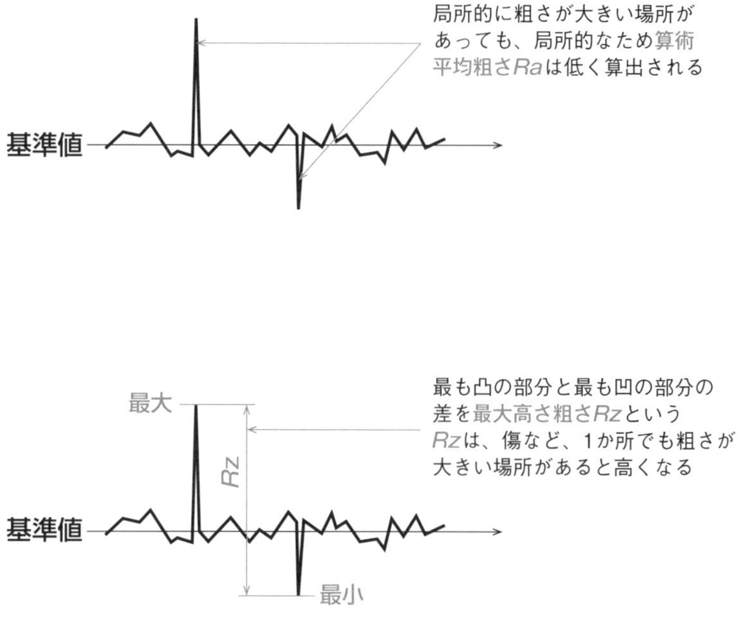

この場合、粗さ曲線の最大値と最小値を求め、その差をとることで、局所的な粗さ（最も粗い部分）を示すことができます。これを最大高さ粗さ *Rz* と呼びます。

最大高さ粗さは、局所的、突発的な粗さの変化に敏感になります。そのため、傷などの大きな粗さが 1 か所でもあってはならない場合には、最大高さ粗さを用います。

3. 十点平均粗さ：Rz_{JIS}

最大高さ粗さは、最大の山高さと最大の谷深さで規定しているというのに対して、十点平均粗さは、最大の山高さから 5 番目までの山高さの平均と、最大谷深さから 5 番目までの谷深さの平均を求め、その和をとったものとなっています。

十点平均粗さについては、現在 ISO の規格からは外れています。しかし、国内では広く普及していることから、JIS の附属書にも参考として残されています。

旧規格では、十点平均粗さを *Rz* として示していましたが、現在は最大高さ粗さを *Rz* で示し、十点平均粗さは Rz_{JIS} で示しています。

4 表面性状の図示法

●表面の性状を図面上に指示する方法を説明します。

1. 表面性状の図示記号

表8-4-1 に、表面の仕上げ図示記号を示します。

表8-4-1 表面の仕上げ図示記号

	指示記号	記号の意味	備考
(1)	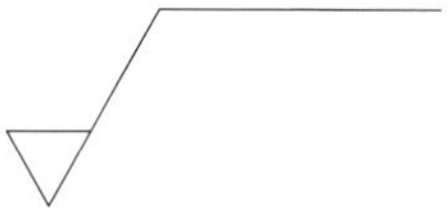	除去加工をする	表面の除去加工を行い、表面を仕上げる。
(2)	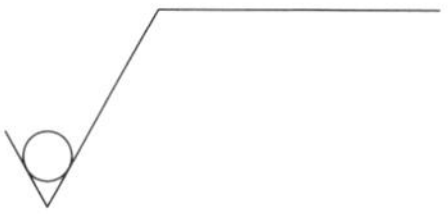	除去加工をしない	表面の除去加工を行わない。元の材料（素材、生地）の表面そのままを用い、加工をしない。
(3)	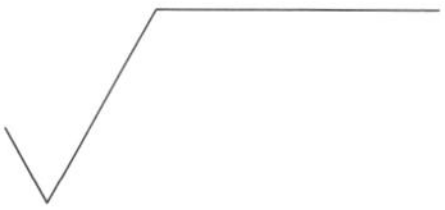	除去加工の有無を問わない	表面の加工要否を指定しない。

(1) 除去加工をする

指示がなされた箇所は、素材（生地）に対して除去加工を施して、指示された表面性状になるように仕上げを行います。

(2) 除去加工をしない

指示がなされた箇所は、素材の表面のままとし、除去加工は施しません。

(3) 除去加工の有無を問わない

指示がなされた箇所は、除去加工をするか否かは、設計者側からは指定されていません。製造者側の判断に任されているといえます。

例えば、除去加工の有無は問わないが、表面性状は指定されているとします。この場合に、製造に用いる素材（生地）の表面が指定されていた表面性状を元から満たしていたとしたら、除去加工は不要でしょう。

一方で、素材の表面が指定されていた表面性状を満たしていないとしたら、除去加工が必要でしょう。

これらは、どのような素材を用いてどのような製造法で製造するかによって、除去加工をするか否かが決まるといえます。

2. 粗さパラメータの数値

表面性状を算術平均粗さ *Ra* や最大高さ粗さ *Rz* などで表しますが、その数値はμmの単位で示されます。

表面性状の数値を決める際、任意の数値を使うのではなく、**表8-4-2**と**表8-4-3**に示す標準数列から選びます。特に、太字で示す数値を優先的に用いることになっています。

表 8-4-2　*Ra* の標準数列（JIS B 0031 附属書 1 より）

単位：μm

	0.012	0.125	1.25	**12.5**	125
	0.016	0.160	**1.60**	16.0	160
	0.020	**0.20**	2.0	20	**200**
	0.025	0.25	2.5	**25**	250
	0.032	0.32	**3.2**	32	320
	0.040	**0.40**	4.0	40	**400**
	0.050	0.50	5.0	**50**	
	0.063	0.63	**6.3**	63	
0.008	0.080	**0.80**	8.0	80	
0.010	**0.100**	1.00		**100**	

表 8-4-3　*Rz* および Rz_{JIS} の標準数列（JIS B 0031 附属書 1 より）

単位：μm

	0.125	1.25	**12.5**	125	1250
	0.160	**1.60**	16.0	160	**1600**
	0.20	2.0	20	**200**	
0.025	0.25	2.5	**25**	250	
0.032	0.32	**3.2**	32	320	
0.040	**0.40**	4.0	40	**400**	
0.050	0.50	5.0	**50**	500	
0.063	0.63	**6.3**	63	630	
0.080	**0.80**	8.0	80	**800**	
0.100	1.00	10.0	**100**	1000	

一般的に用いられる数値と仕上げの度合いを**表 8-4-4** に示します。

表面を滑らかに仕上げるには、研削、研磨などの**専用の仕上げ工程**が必要になるため、コストが増大します。そのため、製品の目的に応じて適切な表面性状を定めて指示することが重要です。

表 8-4-4　表面性状と仕上げの度合いの例

仕上げの度合い	算術平均粗さ *Ra* [μm]	最大高さ粗さ *Rz* [μm]
超精密仕上げ面	0.05	0.2
精密仕上げ面	0.2	0.8
良好な機械仕上げ面	1.6	6.3
中級の機械仕上げ面	3.2	12.5
並の機械仕上げ面	6.3	25
重要でない仕上げ面	12.5	50
荒仕上げ面	25	100

↑ コスト大

5 表面性状の記入法

●図面への表面性状の記入方法を説明します。

1. 表面性状の要求事項の表示

表面性状の要求事項は、表面性状の図示記号に記入します。その際、各種の要求事項を記入する位置が、**図 8-5-1** のように定められています。

図 8-5-1　表面性状の要求事項の指示位置

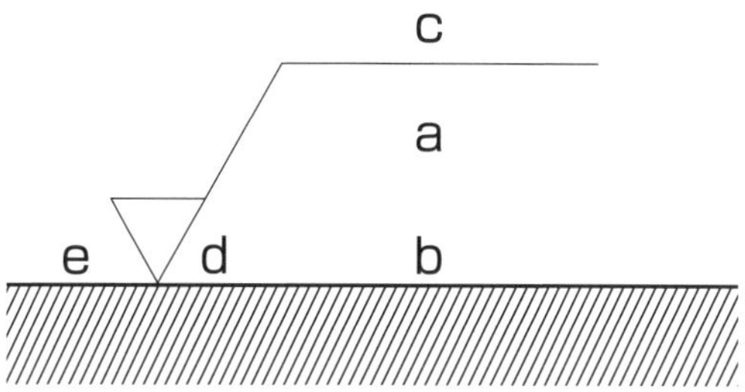

a：通過帯域または基準長さ、表面性状パラメータ
b：複数パラメータが要求されたときの２番目以降のパラメータ指示
c：加工方法
d：筋目とその方向
e：削り代

このように、複数の記載項目とその記載位置が定められていますが、これらのすべてを必ず記入しなければならないわけではありません。

例えば、表面性状の要求パラメータが“算術平均粗さで *Ra* 6.3”であるとします。それ以外の要求事項は標準値で問題なく、特に指定する必要がない場合、**図 8-5-2** のようにパラメータの記号と数値だけを記入すればよいです。

図 8-5-2　パラメータ記号と数値のみを指示する場合

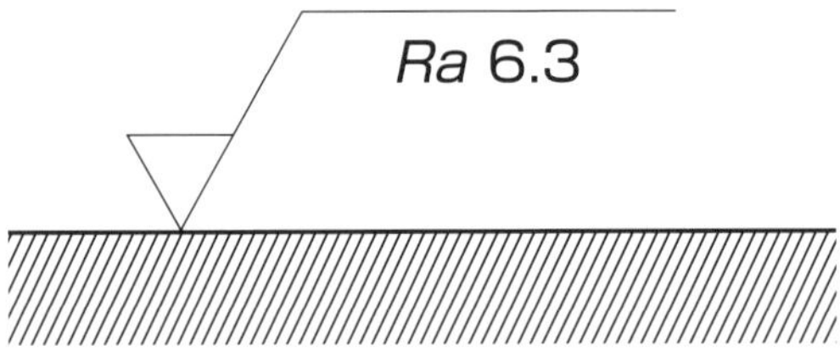

もし、粗さの上限 U（Upper）と下限 L（Lower）を指示したい場合には、**図 8-5-1** の **b** に示す位置に 2 番目の要求事項として記入します。例えば、上限が *Ra* 3.2、下限が *Ra* 0.8 の場合、**図 8-5-3** のように記入します。

図 8-5-3　表面粗さの上限値・下限値を示したい場合

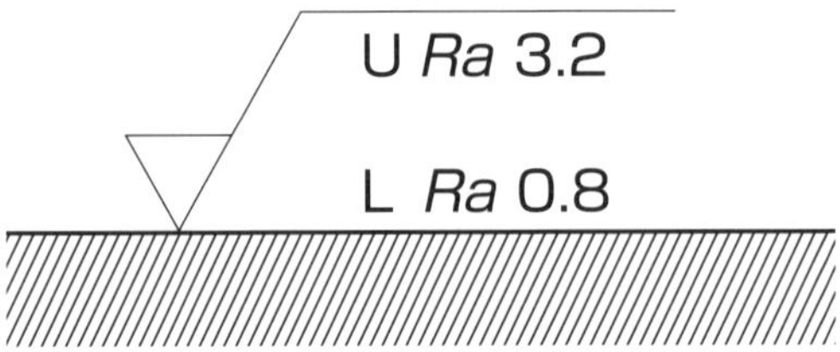

表面に除去加工をして、表面性状の要求を満たすように仕上げる際、たとえ *Ra* や *Rz* が同じであったとしても、加工方法や削る向きによって表面の状態が異なってきます（加工の筋目が現れるなど）。

例えば、シール部分の筋目の方向に気をつけないと、その部分からオイル漏れが起こってしまうことなどが考えられます。そのような場合、加工方法や加工でできる筋目の方向を、**図 8-5-1** の **c** および **d** の位置に指示します。例えば、以下のような要求の場合には、**図 8-5-4** のように記入します。

① **算術平均粗さ *Ra* 1.6**
② **筋目は投影面に直角**
③ **加工方法はフライス削り（記号では M で表す）を指定**

図 8-5-4　加工方法、筋目の方向を指示する例

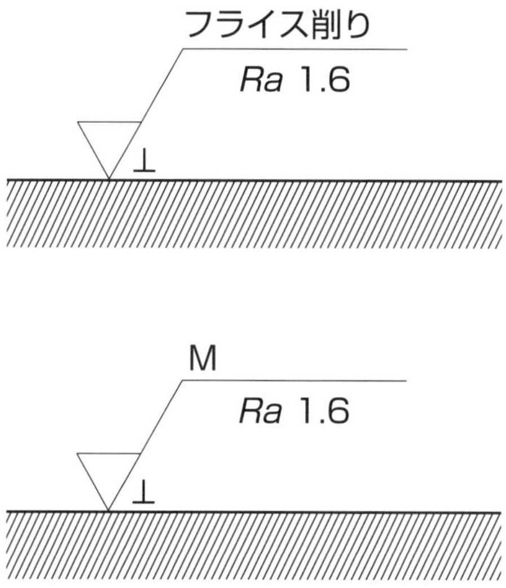

各種の筋目の方向とその指示記号を**表 8-5-1** にまとめます。

表 8-5-1　筋目方向の記号（JIS B 0031：2003，ISO 1302：2002）

記号	説明文及び解釈	
=	筋目の方向が、記号を指示した図の投影面に平行 例　形削り面、旋削面、研削面	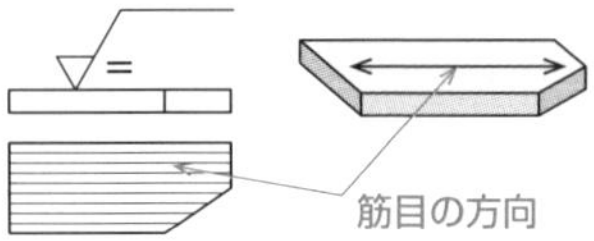
⊥	筋目の方向が、記号を指示した図の投影面に直角 例　形削り面、旋削面、研削面	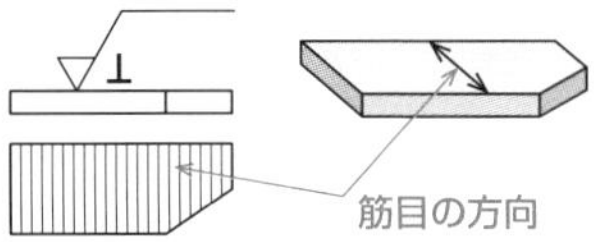
X	筋目の方向が、記号を指示した図の投影面に斜めで 2 方向に交差 例　ホーニング面	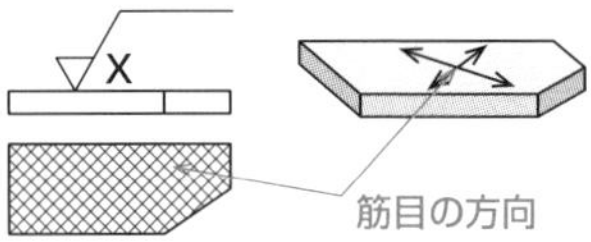
M	筋目の方向が、多方向に交差 例　正面フライス削り面、エンドミル削り面	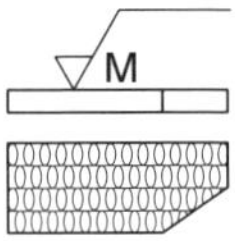
C	筋目の方向が、記号を指示した面の中心に対してほぼ同心円状 例　正面旋削面	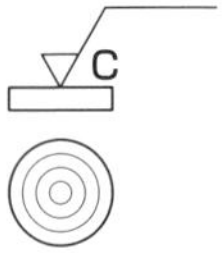
R	筋目の方向が、記号を指示した面の中心に対してほぼ放射状 例　端面研削面	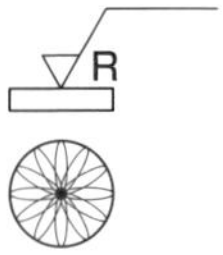
P	筋目が、粒子状のくぼみ、無方向または粒子状の突起 例　放電加工面、超仕上げ面、ブラスチング面	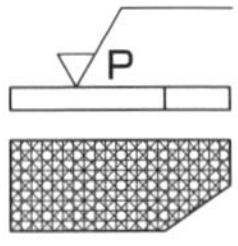

備考　これらの記号によって明確に表すことのできない筋目模様が必要な場合には、図面に“注記”としてそれを指示する。

参考のため、各種の加工方法とその記号を**表 8-5-2** に示します。

表 8-5-2　加工方法とその記号表示

加工方法	記号	加工方法	記号
鋳造	C	中ぐり	B
鍛造	F	フライス削り	M
旋盤	L	立削り	SL
穴あけ	D	ブローチ削り	BR
リーマ仕上げ	FR	研削	G

2. 表面性状の指示

これまでに学んだ表面性状の指示記号、指示値などを用いて表面性状が図面に指示されます。図面に表面性状を指示する方法にもいくつかのルールがあります。ここでは、その基本的な事項を説明します。

(a) 基本的な指示法

表面性状を指示する基本的な方法は、該当する面に表面指示記号および粗さの種類、数値などを記入するものです。

図 8-5-5 に、基本的な表面性状の指示方法を示します。寸法数値と同じように、指示記号は図面の下辺または右辺から読める向きに記入されます。

そのため、**図 8-5-5** において、C–D、B–D、E–F の部分に指示記号を付ける際には、引出線と参照線を出してその上に指示記号を付けることで、すべて下辺から読めるように指示されています。このような指示方法を見たときに、引出線の矢印で指している面の表面性状が指示されていると理解しましょう。

A–B 面は、下辺から読めるのでそのまま指示記号を付けます。A–C 面についても、右辺から読めるので指示記号を反時計回りに 90° 回転させて、A–C 面上にそのまま指示記号を付けます。

図 8-5-5　表面性状の基本的な指示方法

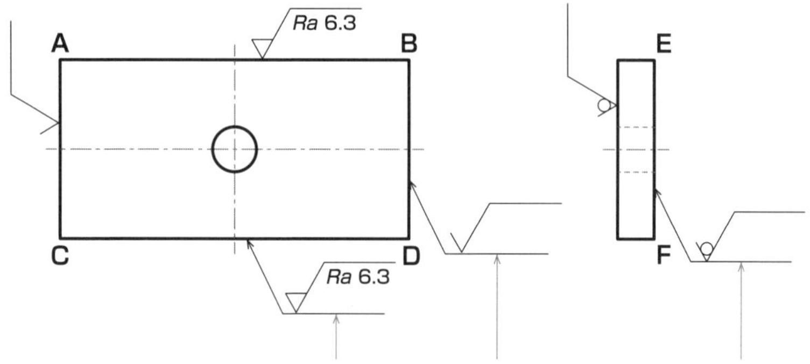

寸法数値と同じように、指示記号は下辺または右辺から読める向きで指示される
→下側・右側の面に指示する場合には、引出線と参照線を用いて下辺から読めるように指示される

(b) すべての面が同じ表面性状の場合

品物の全面がすべて同じ表面性状の場合、わざわざすべての面に表面性状の指示記号を入れて数値を指示する必要はありません。

図 8-5-6 に示すように、図面の上段に一括で指定されます。例えば、**図 8-5-6** のように、「*Ra* 6.3 で除去加工をする」という一括指示があった場合には、すべての面が指定された表面性状になるように除去加工されます。

図 8-5-6　すべての面が同じ表面性状の場合

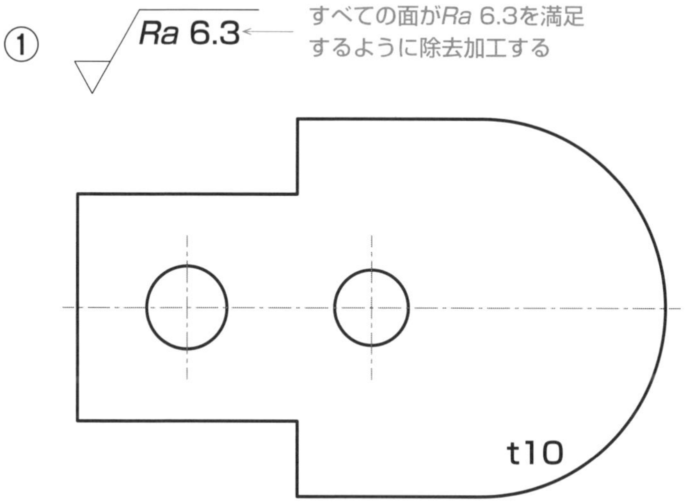

(c) 一部以外は同じ表面性状の場合

すべての面ではなく、一部だけ違う表面性状の場合についても、なるべく簡略的な方法で表面性状が指示されます。例えば、多くの表面は除去加工をしない物品において、一部の面だけ除去加工をしてほしい場合、**図 8-5-7** のような指示がなされます。

これは、次のような意味を持っています。

(1) 個別に表面性状の指示がされていない面は、除去加工をしない
(2) 個別の表面性状の指示がなされている面だけ、その指示の通りにする

このような指示は実用的な図面でよく用いられます。カッコ内に記されている表面性状の指示のみ図の中に記入し、それ以外の部分は部品番号の横にカッコ無しで示すことで、表面性状を合理的に示すことができます。

図 8-5-7　一部のみ異なる表面性状が指定される場合

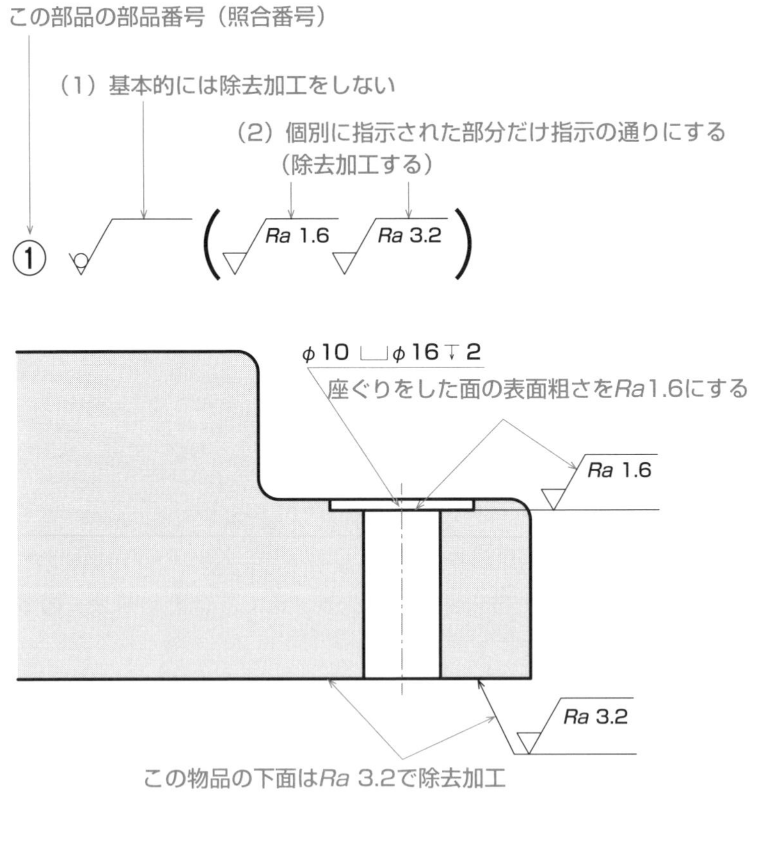

3. 旧 JIS 規格による表面性状の指示

これまでに説明をしてきた表面性状の指示法は、**現行の JIS 規格に沿ったもの**です。一方で、古い図面を見ると、旧 JIS 規格による表面性状の指示がなされています。加えて、現在でも旧 JIS 規格で表面性状を入れた図面が用いられることもあると思います。そのため、**旧 JIS 規格による表面性状の指示法を知っておくと有用**です。

表 8-5-3 に、表面粗さ記号の新旧比較を示します。

表面性状は JIS B 0031 において 2003 年以降が現行の規格ですが、それ以前は 1994 年、1982 年に改訂が行われました。

【1. JIS B 0031：1994】

表に示す通り、指示記号の上に粗さパラメータの数字のみを示していました。粗さパラメータは、算術平均粗さの数値です。

【2. JIS B 0031：1982】

▽記号の数で表面の仕上げの度合いを示していました。現場では、記号の数で「“一発” ▽」「“四発” ▽▽▽▽」などと呼ぶことがあります。「表面の仕上げは二発で良い？」などと聞かれたら、算術平均粗さで 3.2 μm、6.3 μm程度であると理解しておくと良いでしょう。

表 8-5-3　表面粗さ指示記号の新旧比較

仕上げの度合い	算術平均粗さ *Ra* [μm]	最大高さ粗さ *Rz* [μm]	現行の指示記号 JIS B 0031：2003以降	旧JISの指示記号 JIS B 0031：1994	旧JISの指示記号 JIS B 0031：1982
超精密仕上げ面	0.05	0.2	（例）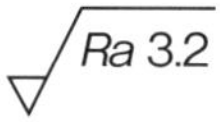	（例）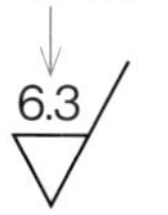	▽▽▽▽
精密仕上げ面	0.2	0.8			
良好な機械仕上げ面	1.6	6.3			▽▽▽
中級の機械仕上げ面	3.2	12.5	（例）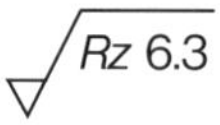		▽▽
並みの機械仕上げ面	6.3	25			
重要でない仕上げ面	12.5	50			▽
荒仕上げ面	25	100			
除去加工をしない （仕上げなし）					

第９章

公差とはめあい

第9章 公差とはめあい

1 サイズ公差（寸法公差）

●サイズ公差の仕組みと図面への指示のしかたを学びます。

1. サイズ公差の必要性

品物を加工する際、目標となる寸法に対して、仕上がり品の寸法には必ず若干の誤差を伴います。目標寸法に対して精度を高めようとするほど、加工が困難になりコストが増大します。特に、大量生産される製品においては、同じものを複数作ったとき、その寸法はわずかに異なり、全く同じにはなりません。また、異なる部品が組み付けられて製品ができるため、互いの部品の寸法ばらつきによっては、「組み付かない」、「容易に破損する」など、製品に重大な欠陥を起こす恐れがあります。

そのため、製品の機能を満足したうえで、製造コスト上もなるべく有利になるように、許容できる寸法の範囲を決めます。この許容できる寸法の範囲をサイズ公差（寸法公差※）と呼びます。品物の寸法が、決められたサイズ公差内に収まっていれば合格品となり、安定した品質の製品を効率的に製造することが可能になります。ここでは、サイズ公差の仕組みと図面への指示のしかたを学びます。

なお、サイズ公差については、JIS B 0401-1：2016 製品の幾何特性仕様（GPS）―長さに関わるサイズ公差の ISO コード方式―第 1 部：サイズ公差、サイズ差及びはめあいの基礎で規定されています。

※サイズ公差は以前は寸法公差と呼ばれていたため、実際の業界では“寸法公差”の呼び名も多く使われています

2. サイズ公差とは

製品の仕上がり寸法を目標寸法ピッタリになるように加工し、かつそれを大量に低コストで生産することはできません。大量生産された品物は、同じ製品であっても一つ一つのサイズがわずかに違います。それでも、不良品が大量に発生することはありません。つまり、サイズがわずかに異なってしまうことは想定の範囲内で、そのばらつきをコントロールすることで、品質を確保しています。

製品や部品の機能や役割に応じて、許される寸法の範囲を含めた設計がなされています。この寸法の範囲をサイズ公差と呼びます。単に、「公差」と呼ばれることもあります。

例として、**図 9-1-1** に示すような、高さ 40 mm の品物の寸法を考えます。この品物の高さは 39.991 mm 〜 40.029 mm の間でなければ製品の機能を満足できないとします。このとき、これらの数値を次のように呼びます。

図 9-1-1　サイズ公差

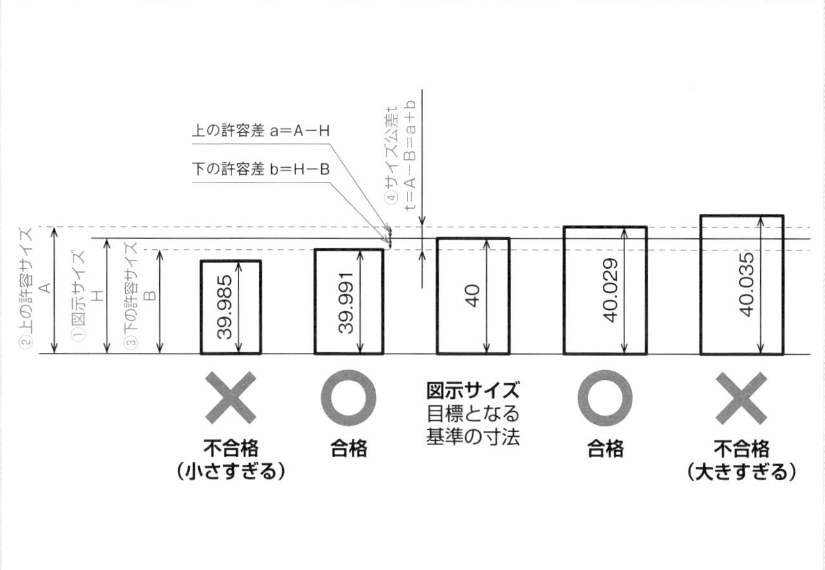

① 図示サイズ ➡ 基準となる寸法 H = 40 mm
② 上の許容サイズ ➡ 許される最大寸法 A = 40.029 mm
③ 下の許容サイズ ➡ 許される最小寸法 B = 39.991 mm
④ サイズ公差（公差）
➡ t = A − B = 40.029 − 39.991 = 0.038 mm
⑤ 上の許容差 ➡ a = A − H = 40.029 − 40 = 0.029 mm
⑥ 下の許容差 ➡ b = H − B = 40 − 39.991 = 0.009 mm

基準や目標となる寸法（ここでは品物の高さ 40 mm）を、“図示サイズ”と言います。この図示サイズを目標に加工するわけですが、40.00000…に加工することはできないので、実際の製品の仕上がり寸法は個々に変動します。このとき、許される最大の寸法が“上の許容サイズ A”で、許される最小の寸法が“下の許容サイズ B”です。加工後の高さがこの範囲にあれば合格で、この範囲から外れていたら不合格となります。

この許容できる寸法の範囲 A と B の差を“サイズ公差 t”と呼びます。つまり、以下の関係があります。

サイズ公差 t ＝上の許容サイズ A −下の許容サイズ B

サイズ公差は、単に“公差”と呼ばれることもあります。また、前述の通り、以前用いられていた用語である“寸法公差”と呼ばれることもあります。

また、図示サイズ（基準となる寸法）に対して、上の許容サイズと下の許容サイズがどれだけ離れているかを示すのが、上の許容差 a と下の許容差 b です。

上の許容差 a と下の許容差 b を足すとサイズ公差 t になります。

3. 機能とコストを考えて公差を決める

製品を設計する際に、設計者がサイズ公差を決定しますが、サイズ公差はどのように決められているのでしょうか。サイズ公差を小さくするほど、仕上がり品の寸法ばらつきが小さくなるため、不具合が起きにくくより安心だと思えます。しかし、公差を小さくすればするほどコストがかかります。つまり、設計者は次のことを両立するように、最適なサイズ公差を示す必要があります。

1. 製品に求められる機能・性能を満足する仕上がり精度をもつこと
2. 製品の機能を満足した上で、なるべく低いコストで製造できること

例えば、直径 20 mm で長さ 100 mm の軸を作ることを考えます。材料として、市販の ϕ 20 の長い丸棒を購入してきて、100 mm ごとに切断して作るとします。このとき、長さと太さに求められる公差が大きい場合、太さは買ってきた材料のままで合格、長さは切断機で切断しただけで合格になれば、必要な加工は「切断」だけです。

また、その検査（測定）も容易です。そのため、設備、加工の工程、加工や検査の人員などが省かれ、かつ短い時間でより多くの製品が作られるので、結果的にコストが低くなります。

一方で、上記のような精度で十分な製品に対して、設計者が必要以上に厳しい公差（公差を小さくする）を設定したらどうなるでしょうか。

棒の太さと長さがともに公差に収まらないのであれば、切断した後に、次のような工程が追加されます。

- **棒の長さと太さをより精度よく測定する**
- **棒の加工を施す（長さと太さを公差に収めるための加工）**
- **棒の長さと太さを測定する（不適合品は再加工または処分）**

この場合、加工を行う設備（機械）を追加で導入する必要があります。また、工程、検査と加工の人員も増え、**コストが増大**します。

以上の観点から、品物の部位ごとに、必要に応じた適正なサイズ公差が指示されています。

具体例として、**図 9-1-2** に示すように、フランジの穴に軸が挿入される場合を考えます。このように、**軸と穴が互いにはまりあうときの関係を、はめあい**といいます。

軸の細い部分がフランジの穴に挿入される場合、この軸と穴の双方について、適正なサイズ公差を与えなければ、「**軸が太すぎて入らない**」「**軸が細すぎてガタガタになる**」などの問題が生じます。そのため、軸の細い部分とフランジの穴の部分の双方のサイズ公差は重要になることが分かります。

一方で、軸の太い側や、フランジの穴以外の外形部分については、特に何かと組み合わされたりする部分ではありません。そのため、相対的にサイズ公差が大きくてよいと言えます。このように、部位に応じて適正なサイズ公差が指示されます。

図 9-1-2　軸と穴のはめあい

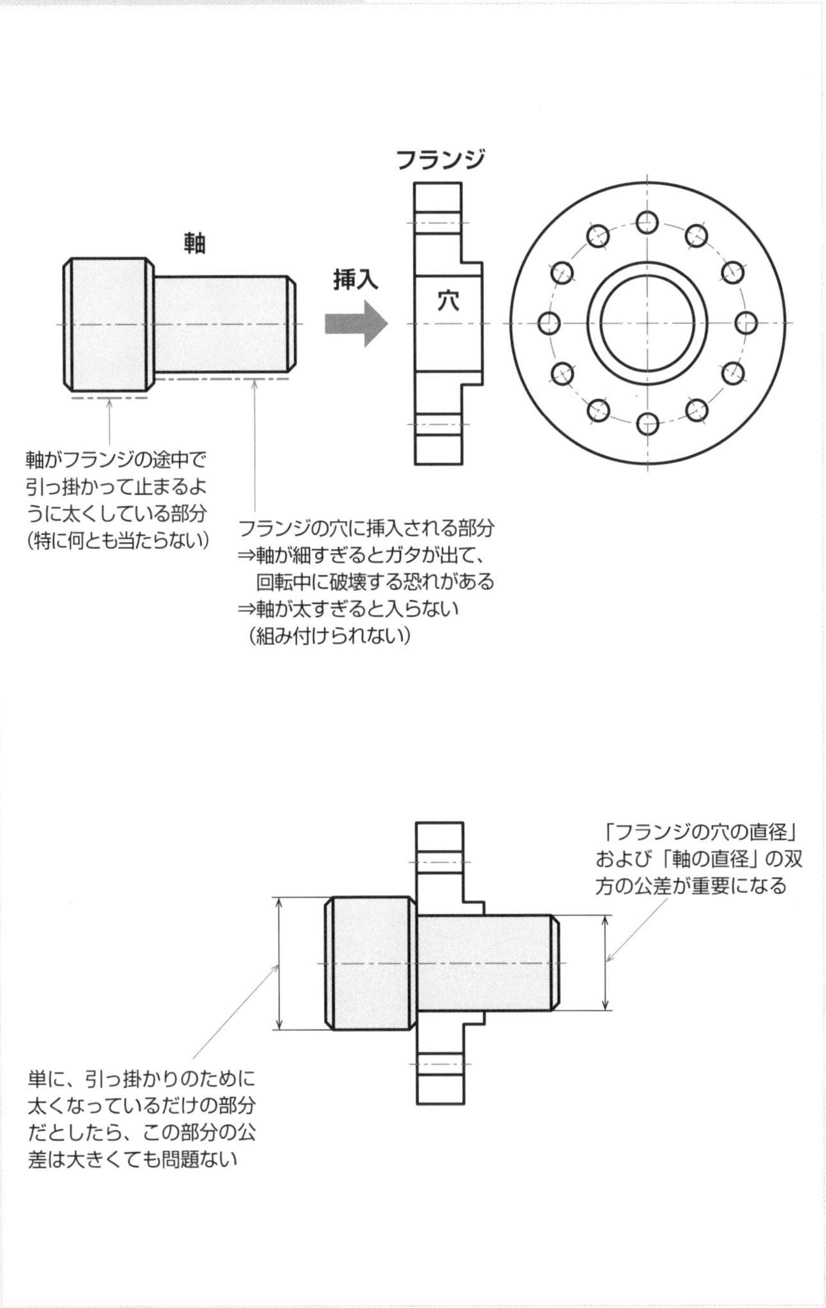

2 公差の表し方

●公差を表す方式は、サイズ公差と幾何《きか》公差に大別できます。サイズ公差と幾何公差の違いを理解しましょう。

1. 公差の種類

公差の表し方の分類を、**表9-2-1** に示します。公差は、「**サイズ公差**」と「**幾何公差**」に大別できます。

サイズ公差：2点間の距離の範囲を規定するもの

幾何公差：品物を形作る面や線などの幾何学的な形状を規定するもの

表9-2-1　公差の分類

種別	方法	公差の表示法	表示の例
サイズ公差 （2点間の距離の範囲を規定する）	数値による表示	上の許容差と下の許容差を数値で指示する	$\phi\ 100^{+0.010}_{-0.025}$
	記号による表示（公差域クラス）	ISOで規定された記号と公差の関係に基づいて、記号で指示する	φ 100K7

幾何公差 （品物を形作る面や線などの幾何学的な形状を規定する）	直角度 平行度 傾斜度 真直度 平面度 真円度 円筒度 同心度 同軸度 など	幾何学的な公差の種類を表す記号と数値で指示する	[— | 0.1] [// | 0.1 | A] [⏥ | 0.05] など

2. サイズ公差

サイズ公差は、着目する２点の距離を規定したものです。例えば、以下のようなものが該当します。

- 軸の直径を、φ 39.992 ～ φ 40.008 の範囲に収まるように加工する
- 穴の直径を、φ 40.000 ～ φ 40.025 の範囲に収まるように加工する

サイズ公差を指示する方法は２つあります。記入の例を**図 9-2-1** に示します。

図に示すように、「$\phi\ 40 \pm 0.008$」、「$\phi\ 40^{+0.007}_{-0.018}$」などのように、数値で上の許容サイズと下の許容サイズを指定する方法と、「φ 40js6」、「φ 40K7」のように記号で示す方法があります。

図 9-2-1　サイズ公差の表示例

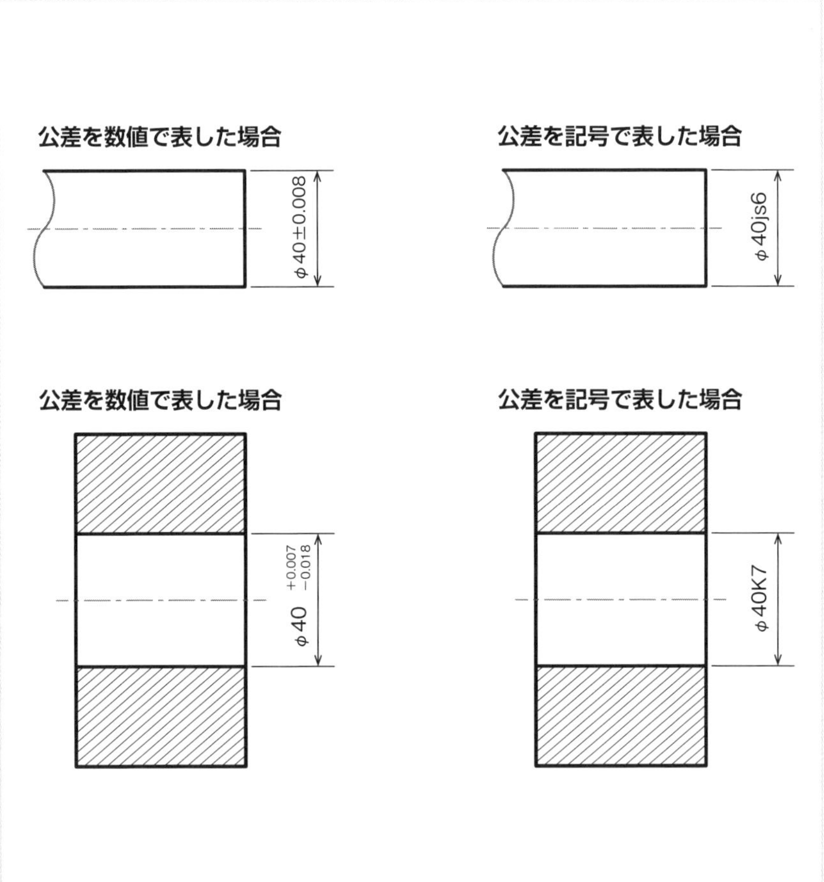

一見すると、数値で許容差を示したほうが分かりやすいとも思えます。しかし、記号で示す方法にも大きなメリットがあります。記号で示す方法は、穴と軸のように、互いにはめあわせが起こる関係の場合に用います。

例えば、軸と穴の双方の許容差があるため、その組み合わせに応じて、「すきま」が生じたり、穴のほうが小さくなって「しめしろ」が生じたりします。

この関係を「はめあい」と呼びますが、数値で公差を指示した場合には、穴と軸の双方の数値を読んで、その関係を計算しなければ、「常にすきまが出るのか？」「常にしめしろが出るのか？」「すきまが出る場合もあればしめしろが出る場合もあるのか？」が分かりません。

このような場合に、公差を記号で表すことで、両者を組み合わせた際のサイズの関係が一目瞭然になります。詳しくは後述します。

3. 幾何公差

サイズ公差は、2点間の長さを示していますが、**実際の製品の形状は、面や線が三次元的に形状をつくり、幾何学的な形体をしています。**

幾何公差は、この幾何学的な形体について許容できる範囲を与える方法になります。

製品の精密化や、精度の向上が進み、グローバルにものづくりがなされている現在においては、幾何公差の重要度が増しています。詳しくは、後述します。

3 はめあい

- 軸と穴がはまり合う際に、両者の公差によって生じる関係をはめあいと呼びます。
- はめあいの公差を表す方法を理解しましょう。

1. はめあい

前節で説明をしましたが、穴と軸が互いに組み付けられる場合には、両者の関係によってすきまが出たり、しめしろが出たりします。このような関係をはめあいといいます。はめあいの公差を表すのに、記号による方法が用いられます（JIS B 0401：2016）ので、公差を記号で表す方法を理解しておきましょう。

図 9-3-1 に示すように、軸と穴のはめあいを考えます。**図 9-3-1（a）**に示すように、軸よりも穴のほうが大きい場合、軸と穴の間にはすきまが生じます。すきまがある場合、軸を穴に挿入するのは容易にできます。

反対に、**図 9-3-1（b）**に示すように、穴よりも軸のほうが大きい場合、しめしろが生じます。しめしろがある場合、軸を穴に挿入するときには、圧入したり（油圧などで荷重をかけて挿入する）、ハンマーなどでたたいたり、加熱して熱膨張させてから挿入する（焼きばめ）などの方法で組み付けられます。しめしろがあるため、軸と穴の間にはガタが生じません。

図 9-3-1　軸と穴の関係

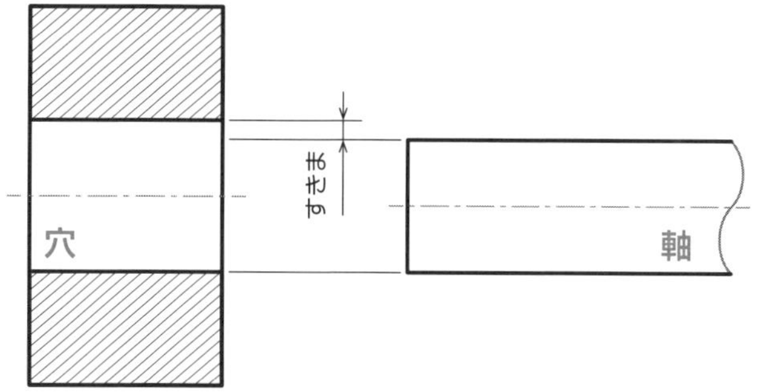

(a) 軸よりも穴のほうが大きい場合
穴 > 軸

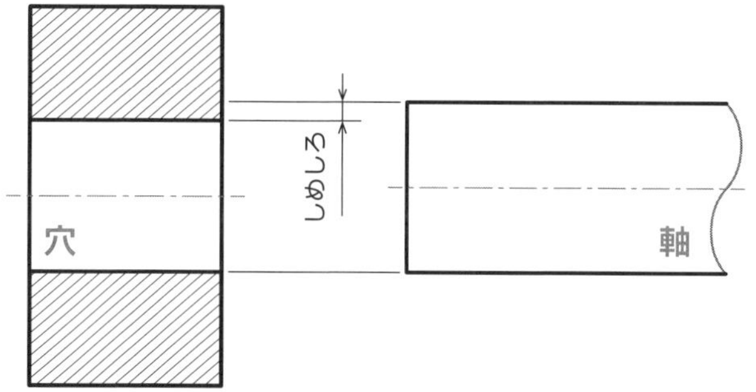

(b) 穴よりも軸のほうが大きい場合
穴 < 軸

2. はめあいの種類

軸と穴のように互いに組み合わせる関係では、双方のもつ公差に起因して、組み合わせによってすきまができたり、しめしろができたり、いろいろなケースが起こります。はめあいの種類を大別すると、「すきまばめ」、「しまりばめ」、「中間ばめ」の３種類あります。

(1) すきまばめ

図 9-3-2 に示すように、穴の「下の許容サイズ」よりも、軸の「上の許容サイズ」が小さい場合、どのような組み合わせの場合でもすきまが発生します。このような場合をすきまばめと呼びます。

図 9-3-2　すきまばめのイメージ

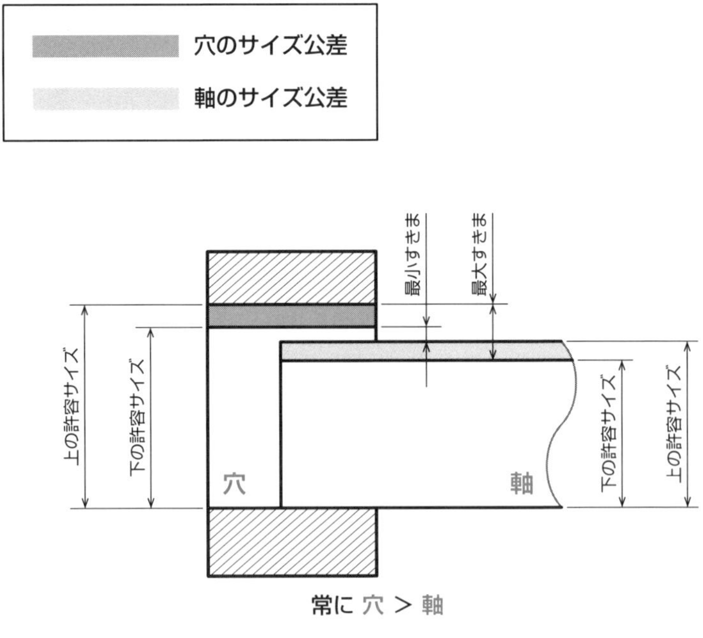

(2) しまりばめ

図 9-3-3 に示すように、穴の「上の許容サイズ」よりも、軸の「下の許容サイズ」が大きい場合、どのような組み合わせの場合でも常にしめしろが発生します。このようなはめあいをしまりばめと呼びます。

図 9-3-3　しまりばめのイメージ

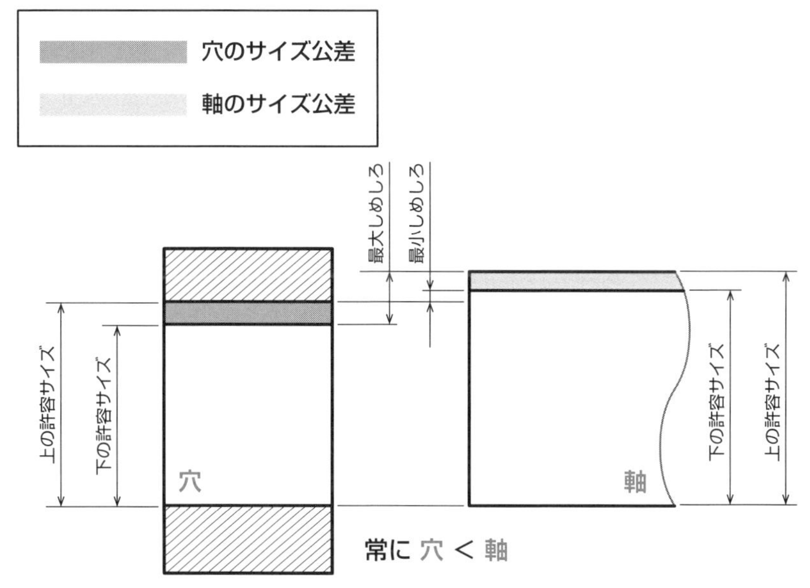

(3) 中間ばめ

図 9-3-4 に示すように、穴の「下の許容サイズ」と「上の許容サイズ」の範囲と、軸の「下の許容サイズ」と「上の許容サイズ」が重複する場合には、はめあわせる穴と軸の組み合わせに応じて、すきまができる場合と、しめしろができる場合の両方が起こります。このようなはめあいを中間ばめと呼びます。

図 9-3-4　中間ばめのイメージ

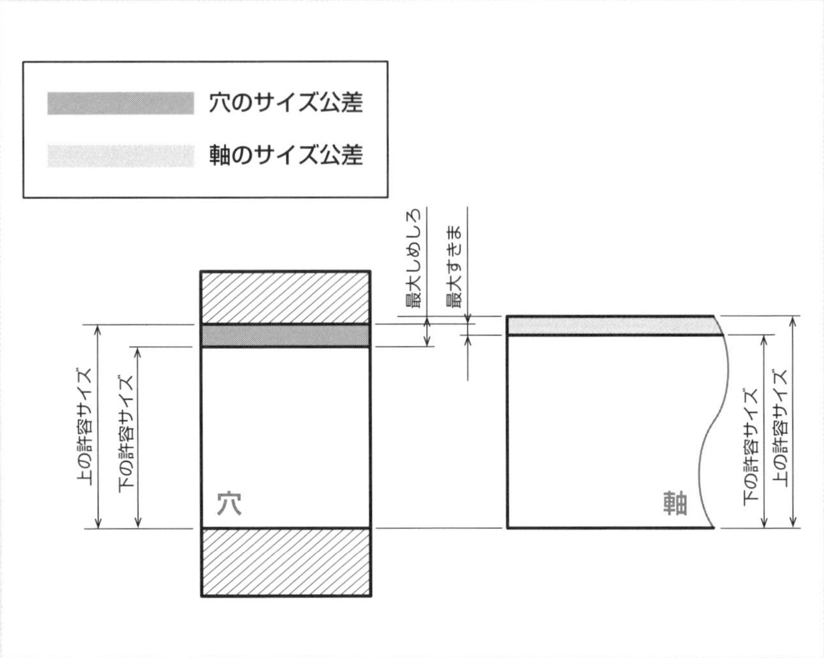

3. 穴基準はめあいと軸基準はめあい

互いに組み合わされる軸と穴など、はめあいを持つ部分を製作する際に穴か軸のいずれかを基準にして、もう一方のサイズを決めるのが普通です。このとき、どちらを基準にするかによって穴基準はめあいと軸基準はめあいがあります。

(1) 穴基準はめあい

図 9-3-5 (a) に示すように、基準となる穴を決めておき、これに対して軸の公差を変更することで目的のはめあい関係を作ります。つまり、「すきまばめにしたいのか？」「しまりばめにしたいのか？」「中間ばめにしたいのか？」に応じて、軸のサイズ公差を定めていきます。

例えば、基準となる穴Hに対して、アルファベットの小文字で示されるように軸の公差クラスを変えていくことで、目的のはめあい状態を作り出します。**図9-3-5（a）**に示した例では、公差クラスが小文字のf、g、hの軸を選べばすきまばめになります。公差クラスがjs、k、mの軸を選べば中間ばめになります。なお、各アルファベットと公差の関係は後で説明します。

(2) 軸基準はめあい

穴基準はめあいとは逆に**図9-3-5（b）**に示すように、基準となる軸を決めておき、これに対して穴の公差を変更することで目的のはめあい関係を作ります。

JISでは、穴基準はめあい、軸基準はめあいの両方が規定されています。ただし、一般的には穴よりも軸のほうが加工は容易なため、特に理由がないのであれば、穴基準はめあいが推奨されています。

図9-3-5　穴基準はめあいと軸基準はめあい

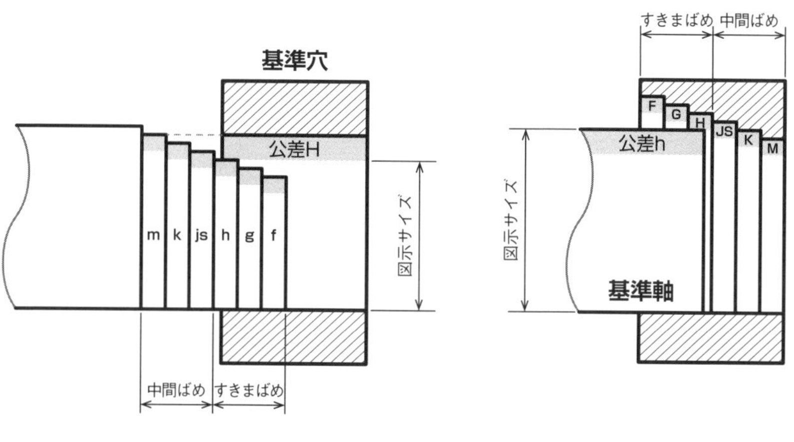

（a）穴基準はめあい　　（b）軸基準はめあい

4. はめあい公差の指示

穴や軸などの図示サイズに応じて、サイズ公差が**表 9-3-1** のように定められています。IT（International Tolerance）の後に数値をつけて、IT7 などのように公差等級を表します。表の中に記されている数値は公差であり、単位はμm（マイクロメートル）です。公差等級として、IT01（01 級）、IT0（0 級）、IT1（1 級）～ IT18（18 級）の計 20 等級に分かれており、数値が小さいほど公差の値が小さくなります。つまり、より高い工作精度を要求するものほど、公差等級が低く設定されます。

【例】 公差等級を IT7 とした時に直径 40 mm の軸のサイズ公差

➡ 図示サイズ 30 ～ 50 mm の IT7 は、**表 9-3-1** より「25 μm（0.025 mm）」であることが分かります。

表 9-3-1　公差等級一覧　　JIS B 0401-1 より（抜粋）

図示サイズ		基本サイズ公差等級											
	mm	IT01	IT0	IT1	IT2	IT3	IT4	IT5	IT6	IT7	IT8	IT9	IT10
超	以下	基本サイズ公差値（単位：μm）											
—	3	0.3	0.5	0.8	1.2	2	3	4	6	10	14	25	40
3	6	0.4	0.6	1	1.5	2.5	4	5	8	12	18	30	48
6	10	0.4	0.6	1	1.5	2.5	4	6	9	15	22	36	58
10	18	0.5	0.8	1.2	2	3	5	8	11	18	27	43	70
18	30	0.6	1	1.5	2.5	4	6	9	13	21	33	52	84
30	50	0.6	1	1.5	2.5	4	7	11	16	25	39	62	100
50	80	0.8	1.2	2	3	5	8	13	19	30	46	74	120
80	120	1	1.5	2.5	4	6	10	15	22	35	54	87	140
120	180	1.2	2	3.5	5	8	12	18	25	40	63	100	160
180	250	2	3	4.5	7	10	14	20	29	46	72	115	185
250	315	2.5	4	6	8	12	16	23	32	52	81	130	210
315	400	3	5	7	9	13	18	25	36	57	89	140	230

公差等級によってサイズ公差が示されますが、その位置を定める必要があります。例えば、直径40 mmでIT7の公差等級の軸は、0.025 mmのサイズ公差を持つことなり、それが40.000～40.025なのか、39.975～40.000なのか、それ以外なのかが不明です。そこで、起点を定める必要があります。これを決めるのが、前項でも出てきたアルファベットの記号です。**図9-3-6**に、公差クラス（記号）と公差域の関係を、穴、軸それぞれについて示します。

上段の**図9-3-6（a）**は、穴に対する公差クラスであり、記号をアルファベットの大文字で表します。一方、下段の**図9-3-6（b）**は、軸に対する公差クラスであり、記号を小文字で表します。

例えば、**図9-3-6（b）**の軸の公差クラスを見ると、記号hを境に大きな違いがあります。

hは軸の上の許容サイズが図示サイズ*a*と同じで、それより小さい（細い）側にサイズ公差が入ります。つまり、記号hと書かれていたら、「それは軸である」ことと、「最大でも図示サイズと同じ」ということが分かります。

hより前のアルファベットに向かうにつれて、より小さい（細い）側に上の許容サイズがシフトします。逆に、hよりも後のアルファベットになるにつれて、図示サイズよりも大きい（太い）側にシフトします。

また、上段の**図9-3-6（a）**に示す通り、穴の場合には記号が大文字になります。Hの場合、穴の下の許容サイズが図示サイズと同じになり、サイズ公差は穴が広がる方向に与えられます。

例えば、hで示された軸とGで示された穴を組み合わせた場合、すきまばめになることは明らかです。このように、公差等級と公差クラス記号を用いることで、軸と穴の上と下の許容サイズが分かるだけでなく、はめあいの関係も一目瞭然になります。

図 9-3-6　公差クラス（記号）と穴と軸の公差域面

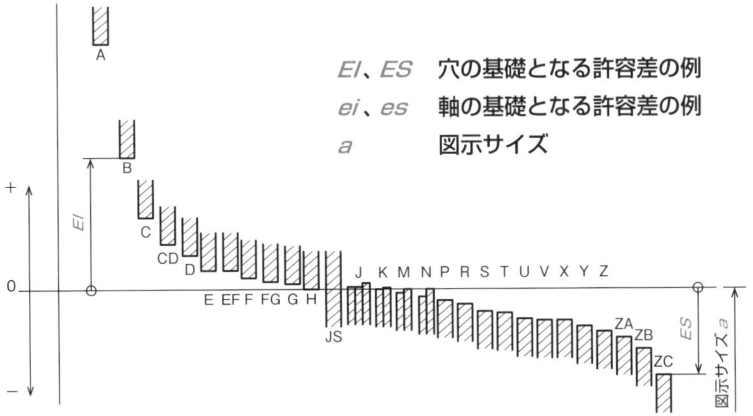

(a) 穴（内側サイズ形体）

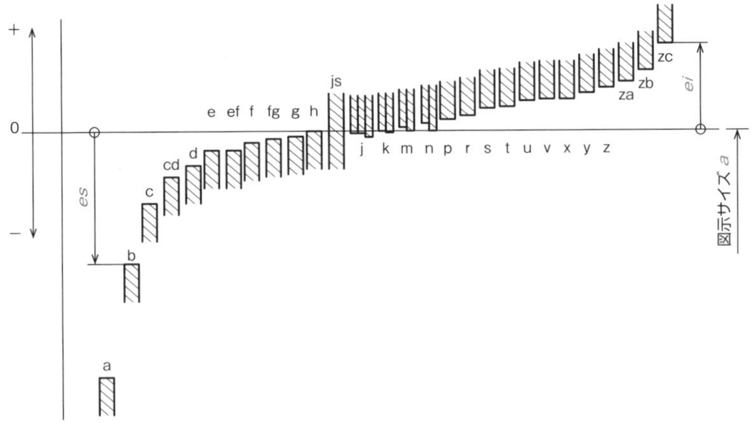

(b) 軸（外側サイズ形体）

具体的な許容差の数値をもとに、上の許容サイズと下の許容サイズを読み取って、はめあいを考えてみましょう。

表9-3-2に、公差等級IT6およびIT7における**穴の場合の許容差**を示します。同じく**表9-3-3**に、**軸の場合の許容差**を示します。これらは、JIS B 0401-2：2016（ISO 286-2：2010）の抜粋です。実際には、より広い範囲の図示サイズと、より多くの公差等級での公差が存在します。必要な公差を読み取る際には、JIS B 0401-2などを参照してください。

表9-3-2　穴の許容差　　JIS B 0401-2より（抜粋）

図示サイズ mm		G		H		JS		J	
を超え	以下	IT6	IT7	IT6	IT7	IT6	IT7	IT6	IT7
	3	+8 +2	+12 +2	+6 0	+10 0	±3	±5	+2 −4	+4 −6
3	6	+12 +4	+16 +4	+8 0	+12 0	±4	±6	+5 −3	±6
6	10	+14 +5	+20 +5	+9 0	+15 0	±4.5	±7.5	+5 −4	+8 −7
10	18	+17 +6	+24 +6	+11 0	+18 0	±5.5	±9	+6 −5	+10 −8
18	30	+20 +7	+28 +7	+13 0	+21 0	±6.5	±10.5	+8 −5	+12 −9
30	50	+25 +9	+34 +9	+16 0	+25 0	±8	±12.5	+10 −6	+14 −11
50	80	+29 +10	+40 +10	+19 0	+30 0	±9.5	±15	+13 −6	+18 −12
80	120	+34 +12	+47 +12	+22 0	+35 0	±11	±17.5	+16 −6	+22 −13

単位：μm

表 9-3-3　軸の許容差　　JIS B 0401-2 より（抜粋）

図示サイズ mm		g		h		js		j	
を超え	以下	IT6	IT7	IT6	IT7	IT6	IT7	IT6	IT7
	3	− 2 − 8	− 2 − 12	0 − 6	0 − 10	± 3	± 5	+ 4 − 2	+ 6 − 4
3	6	− 4 − 12	− 4 − 16	0 − 8	0 − 12	± 4	± 6	+ 6 − 2	+ 8 − 4
6	10	− 5 − 14	− 5 − 20	0 − 9	0 − 15	± 4.5	± 7.5	+ 7 − 2	+ 10 − 5
10	18	− 6 − 17	− 6 − 24	0 − 11	0 − 18	± 5.5	± 9	+ 8 − 3	+ 12 − 6
18	30	− 7 − 20	− 7 − 28	0 − 13	0 − 21	± 6.5	± 10.5	+ 9 − 4	+ 13 − 8
30	50	− 9 − 25	− 9 − 34	0 − 16	0 − 25	± 8	± 12.5	+ 11 − 5	+ 15 − 10
50	80	− 10 − 29	− 10 − 40	0 − 19	0 − 30	± 9.5	± 15	+ 12 − 7	+ 18 − 12
80	120	− 12 − 34	− 12 − 47	0 − 22	0 − 35	± 1	± 17.5	+ 13 − 9	+ 20 − 15

単位：μ m

【例 1】 ϕ 35H7

この指示内容から、次のことが分かります。

ϕ 35：図示サイズが直径 35 mm

H7　：H が大文字なので、穴であることが分かる。

公差等級が 7 であることが分かる。

➡ **表 9-3-2** より、直径 30 ～ 50 の欄の H7 の許容差を読み取ると、$^{+0.025}_{\ \ 0}$ であることが分かる。

よって、**図 9-3-7** のようになります。

つまり、ϕ 35H7 の穴の上・下の許容サイズは次のようになります。

ϕ 35H7 ➡ $\phi\ 35^{+0.025}_{\ \ 0}$ ➡ ϕ 35.000 ～ ϕ 35.025

図 9-3-7　φ35H7 の意味

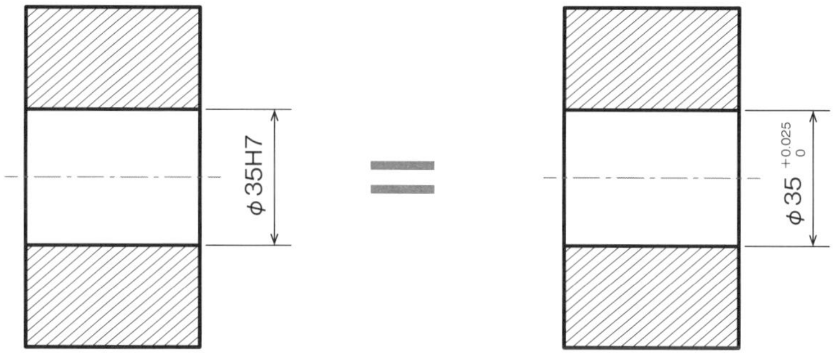

【例 2】 φ35g6

この指示内容から、次のことが分かります。

φ35：図示サイズが直径 35 mm

g6　：g が小文字なので、軸であることが分かる。

公差等級が 6 であることが分かる。

➡ **表 9-3-3** より、直径 30 ～ 50 の欄の g6 の許容差を読み取ると、$\begin{matrix} -0.009 \\ -0.025 \end{matrix}$ であることが分かる。

よって、**図 9-3-8** のようになります。

つまり、φ35g6 の軸の上・下の許容サイズは次のようになります。

$$\phi 35\mathrm{g}6 \Rightarrow \phi 35\,^{-0.009}_{-0.025} \Rightarrow \phi 34.975 \sim \phi 34.991$$

図 9-3-8　φ 35g6 の意味

なお、上記の、φ 35H7 の穴と、φ 35g6 の軸の組み合わせの場合は、すきまばめになることも一目瞭然です。なぜなら、H の穴は、図示サイズよりも小さくならないことと、g の軸は図示サイズよりも必ず小さいことが明確だからです（**図 9-3-9**）。

図 9-3-9　φ 35H7 の穴とφ 35g6 の軸のはめあい

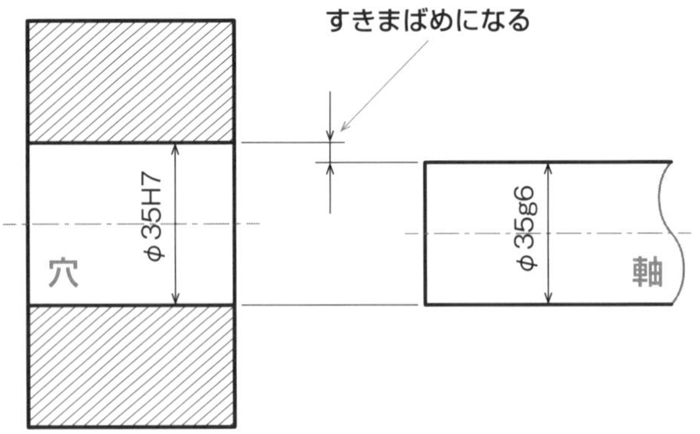

このように、サイズ公差を記号で示すことで、以下のメリットが得られます。

- **公差等級を指定すれば、図示サイズに応じてサイズ公差の数値が定まるため、サイズ公差設定の統一化が図れる。また、サイズ公差を決めやすい。**
- **はめあいの関係においては、記号を見るだけで、「しまりばめ・すきまばめ・中間ばめ」の見分けが容易につく。**

なお、軸と穴の双方の公差の組み合わせによって、実に多くの組み合わせのはめあいが作り出されます。

JIS では、「多く用いられるはめあい」として、一般的に推奨される組み合わせが示されています。穴基準はめあいの場合の多く用いられる組み合わせを**表 9-3-4**、軸基準はめあいの場合の多く用いられる組み合わせを**表 9-3-5** にそれぞれ示します。

例えば、穴基準はめあいにおいて、H7 のサイズ公差を持つ穴に軸をすきまばめで組み合わせたい場合、**表 9-3-4** を参照すると軸の公差は h6、g6、f6 が推奨されていることが分かります。つまり、この場合は製品の目的に応じて h6、g6、f6 の中から最も適切なものを選べば良いことになります。なお、当然のことですが、作りたい製品の要求上、**表 9-3-4** や**表 9-3-5** で推奨されている公差の組み合わせでは不都合が生じる場合には、これ以外の組み合わせを選ぶ事になります。

表 9-3-4　穴基準はめあいにおける推奨されるはめあい関係

穴基準	軸の公差クラス																
	すきまばめ							中間ばめ			しまりばめ						
H6						g5	h5	js5	k5	m5	n5	p5					
H7					f6	g6	h6	js6	k6	m6	n6	p6	r6	s6	t6	u6	x6
H8				e7	f7		h7	js7	k7	m7				s7		u7	
			d8	e8	f8		h8										
H9			d8	e8	f8		h8										
H10	b9	c9	d9	e9			h9										
H11	b11	c11	d10				h10										

JIS B 0401-1：2016（ISO 286-1：2010）

表 9-3-5　軸基準はめあいにおける推奨されるはめあい関係

軸基準	穴の公差クラス																
	すきまばめ							中間ばめ			しまりばめ						
h5						G6	H6	JS6	K6	M6	N6	P6					
h6					F7	G7	H7	JS7	K7	M7	N7	P7	R7	S7	T7	U7	X7
h7				E8	F8		H8										
h8			D9	E9	F9		H9										
h9				E8	F8		H8										
			D9	E9	F9		H9										
	B11	C10	D10				H10										

JIS B 0401-1：2016（ISO 286-1：2010）

4 普通公差

● サイズ公差の指定がなされていない箇所には、普通公差が適用されます。普通公差があることで、製作品の合理的な公差を維持しつつ、むやみにサイズ公差を記入する必要がなくなります。

1. 普通公差とは

品物を製作する際に、かならず公差が存在します。しかし、すべての寸法に対してサイズ公差を指示する必要はありません。サイズ公差は機能上必要な場所に指示し、それ以外の機能上、特に重要ではない箇所にはつけないことも可能です。

サイズ公差の指定がなされていない箇所には、普通公差が適用されます。通常用いられる製作法で加工した際に、その加工法の工作精度によって実現できる公差の範囲はおのずと決まってきます。JIS では、特に公差を指示しない場合の公差の目安として、普通公差※を規定しています。普通公差があることで、製作品の合理的な公差を維持しつつ、むやみにサイズ公差を記入する必要がなくなります。

※ JIS B 0405（普通公差 ― 第 1 部：個々に公差の指示がない長さ寸法及び角度寸法に対する公差）

2. 普通公差の値

JIS により規定されている普通公差として、長さの寸法に対する普通公差を**表 9-4-1** に、面取り部分の長さに対する普通公差を**表 9-4-2** に、角度寸法に対する普通公差を**表 9-4-3** に示します。

設計者が普通公差の公差等級を指定しておけば、個別にサイズ公差が指示されていない部分の寸法は普通公差内に収まるように製作されることになります。そのため、サイズ公差を指示していない部分の製作精度も、適正に確保されます。

表 9-4-1　長さの寸法に対する普通公差

基準寸法の区分（単位：mm）		公差等級			
		精級 f	中級 m	粗級 c	極粗級 v
		許容差			
0.5※以上	3 以下	± 0.05	± 0.1	± 0.2	−
3 を超え	6 以下	± 0.05	± 0.1	± 0.3	± 0.5
6 を超え	30 以下	± 0.1	± 0.2	± 0.5	± 1
30 を超え	120 以下	± 0.15	± 0.3	± 0.8	± 1.5
120 を超え	400 以下	± 0.2	± 0.5	± 1.2	± 2.5
400 を超え	1,000 以下	± 0.3	± 0.8	± 2	± 4
1,000 を超え	2,000 以下	± 0.5	± 1.2	± 3	± 6
2,000 を超え	4,000 以下	−	± 2	± 4	± 8

※ 0.5 mm 未満の基準寸法に対しては、その基準寸法に続けて許容差を個々に指示する。

表 9-4-2　面取り部分の長さ（角の丸みおよび角の面取り寸法）に対する普通公差

公差等級		基準寸法の区分 （単位：mm）		
記号	説明	0.5※以上 3 以下	3 を超え 6 以下	6 を超えるもの
		許容差		
f	精級	± 0.2	± 0.5	± 1
m	中級			
c	粗級	± 0.4	± 1	± 2
v	極粗級			

※ 0.5 mm 未満の基準寸法に対しては、その基準寸法に続けて許容差を個々に指示する。

表 9-4-3　角度寸法に対する普通公差

公差等級		対象とする角度の短いほうの辺の長さの区分 （単位：mm）				
記号	説明	10 以下	10 を超え 50 以下	50 を超え 120 以下	120 を超え 400 以下	400 を超えるもの
		許容差				
f	精級	± 1°	± 30′	± 20′	± 10′	± 5′
m	中級					
c	粗級	± 1° 30′	± 1°	± 30′	± 15′	± 10′
v	極粗級	± 3°	± 2°	± 1°	± 30′	± 20′

例として、**図 9-4-1** に示すような、図示サイズで直径 20 mm、長さ 100 mm の軸を考えます。この軸の普通公差の**公差等級**が f（**精級**）と指示されていた場合、この品物は**表 9-4-1** に示した普通公差に当てはめると次のような仕上がりになるように製作されます。

＜軸の長さ＞

図示サイズ　　：100 mm

公差等級　　　：f

長さの区分　　：30 mm を超え 120 mm 以下

許容差　　　　：± 0.15 mm

下の許容サイズ：99.85 mm

上の許容サイズ：100.15 mm

＜軸の直径＞

図示サイズ　　：20 mm

公差等級　　　：f

長さの区分　　：6 mm を超え 30 mm 以下

許容差　　　　：± 0.1 mm

下の許容サイズ：19.9 mm

上の許容サイズ：20.1 mm

図 9-4-1　普通公差に基づく軸の長さと直径

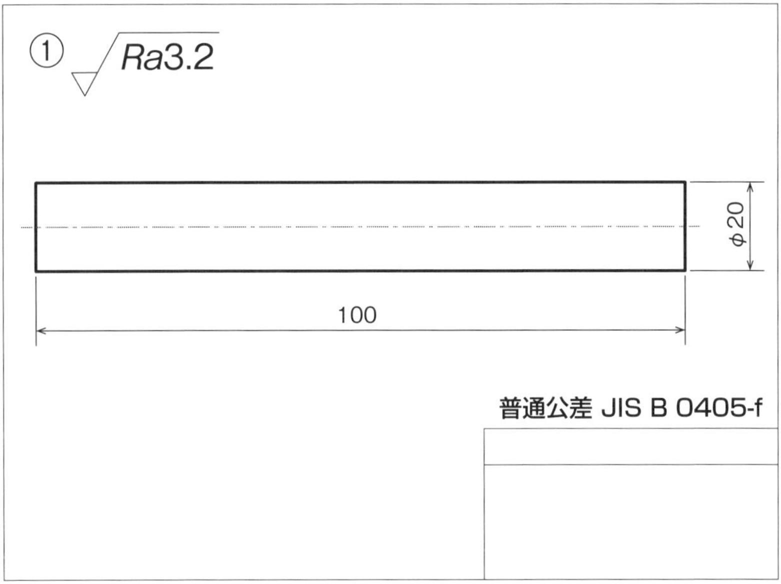

よって、この軸の仕上がり寸法は、長さが 99.85 mm から 100.15 mm の間、直径が 19.9 mmm から 20.1 mm の間に収まるように製作されます。

言い方を変えると、**普通公差では精度が不足するような部分に対して、個別のサイズ公差が指定されるのが基本です**。サイズ公差が指示されていない部分について、どの程度の精度があるのかは、普通公差の考え方と数値の一覧表を知っていれば理解できます。

なお、普通公差を適用する際には、**図 9-4-1** に示すように表題欄またはその付近に、普通公差の JIS 番号と公差等級を示します。

【例】公差等級 f の場合 “JIS B 0405-f” と表示する。

5 幾何公差

●実際の製品は三次元形状となっており、線や面が互いに幾何学的に関係をしながら形状が作られています。幾何公差の例を挙げて、意味や読み方を解説します。

サイズ公差によって、2点間の距離に関する公差を表しました。しかし、実際の製品は三次元形状であり、線や面などが互いに幾何学的に関係をしながら形状が作られています。

例えば、穴の直径がサイズ公差内に収まっていたとしても、その穴を開ける面に対して垂直に開いていなかった場合（直径は正しいが、穴が斜めに開いている）、その製品の機能を満たさないかもしれません。製品の高精度化と、ものづくりのグローバル化に伴い、幾何公差を用いて形体の公差を正しく規定することが重要になっています。

幾何公差の表示法は、JIS B 0021（製品の幾何特性仕様）で規定されています。

ここでは、いくつかの幾何公差を例に挙げて、その意味や読み方を説明します。

1. 幾何公差の種類と意味

幾何公差の種類と指示記号を、次ページの**表 9-5-1** に示します。

表 9-5-1　幾何公差の記号

公差の種類	特性	記号
形状公差	真直度	⏤
	平面度	⏥
	真円度	○
	円筒度	⌭
	線の輪郭度	⌒
	面の輪郭度	⌓
姿勢公差	平行度	∥
	直角度	⊥
	傾斜度	∠
	線の輪郭度	⌒
	面の輪郭度	⌓
位置公差	位置度	⌖
	同心度（中心点に対して）	◎
	同軸度（軸線に対して）	◎
	対称度	⌯
	線の輪郭度	⌒
	面の輪郭度	⌓
振れ公差	円周振れ	↗
	全振れ	⌰

(1) 真直度

直線の形体がどの程度“まっすぐ”であるかを規定する幾何公差です。例えば、線が、定められた間隔に収まっていることを求めます。穴や軸などの円筒の中心軸の場合は、中心軸が定められた円筒内に収まっていることを求めます。

図 9-5-1 (a) は、寸法線の延長上に幾何公差を指示しています。この場合、幾何公差の対象となるのは「軸の中心」です。中心軸が定められた円筒内（図の例では直径 0.1 mm）にあることを求めます。

図 9-5-1 (b) では、軸の表面に幾何公差を指示しています。この場合、幾何公差の対象となるのは「軸の表面」です。

このように、幾何公差の指示位置によって意味が異なってきますので、注意しましょう。

図 9-5-1　真直度の記入例

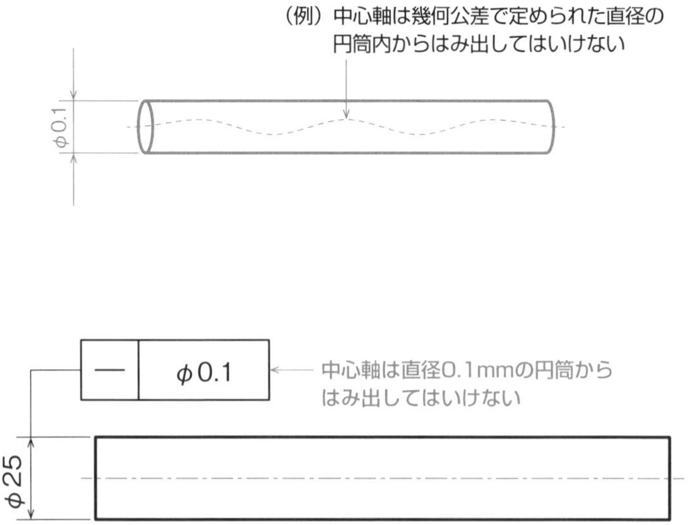

(a) 中心軸に対する真直度の記入例

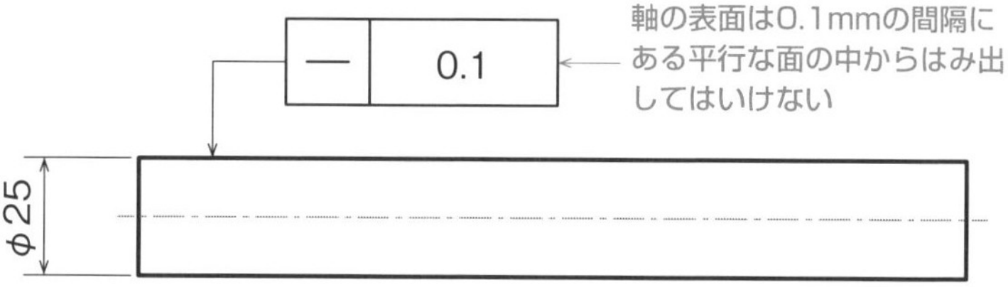

（b）軸の外形線に対する真直度の記入例

（2）平面度

面がどの程度平らな面（平面）かを規定する幾何公差です。つまり、**図9-5-2** に示すように、品物の平面が、2枚の平行な平面の範囲内に収まることを求めます。

図 9-5-2　平面度の記入例

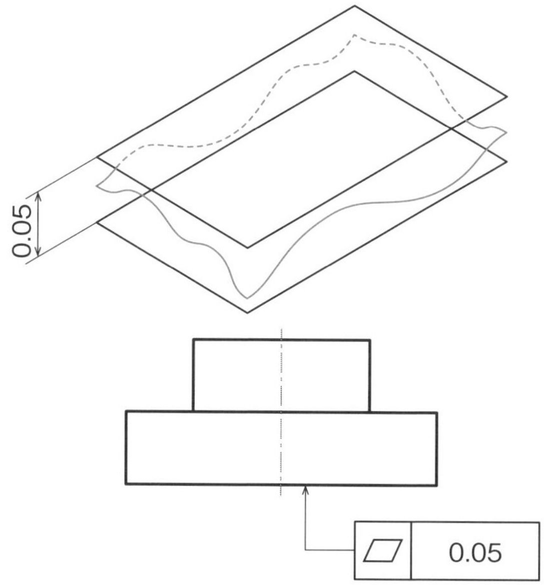

(3) 真円度

円の形状がどの程度真円に近いかを規定する幾何公差です。**図 9-5-3** に示すように、円の形状が、指定された 2 つの同心円の間に収まっていることを求めます。

図 9-5-3　真円度の記入例

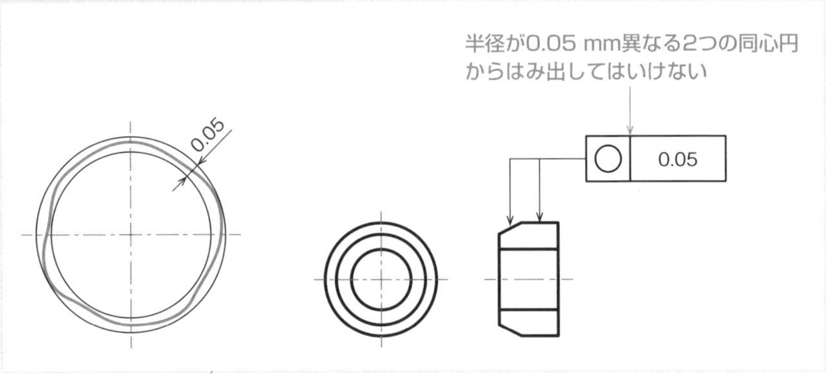

(4) 円筒度

円筒の形体を定める幾何公差です。**図 9-5-4** のように、円筒状の品物の形状が、指定された 2 つの同心円筒の間に収まっていることを求めます。

図 9-5-4　円筒度の記入例

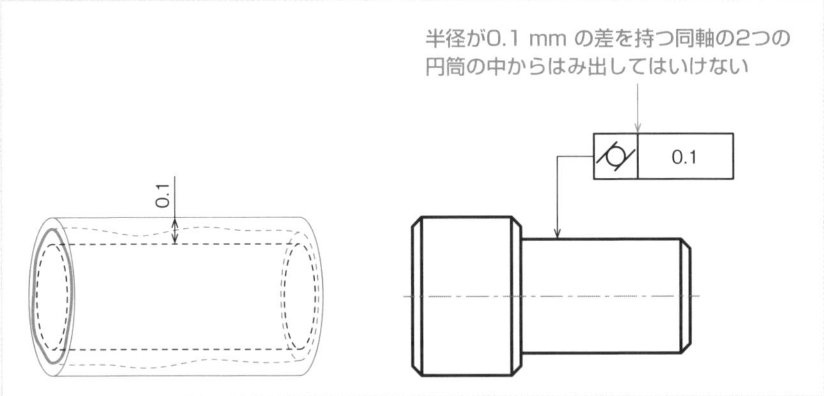

(5) 線の輪郭度

定められた輪郭からのずれを規定する幾何公差です。品物の曲線が、公差内に収まっていることを求めます。

図 9-5-5 は、R40 の円弧の輪郭度を 0.02 mm と示した例です。この場合、円弧は直径 0.02 mm の円に包絡される 2 つの円弧 A と B の間からはみ出してはいけないことを意味します。

なお、**図 9-5-5** において、R40 の寸法を四角（□）で囲っていますが、これは、「理論的に正確な寸法」を示しています。理論的に正確な寸法 R40 に対して、幾何公差を指定することで公差を規定しています。

図 9-5-5 線の輪郭度の記入例

(6) 面の輪郭度

線の輪郭度と同様に、定められた輪郭からのずれを規定します。**品物の曲面全体が公差内に収まっていることを求めます。**

図 9-5-6 は、SR40 の曲面の輪郭度を 0.02 mm と示した例です。この場合、曲面の R（SR）は直径 0.02 mm の球に包絡される 2 つの曲面 A と B の間からはみ出してはいけないことを意味します。

図 9-5-6　面の輪郭度の記入例

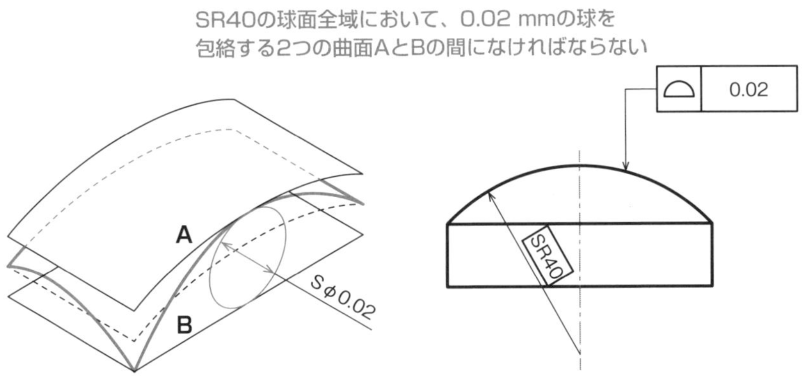

(7) 平行度

基準となる平面に対して平行の度合いを規定します。このとき、**基準となる部分を「データム」と呼びます。平行度を指定するときには、基準となるデータムを明示しなければなりません。**

図 9-5-7 に記入例を示します。この場合、**物体の下面をデータムとし図中に示した A の記号を付けて示します。**これによって、**A の面に対する平行度が指示されています。**

図 9-5-7　平行度の記入例

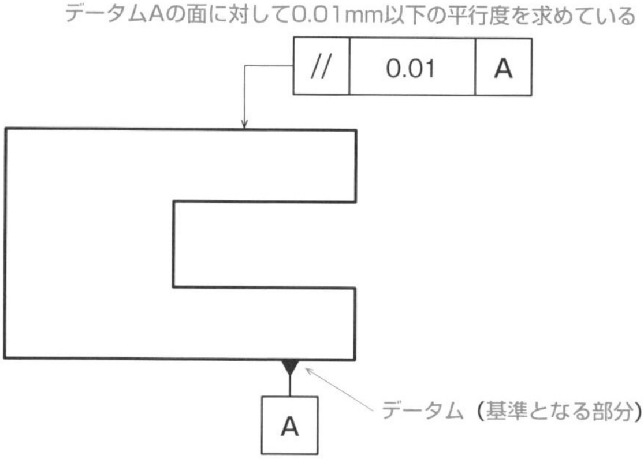

(8) 直角度

基準の線に対してどの程度直角かを規定する幾何公差です。基準となる面や線をデータムとして指定したうえで、直角度が指示されます。

図 9-5-8 の例では、データム A に直角で互いに 0.04 mm 離れた 2 つの平面内に入るように直角度を規定しています。

図 9-5-8　直角度の記入例

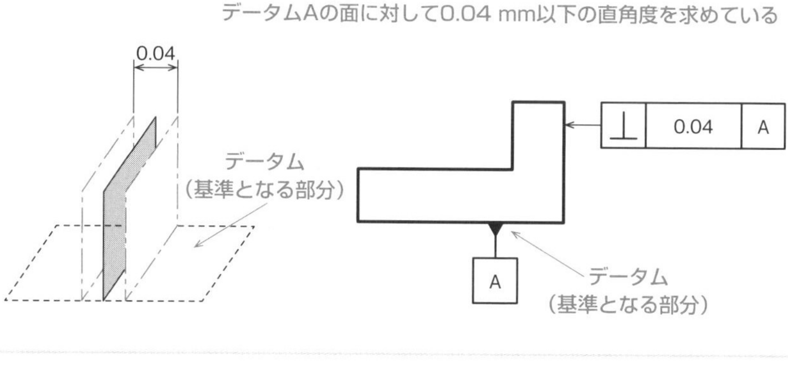

(9) 傾斜度

直角度は、どの程度直角に近いかを規定しますが、傾斜度は、指定した角度に対する公差を示します。傾斜度も、データムを指定したうえで示されます。

図 9-5-9 の例では、データム A に対して 60° 傾き、互いに 0.04 mm 離れた 2 つの平面内に入るように傾斜度を規定しています。

図 9-5-9　傾斜度の記入例

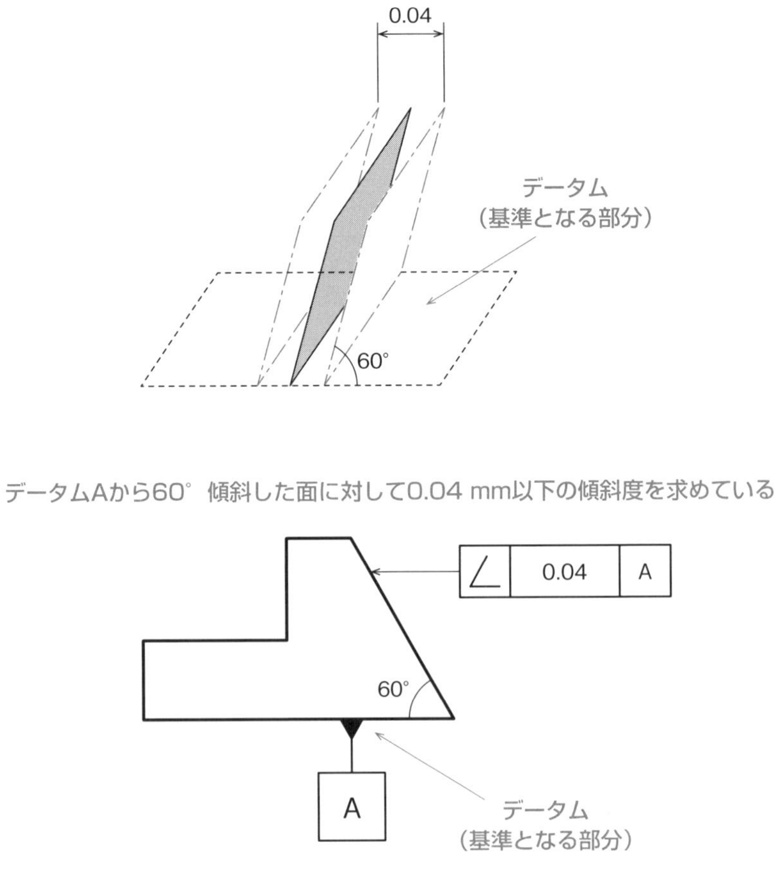

（10）位置度

図 9-5-10 に示すように、穴を開ける位置をサイズ公差で示したいとき、基準面から穴の中心までの位置の寸法に公差を入れることになります。

図 9-5-10　穴の位置の寸法をサイズ公差で示した場合

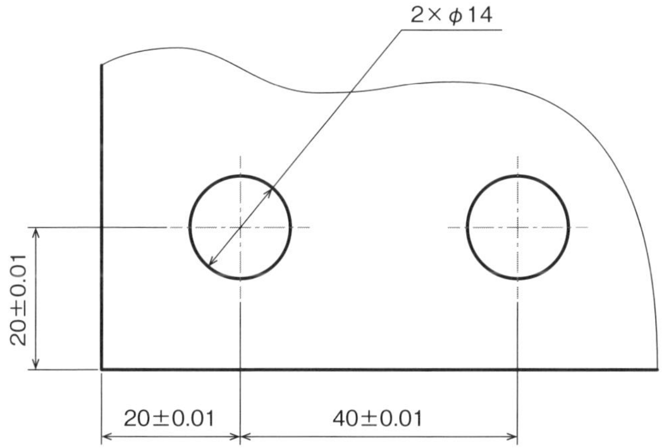

穴の位置の寸法について、位置度を使って示した例を**図 9-5-11** に示します。データム A、B を基準に理論的に正確な寸法として四角（□）で囲って位置の寸法を示し、位置度φ 0.04 を示します。これにより、「理論的に正確な穴の位置寸法にある直径 0.04 mm の円の中」に穴が開けられます。

図 9-5-11　穴の位置の寸法を幾何公差（位置度）で示した場合

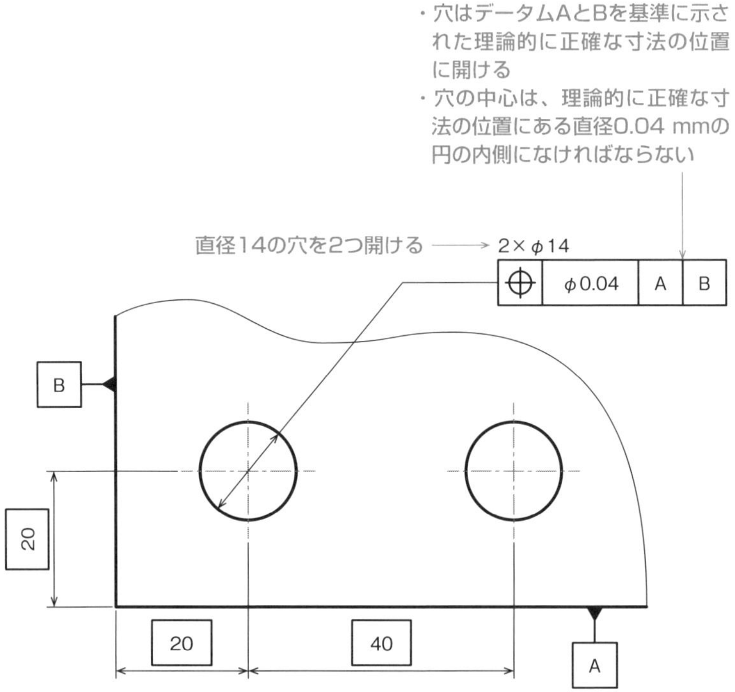

(11) 振れ公差

振れ公差は、円周面の半径方向の振れを規定する公差です。

(ⅰ) 円周振れ公差

図 9-5-12 に円周振れ公差の指示例を示します。データム A はこの軸の中心線（回転中心）を示しています。軸を回転させた際に、円周の半径方向の振れ量が規定内(図の例では 0.02 mm を超えない)になることを求めます。

図 9-5-12　円周振れ公差の指示例

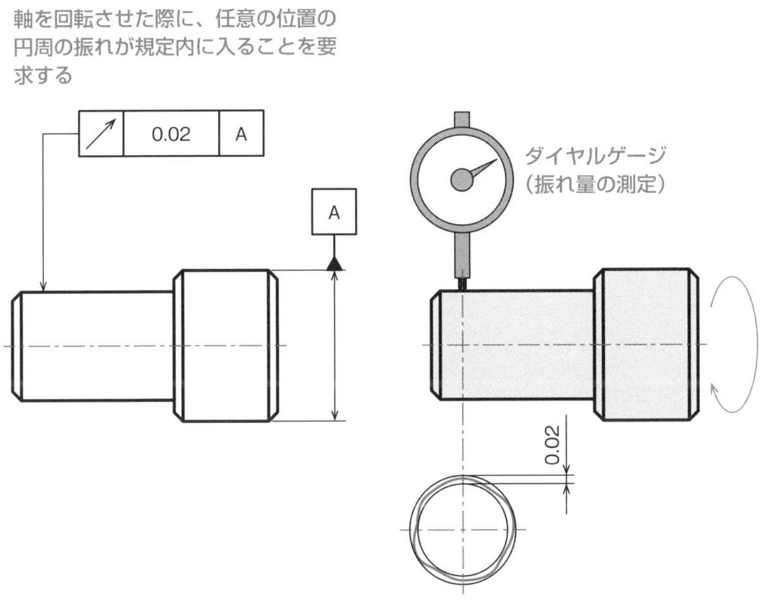

（ii）全振れ公差

全振れ公差の指示例を**図 9-5-13** に示します。円周振れ公差では、任意の位置の振れを規定していたのに対して、全振れ公差で指示された場合には、軸を回転させた際に円周全体において半径方向の振れ量が規定内（図の例では 0.02 mm を超えない）になることを求めます。

図 9-5-13　全振れ公差の指示例

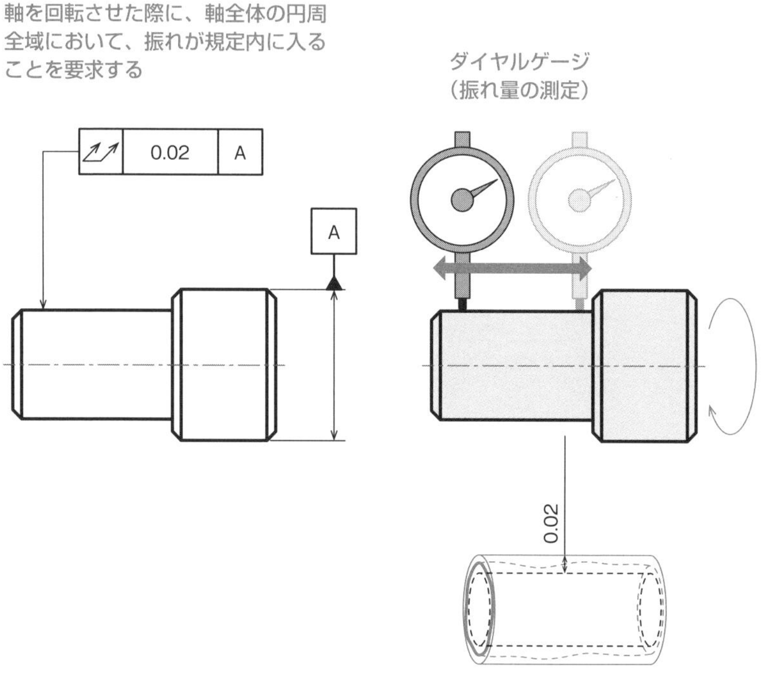

第10章

溶接記号

第10章 溶接記号

1 溶接の種類

- 溶接は部材同士を高い強度で接続できる方法のため、広く用いられます。溶接で製作する物品には、どこをどのように溶接するかが明確に記されていなければなりません。溶接記号には複数の種類があります。
- ここでは、その概要を説明したうえで、代表的な溶接記号を用いて基本的な溶接指示の方法を学びます。

1. 溶接とは

金属同士を局部的に融解させて接合する方法を溶接といいます。溶接によって物品同士をつないだものを溶接継手と呼びます。このとき、どのような熱源で溶かすかによって、「アーク溶接」「ガス溶接」「抵抗溶接（スポット溶接）」などの種類に分かれます。

ガス溶接は、ガスの燃焼による熱を利用します。アーク溶接は、アーク放電に伴う熱を利用します。スポット溶接は、電気抵抗中を流れる電流によって生じる熱（ジュール熱）を利用します。

特に、アーク溶接は、機械構造物、建築構造物、船舶、ボイラーなど、実に様々な場において、金属同士を接合するのに用いられています。

スポット溶接は、薄板の接合に適しています。例えば、自動車ボディーの鋼板の接合などにおいて、溶接ロボットを用いたスポット溶接が多用されています。

2. 溶接継手の種類

溶接継手の種類を**図 10-1-1** に示します。母材同士をどのように接合するかによって、様々な接合形態があります。

加えて、次ページで説明するように、接合部の形状（**開先**と言います）も複数あるため、これらの組み合わせによって様々な種類の溶接が行われます。

図 10-1-1　溶接継手の種類

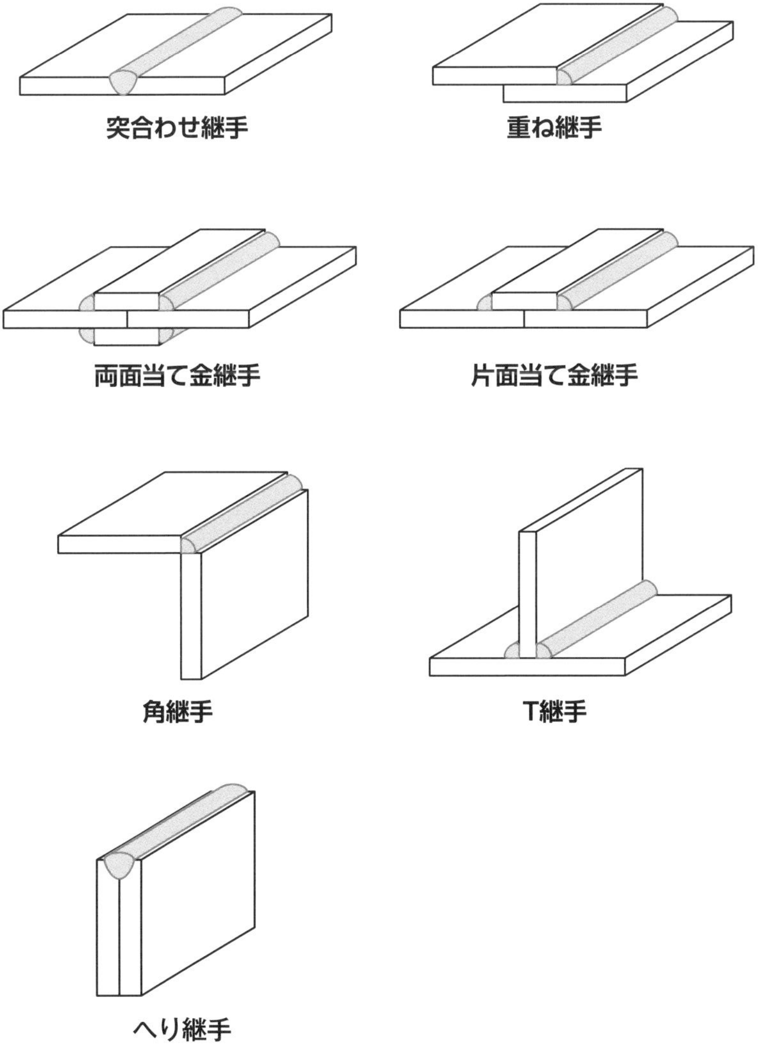

3. 溶接深さとルート間隔

突合わせ継手を例にとり、その溶接部の状態を**図 10-1-2** に模式的に示します。**図 10-1-2（a）** に示すように、溶接部が部材の深さ全域にわたる場合（溶接深さ＝母材の厚さ）を、**完全溶込み溶接**と呼びます。それに対して、**図 10-1-2（b）** のように、溶接深さが母材の深さよりも浅い場合を、**部分溶込み溶接**と呼びます。また、溶接された母材同士が離れていることもあります。この間隔を**ルート間隔**と呼びます。

図 10-1-2　溶接深さとルート間隔

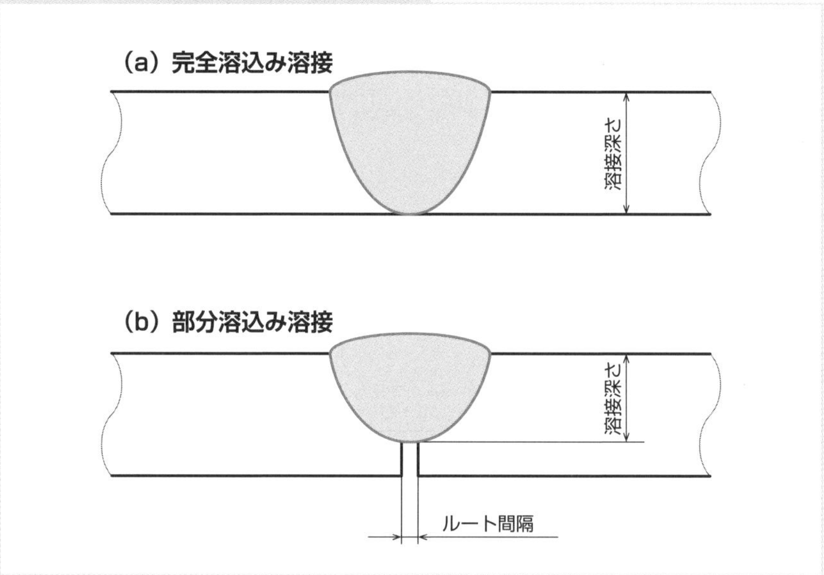

4. 溶接記号

溶接を行う際、母材の接合部の先端に様々な形状を作り、その母材同士の間にできる空間部分に溶着金属を流し込んで接合を行います。このときの、母材の接合部形状を**開先**と呼びます。主な開先の種類と、それらに対応する溶接記号を**図 10-1-3** に示します。

I 形開先溶接の記号が示された場合は、図のように接合部がI形の開先を溶接することを意味します。**V 形開先溶接**の記号が示された場合は、図のように開先にV形の溝があるものに溶接を施すことを意味します。

図 10-1-3　開先の種類と対応する溶接記号

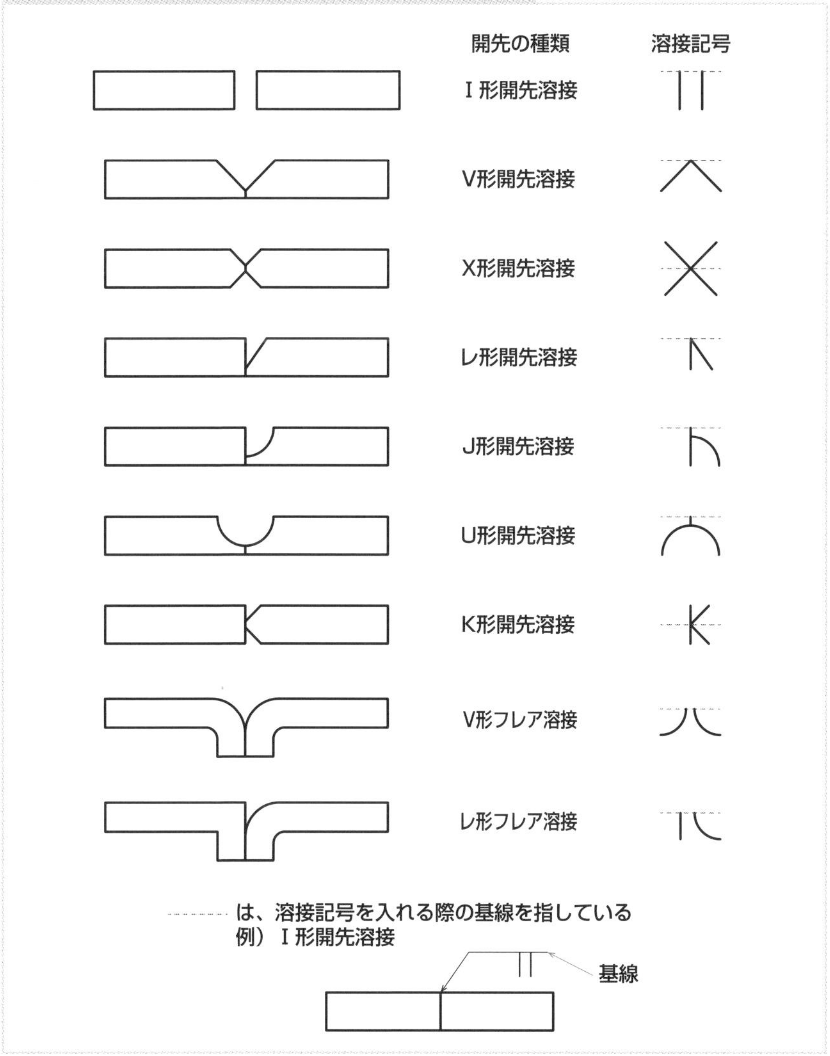

その他、よく使用される溶接形態として、3 種類の溶接法と記号を**図 10-1-4** に示します。スポット溶接は、電流などで局所的に熱を加えて接合する方法です。板を重ねて、T 字につないだ際にできる角を溶接することをすみ肉溶接といいます。母材を重ねてその端面を溶接することをへり溶接といいます。

図 10-1-4　スポット溶接、すみ肉溶接、へり溶接の方法と記号

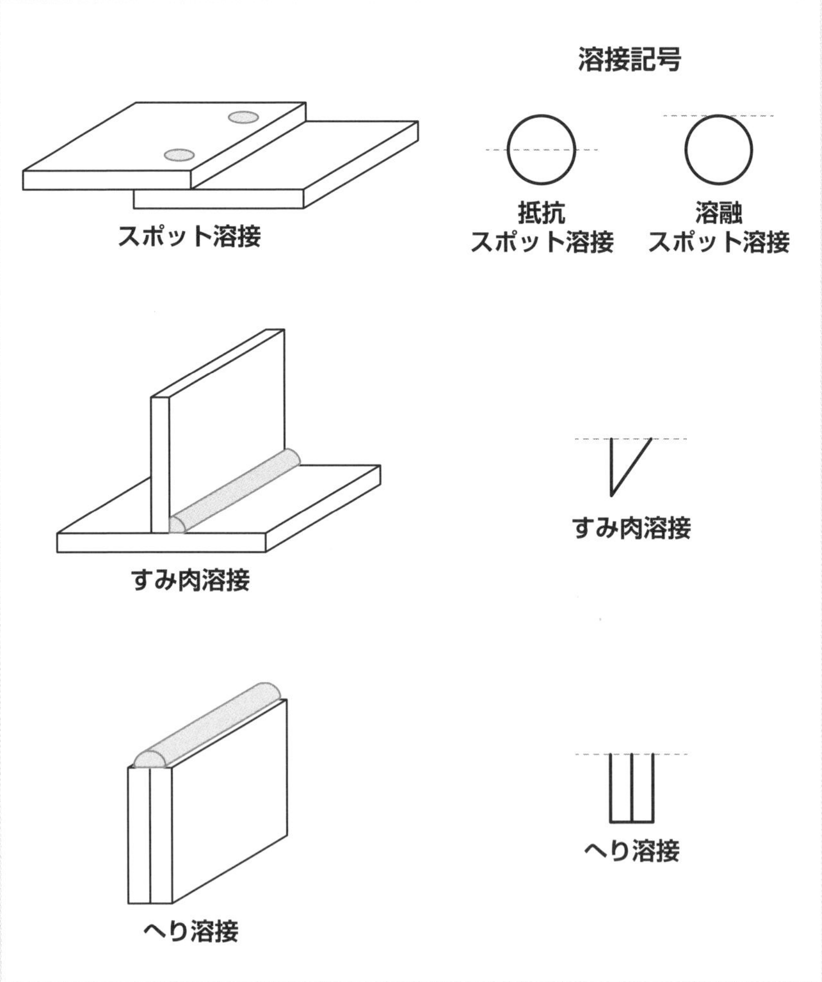

5. 溶接記号の読み方

溶接記号の指示のしかたによって、どのように溶接するのかが異なります。溶接の形態には様々なものがあります。ここでは、基本となる指示法やその考え方を説明します。

(1) 矢と基線

溶接部に溶接記号などを指示するとき、**図 10-1-5** に示すような矢と基線を用います。基線に対して、溶接記号を付けて溶接の種類を示します。図の例では、V 形開先溶接であることを示しています。

図 10-1-5　基本的な溶接指示法

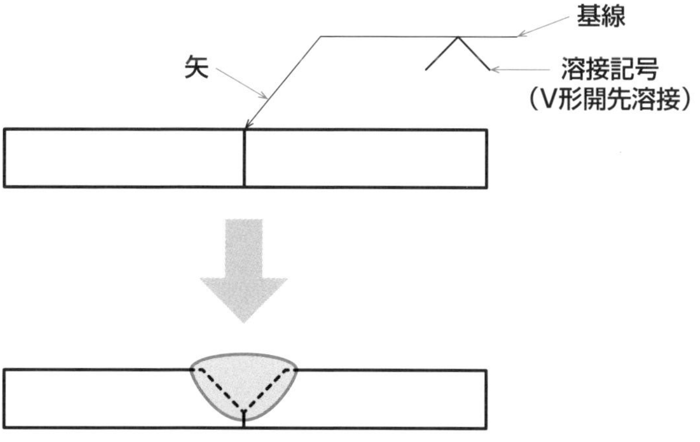

(2) 溶接を施す側の指示法

溶接する箇所を矢印で示しますが、実際に溶接をするのは“矢印を付けた側なのか？”あるいは“矢印を付けた反対側なのか？”を指示する方法が決まっています。**図 10-1-6** に示すように、基線の下側に溶接記号を示した場合、矢印を付けた側を溶接することを意味します。溶接記号を基線の上側に示した場合、矢印を付けた反対側を溶接することを意味します。

図 10-1-6　溶接を行う側の見分け方

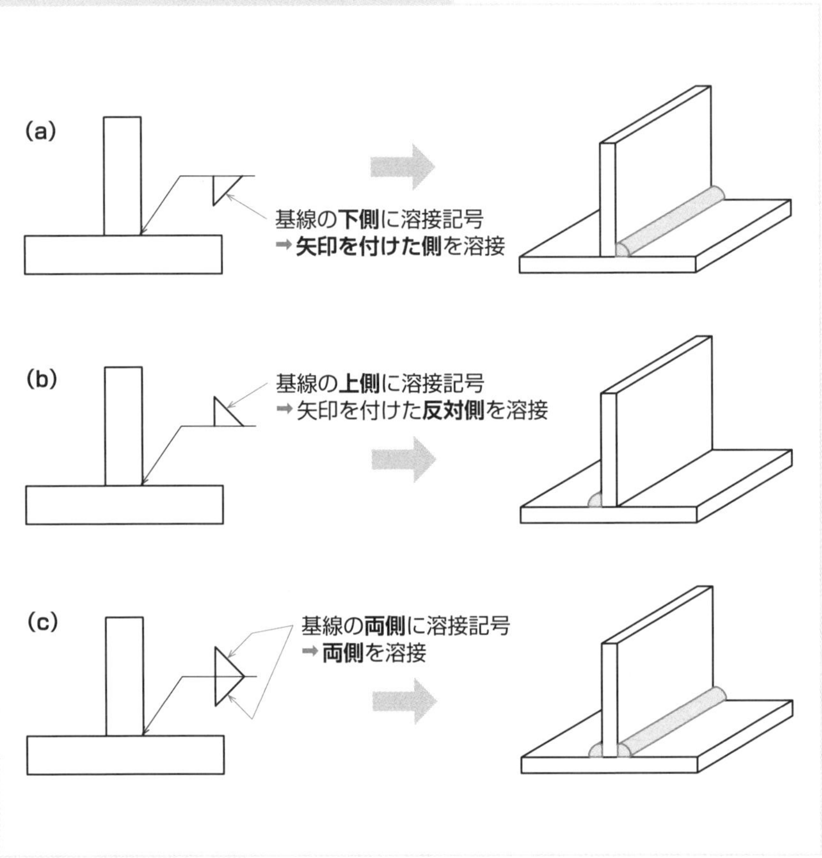

(3) 全周溶接

指示した場所の全周（1 周）にわたって溶接する場合に、矢と基線の交点部分に丸（○）の記号を付けます。**図 10-1-7** に示すように、四角形部分の 4 辺すべてに同じ溶接を行う場合には、全周溶接の指示記号 1 つを付ければ済みます。

図 10-1-7　全周溶接の指示

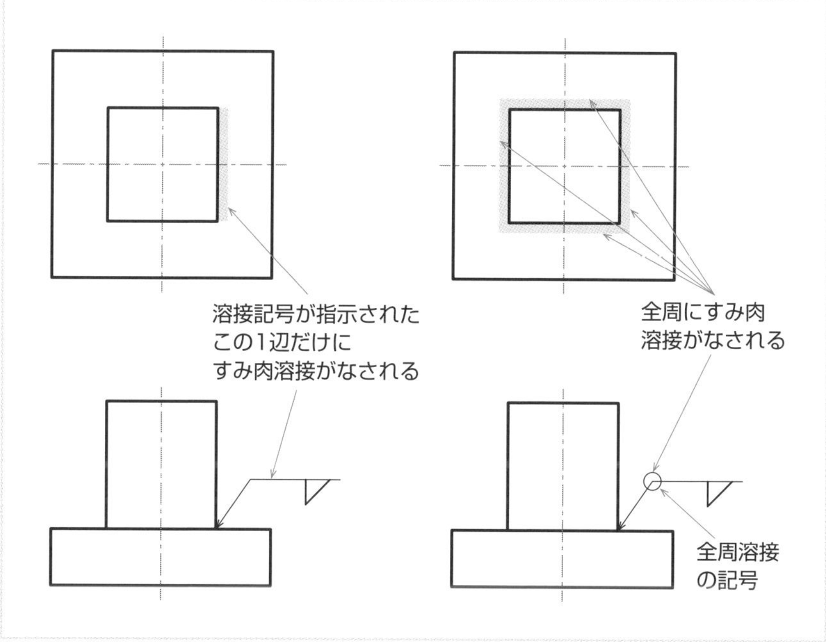

(4) 現場溶接

工事現場で溶接を施す場合には、**図 10-1-8** に示すように現場溶接の記号を**矢と基線の交点部分**に付けて表します。

図 10-1-8　現場溶接の指示

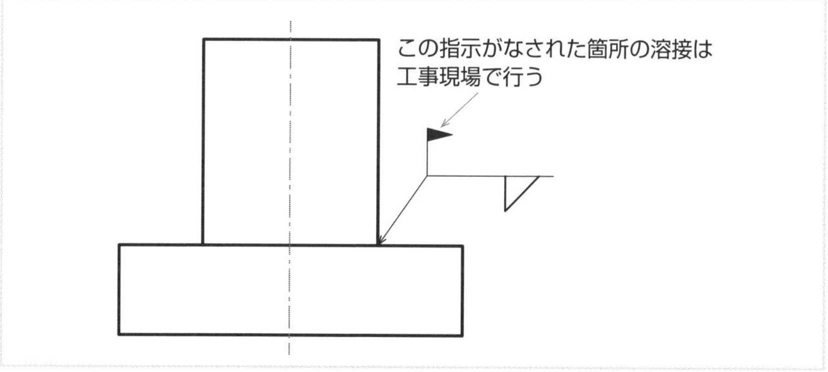

6. 溶接寸法の具体例

前述のように、矢と基線を用いて溶接記号を指示しますが、その他に、溶接部の寸法、その他の指示事項を加えて指示することになります。

ここでは、具体例を説明します。U形開先溶接を例に、溶接部の寸法記入例を**図 10-1-9** に示します。

溶接記号で開先形状を示し、その部分に「ルート間隔 3 mm」と「開先角度 70°」が示されています。また、溶接記号の左側に「開先深さ12 mm」が示され、開先深さの右横にカッコを付けて「溶接深さ15 mm」が示されています。さらに、基線の右側の端部に付けられた「尾」の部分に「ルート半径 8 mm」が示されています。

図 10-1-9　U 形開先溶接の寸法記入例

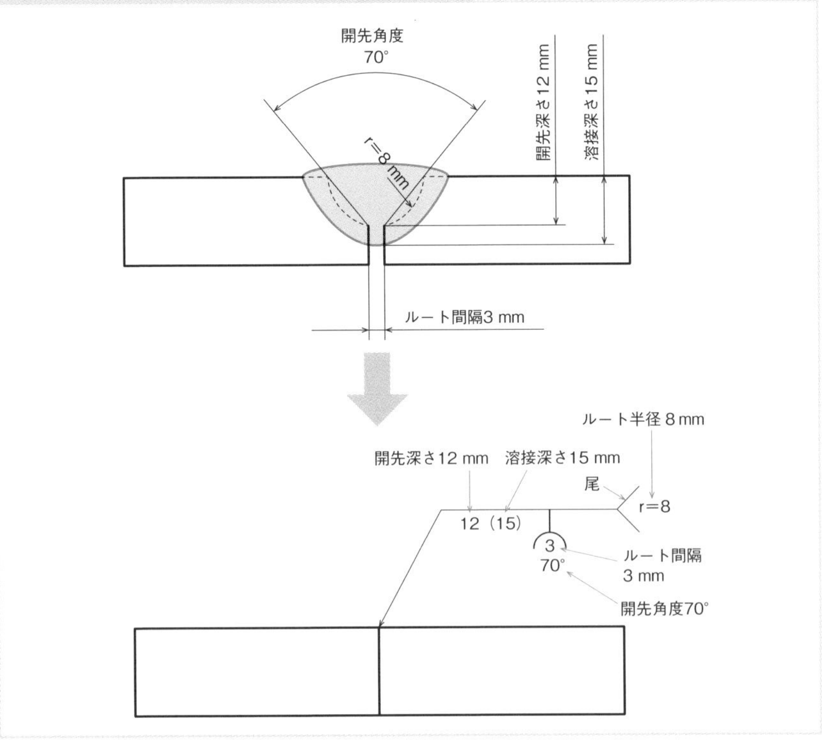

第11章

材料記号

1 材料について

● 図面に材料指示を行うことを前提に、材料概要と図面への材料記号の指示法を学びます。日頃の業務でよく使用される材料を中心に、材料記号と一般的な特性を知っておくとよいでしょう。

「図形」「寸法」「公差」「表面性状」を指示することで、その品物の製作が可能になりますが、その際、「材料」の指定が必要です。

材料には多くの種類があり、かつ種類によって性質が大きく変わることから、その品物に求められる要求（強度、硬さ、耐食性、加工性、コストなど）に応じて、設計時に丁寧に選定されます。

材料の性質を深く理解するためには、機械材料、材料工学などの専門知識が必要になります。材料の性質に関する知識をさらに深めるために、便覧や工業材料のテキストで学ぶことが有効です。

1. 材料の分類

主要な材料の分類を**図 11-1-1** に示します。材料は、「金属材料」と「非金属材料」と「特殊材料」に大別できます。さらに、金属材料は、「鉄鋼材料」と「非鉄金属材料」に分けられます。鉄以外の金属を非鉄金属と呼び、アルミニウム、銅、マグネシウム、鉛、亜鉛、ニッケル、チタンなど様々なものがあります。非金属材料は、「無機材料」と「高分子材料」に分けられます。無機材料の代表例は、ガラスやセラミックスです。高分子材料の代表例は、プラスチックです。

図 11-1-1　主な工業材料の分類

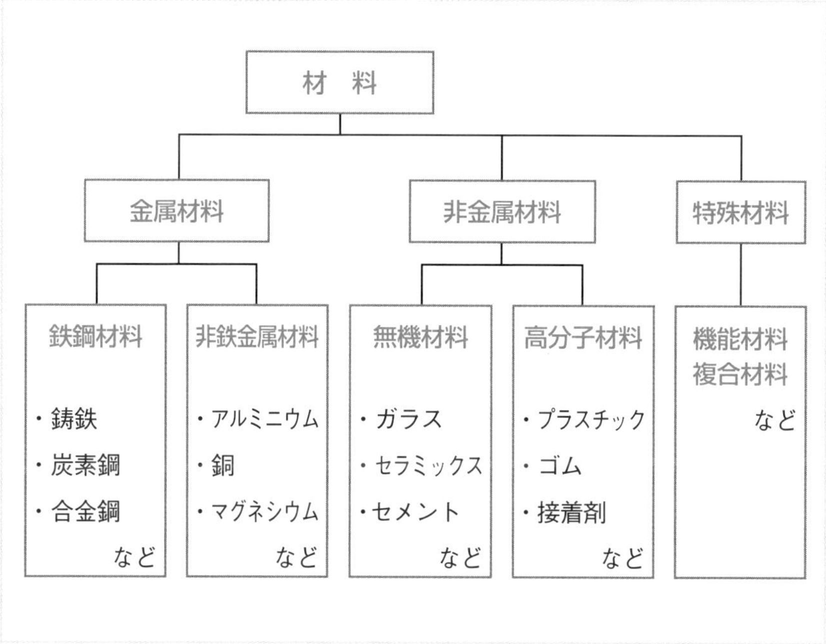

2. 身近な材料と材料選定

身近にあるもので、様々な材料を使っている機械として、自動車を例にとり、そこに使われている材料の例を**表 11-1-1** に示します。

例えば、エンジンのクランク軸、ボディの鋼板、ボルトなどの強度が要求される部分には、主に鉄鋼材料が用いられています。ピストン、シリンダブロック、シリンダヘッドなど、ある程度の強度に加えて、軽量化、優れた熱の移動特性（熱伝導率）、加工性などが要求される部分にはアルミニウム系の材料が用いられています。内装、カバー、高い強度が要求されない部分の構造部品には、軽量で成形性が高いプラスチック材料が用いられています。

このように、身の回りの製品には様々な材料が用いられています。材料の種類によって、強度、加工性、耐疲労特性、耐摩耗性、耐熱性、耐腐食性、コストなどが大きく異なります。そのため、製品を設計する際には、その部品に求められる要求を満足するよう、最適な材料が選定されます。

例えば、鉄鋼材料を使った軸を製作したいとします。その際、図面にはどのように材料を示したらよいでしょうか。炭素鋼で作るとしても、炭素鋼にも様々な種類があります。そのため、実際に製品の材料を示すときには、「鋳鉄」や「炭素鋼」と示すだけでもまだ足りません。詳しくは、後で説明しますが、材料記号を用いて「どのような炭素鋼なのか？」を指示します。

表 11-1-1　自動車に用いられる主な材料の例

分類１	分類２	分類３	製品名
金属材料	鉄鋼材料	炭素鋼	エンジンのクランク軸など
		鋼板	ボディの鋼板（高張力鋼板）など
		特殊鋼	歯車、クランク軸、カム軸、高張力ボルトなど
	非鉄金属材料	アルミニウム	ピストン、シリンダブロック、シリンダヘッドなど
		銅	ワイヤーハーネス、配管など
非金属材料	無機材料	ガラス	窓ガラスなど
		セラミックス	触媒の担体、点火プラグの絶縁ガイシなど
	高分子材料	プラスチック	バンパー、バッテリーケース、内装パネルなど
		ゴム	オイルシール、タイヤなど

第11章 材料記号

2 材料記号の分類

- 図面には、使用する材料を具体的に示す必要があります。
- JIS による材料記号の意味を知り、図面中に適切な指示をしましょう。

1. JIS 材料記号

材料の指示法にもルールがあります。ここでは、JIS に基づく材料記号を説明します。材料記号は JIS 規格で次のように定められています。

鉄鋼材料：JIS G XXXX　　非鉄金属材料：JIS H XXXX

2. 鉄鋼材料の記号

鉄鋼材料の材料記号は、基本的には 3 つの部分で構成されます。

①第 1 の部分：「材質」を表す
②第 2 の部分：「規格名、製品名、合金材料」などを表す
③第 3 の部分：「種類」を表す

【例】SS400、SUS304 など

3. 非鉄金属材料の記号

代表的な非鉄金属である、銅材料（伸銅品）とアルミニウム材料（アルミニウム展伸材）の記号は次のように示されます。

①伸銅品：伸銅品の材料記号 C（Copper）＋ 4 桁の数字で表す
②アルミニウム展伸材：アルミニウム展伸材の材料記号 A（Aluminium）＋ 4 桁の数字で表す

【例】C1100、A2017 など

Column

材料の強度と安全率

材料に加わる力がその材料の限界値に達すると材料が破壊します。**図Ⅱ**に示すように、断面積A、長さLの材料に引張荷重（引張力）Pを与えたとき、材料が耐えられる強度は材料の種類だけでなく、断面積や形状によって異なります。そのため、断面積が異なる材料間において加わっている負荷を比較するために、荷重Pを断面積Aで割り、単位面積当たりの荷重を用います。これを**応力σ**と言います。また、材料を引っ張るとわずかに伸びます。このときの伸び量を⊿L［mm］とすると、**ひずみε**は次のように定義されます。

$$\text{応力}\sigma\,[\text{N/mm}^2]=\frac{\text{荷重P}\,[\text{N}]}{\text{断面積A}\,[\text{mm}^2]}\qquad\text{ひずみ}\varepsilon=\frac{\text{伸び量}\varDelta\text{L}\,[\text{mm}]}{\text{全長L}\,[\text{mm}]}$$

材料が耐えられる最大の応力を、その材料の**極限強さ（設計基準強度）**σ_Sと呼びます。重量物を吊り下げる部材を設計する際、極限強さを基準にした場合、一切余裕が無い限界設計になります。つまり、材料が破壊して事故に至る可能性が高くなります。そのため、強度部材を設計する際に、極限強さσ_Sよりも低い応力を**許容応力σ**と決め、許容応力を基準に設計します。このとき、極限強さが許容応力の何倍あるかを**安全率S**と言います。

$$\text{安全率S}=\frac{\text{極限強さ}\,\sigma_S\,[\text{N/mm}^2]}{\text{許容応力}\,\sigma\,[\text{N/mm}^2]}$$

図Ⅱ　引張荷重

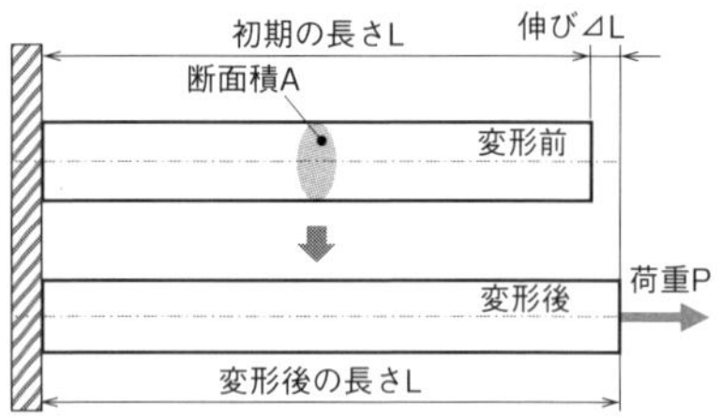

安全率が大きいほど強度に余裕を持った設計になりますが、安全率を大きくとりすぎると、大型化、重量化、高コスト化などのデメリットが生じます。そのため、**安全率S**は、材料の種類、用途、目的などに応じて設定されます。

3 鉄鋼材料の記号

- 鉄鋼材料は最も多く用いられる金属材料です。
- 鉄鋼材料は種類が多岐にわたります。代表的な鉄鋼材料の材料記号と大まかな性質を知っておきましょう。

1. 鉄鋼系材料

鉄鋼材料は、次のように大別されます。

純鉄　　　　：炭素含有量が 0.02%以下のもの
炭素鋼（鋼）：炭素含有量が 0.02 ～ 2.1%のもの
鋳鉄　　　　：炭素含有量が 2.1%以上のもの

純鉄は、電磁気的な性質に優れるため、電気機器の材料などに用いられます。一方で、機械的強度が低く軟らかいため、構造材料には適しません。

炭素鋼は、炭素を 0.02 ～ 2.1%程度含有した鉄です。適正な量の炭素を含有することで強度が増大します。また、熱処理によって様々な機械特性を生み出すことができます。

炭素含有量が 2.1%程度以上のものを鋳鉄と呼びます。融解した鉄を型に流し入れて固めて成形する鋳造に用いられます。鋳造品は、複雑な形状のものを安価に大量生産することが可能です。

強度特性に優れる炭素鋼と複雑な形状を安価に成形できる鋳鉄は、量産品の材料として広く用いられています。

鉄鋼系材料は、大きく分けると3つの部分で表されます。第1の部分では、以下の記号を用いて材質を表します。

＜鉄鋼系材料の第1の部分＞

F（Ferrum）➡「鉄」の意味

S（Steel）➡「鋼（炭素鋼）」の意味

このほかに、第2の部分と第3の部分で材料の種類、合金の材料、用途、種別などを付記して材料記号が構成されます。つまり、**表11-3-1**のような組み合わせになります。

表11-3-1　鉄鋼材料記号の構成

(1) 第1の部分 材質	(2) 第2の部分 製品名や規格名や合金名	(3) 第3の部分 種類
S（鋼：Steel） F（鉄：Ferrum）	S（一般構造用圧延材：Structural） M（溶接用：Marine） F（鍛造品：Forging） C（鋳造品：Casting） C（クロム：Chromium） C（炭素含有量） N（ニッケル：Nickel） US（ステンレス：Use Stainless） UP（ばね：Use Spring） K（工具） H（高速度）	最低引張強さ[N/mm^2] （例：400） 2、3、4などの種別

以下に代表的な鉄鋼材料の記号の例を示します。

(1) 一般構造用圧延鋼材(JIS G3101)

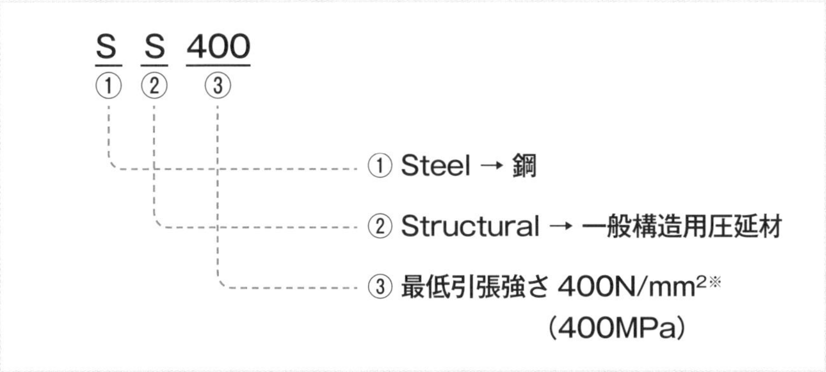

※ 1 m = 1,000 mm なので、400 N/mm^2 = 400 × 10^6 N/m^2 = 400 × 10^6 Pa = 400 MPa となり、N/mm^2 の単位は MPa(メガパスカル)とも書かれます。

SS400 とは、最低引張強さ 400 N/mm^2 の一般構造用圧延鋼材であることを意味します。

(2) ねずみ鋳鉄品(JIS G5501)

FC200 とは、最低引張強さ 200 N/mm^2 のねずみ鋳鉄品であることを意味します。

(3) 機械構造用合金鋼鋼材（JIS G4053）

SCM430 とは、合金鋼の一種で、クロムとモリブデンが含有したものです。第 3 の部分の数字は、最初の 4 は種別で、後の 30 は、炭素含有量%を 100 倍した数字が示されています。そのため、30 とは炭素含有量 0.30%程度であることを意味します。

(4) 炭素工具鋼鋼材（JIS G4401）

SK120 とは、工具に用いる炭素鋼である、工具鋼を指します。

（5）ステンレス鋼棒（JIS G4303）

SUS とは、Steel Use Stainless という意味で、ステンレス鋼を指します。303 は種別です。オーステナイト系、フェライト系、マルテンサイト系などの種類があります。耐腐食性に優れるため、医療、食品、化学、その他広く使用される金属材料の一つです。

（6）機械構造用炭素鋼鋼材（JIS G4051）

機械構造用炭素鋼鋼材の材料記号の表示配列は少し異なり、次のようになります。

第 1 の部分の記号は材質である Steel を表す S ですが、その後に炭素の含有量を表す 2 桁の数字（百分率で表した炭素含有量の数値を 100 倍したもの）と炭素の記号 C が付きます。つまり、S25C とは、炭素含有量 0.25% の機械構造用炭素鋼鋼材を意味します。

4 非鉄金属の材料記号

●身近な非鉄金属材料として、アルミニウム系および銅系の材料の記号について説明します。

非鉄金属は、その名の通り鉄以外の金属材料を指します。アルミニウム、銅、マグネシウム、チタンなど、様々なものがあります。ここでは、身近な非鉄金属材料として、アルミニウム系および銅系の材料の記号について説明します。

(1) アルミニウムおよびその合金（JIS H4000）

アルミニウムおよびその合金は、次のように表します。

①アルミニウム（Aluminium）を表す記号 A
② A の後に 4 桁の数字で種類を示す。

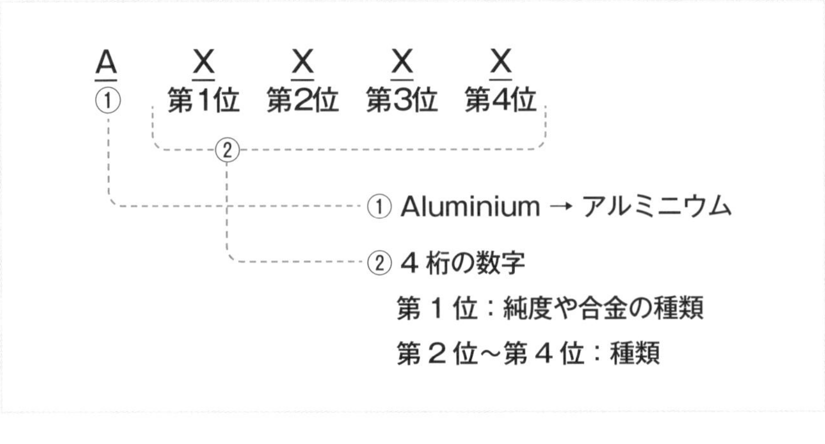

一例を次に示します。

4桁の数字のうちの第1位の数字は、アルミニウムの純度や合金の種類を示しています。例えば、A1000系は、純度99.0%以上の純アルミニウムです。A2000系は、Al-Cu-Mg系のアルミニウム合金を指します。下記のA2017は、ジュラルミンとも呼ばれ、鋼に匹敵する引張強さをもつ熱処理されたアルミニウム合金です。

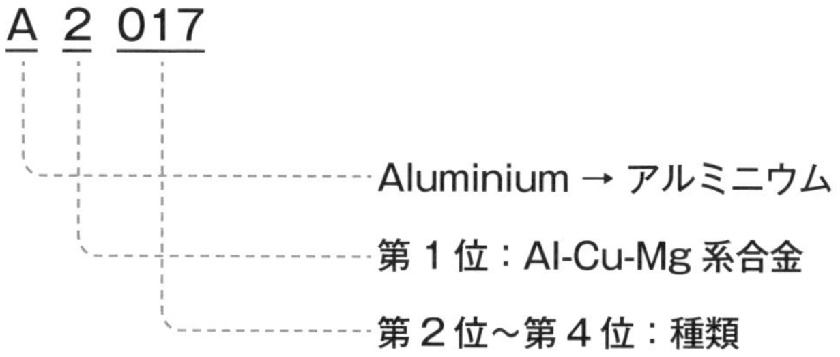

(2) 銅およびその合金（伸銅品）（JIS H3100）

銅およびその合金は伸延性が高く、伸ばしたり、広げたりするのが容易です。通常、板材、棒材、線材などに加工して供給されます。そのため、伸銅品とも呼ばれます。伸銅品は、アルミニウムと同様に、次のように表します。

①銅（Copper）を表す記号C
②Cの後に4桁の数字で種類を示す。

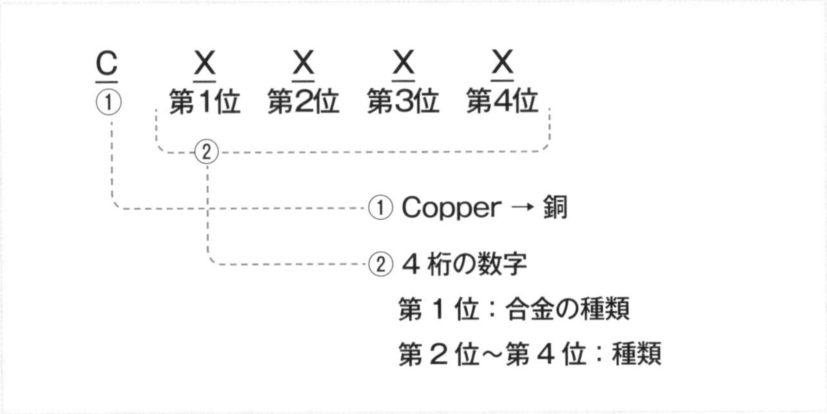

一例を次に示します。

4 桁の数字のうちの第 1 位の数字は、主要な添加元素で分けた合金系統を示しています。例えば、C2000 系は、銅に亜鉛 Zn を加えた合金で、黄銅または真鍮とも呼ばれ、広く使用されています。

図 11-4-1 に、ステンレス鋼、銅、アルミニウム合金の一例を写真で示します。

図 11-4-1　ステンレス鋼、銅、アルミニウム合金の外観

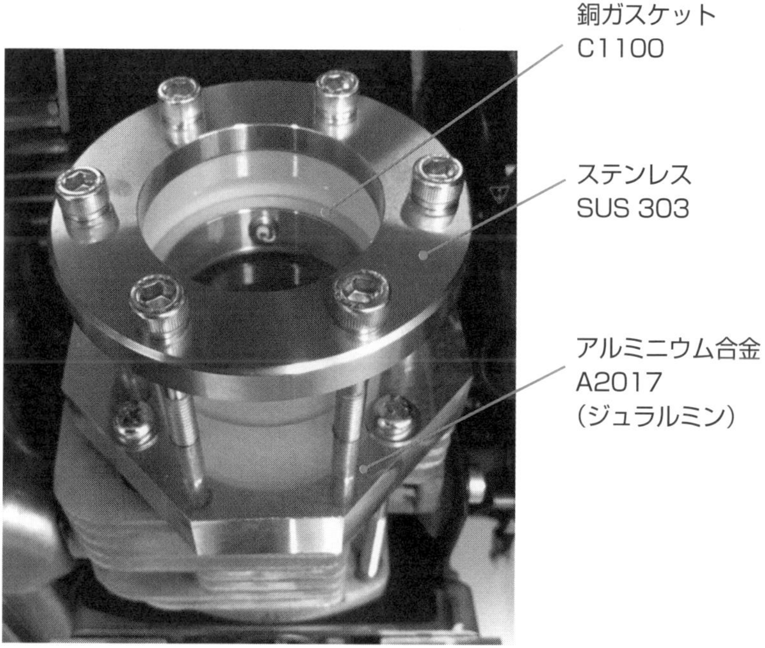

5 代表的な金属の材料記号

●代表的な金属の材料記号の例を示します。

(1) 鉄鋼材料

表 11-5-1 および**表 11-5-2** に主な鉄鋼材料記号の例を示します。

表 11-5-1 鉄鋼材料記号の例※

JIS番号	材料名	材料記号の例	説明	主な用途の例	備考
G3101	一般構造用圧延鋼材	SS330 SS400 SS490 SS540	【例】SS400の場合、引張強さ400 N/mm^2 以上	車両、船舶、建築物、一般機械部品、ねじ部品など	—
G3106	溶接構造用圧延鋼材	SM400 SM490 SM520 SM570	【例】SM400の場合、引張強さ400 N/mm^2 以上	同上	SSに対して溶接性を高めたもの
G4051	機械構造用炭素鋼鋼材	S10C S15C S20C S30C S45C S58C	数字は炭素含有量［%］を100倍した値 【例】S20Cは炭素含有量0.20%	ボルト、ナット、リベット、軸、ロッド、ピン、キー	炭素含有量が多いほど、引張強さが大きくなる

G5501	ねずみ鋳鉄品	FC100 FC150 FC200 FC250 FC300 FC350	【例】FC200の場合、引張強さ200 N/mm^2 以上	ケーシング、カバー、一般機械部品	—
G4053	機械構造用合金鋼鋼材	SNC415 SNC815	ニッケルクロム鋼	ボルト、ナット、軸類、歯車	—
		SCM430 SCM440	クロムモリブデン鋼	歯車、軸類、高力ボルト	—
G4401	炭素工具鋼鋼材	SK120	—	鉄鋼やすり、かみそり	—
G4404	合金工具鋼鋼材	SKS11	—	切削用バイト	—
G4403	高速度工具鋼鋼材	SKH40	高速切削による熱に耐えられる鋼材 ハイスピード工具鋼なので“ハイス”とも呼ばれ高温で軟化しにくい特性がある		
G3201	炭素鋼鍛鋼品	SF490A SF540A SF540B	【例】SF540の場合、引張強さ540 N/mm^2 以上	ボルト、ナット、軸、カム、歯車、キー	A、Bは熱処理の違い

※本表は材料の一例の抜粋のため、詳しくは対応するJIS規格等を参照してください

表 11-5-2　ステンレス鋼棒の材料記号の例※

JIS 番号	材料名	分類	材料記号の例	説明	磁性
G4303	ステンレス鋼棒	オーステナイト系	SUS303 SUS304	耐食効果があるクロムCrを鉄に添加することで、Crの酸化被膜が保護膜となり、大気中ではほとんど腐食しない	×無し
		フェライト系	SUS405 SUS430		○有り
		マルテンサイト系	SUS403 SUS410		○有り
		オーステナイト・フェライト系	SUS329J1	耐食性があって美観にも優れるため、医療器具、食品器具、化学器具、機械装置、一般用など広く用いられる	○有り
		析出硬化系	SUS630 SUS631		○有り

※本表は材料の一例の抜粋のため、詳しくは対応する JIS 規格等を参照してください

(2) アルミニウムおよび銅材料

非鉄金属材料の例として、**表 11-5-3** にアルミニウム材料の材料記号の例を、**表 11-5-4** に伸銅品の材料記号の例を示します。

ここで、伸銅品とは、銅や銅合金を加工して作った板、棒、管、条、線などの総称です。

表 11-5-3　アルミニウム・アルミニウム合金の材料記号の例※

JIS 番号	材料名	材料記号の例	分類	説明	用途
H4000	アルミニウム及びアルミニウム合金の板及び条	A1080 A1070	純アルミニウム	工業用アルミニウム 純度が高いが強度が低い	日用品、導電材、容器など
		A2014 A2017 A2024	Al-Cu系合金、Al-Cu-Mg 系合金	熱処理合金であり、強度が高く切削加工性も良い A2017 はジュラルミン、A2024 は超ジュラルミン	航空機用材、各種構造材
		A3003 A3004	Al-Mn 系合金	Mn を添加することで 1000 系（純アルミニウム）より強い	飲料缶、建築用材など
		A5005 A5052	Al-Mg 系合金	耐食性が高く、加工、溶接もしやすい	建築用材、車両内外装材
		A6061 A6063	Al-Mg-Si-(Cu) 系合金	熱処理合金であり強度が高く、A6061 は Cu を添加してさらに強度が高い	構造用材、クレーン
		A7075	Al-Zn-Mg-(Cu) 系合金	アルミニウム合金の中で最も強度が高く、A7075 は超々ジュラルミンとも呼ばれる	航空機用材、強度部材、スポーツ用品

※本表は材料の一例の抜粋のため、詳しくは対応する JIS 規格等を参照してください

表 11-5-4　銅及び銅合金の材料記号の例※

JIS番号	材料名	材料記号の例	名称	説明	用途
H3100	銅及び銅合金の板及び条	C1020	無酸素銅	電気・熱の伝導性が高く、加工性も良い	電気、化学工業用
		C1100	タフピッチ銅	上記 C1020 の特性に加えて、耐候性が良い	電気、ガスケット、一般器物
		C1201 他	リン脱酸銅	上記に比べてさらに電気伝導性が高い	化学工業用、ガスケット
		C2100 他	丹銅	美しい光沢をもち、加工性が高い	建築用材、装身具など
		C2600 他	黄銅	加工性、めっき性が良い	深絞り用、端子など
		C3710 他	快削黄銅	特に被削性に優れ、打抜き性も高い	歯車、時計部品など
		C4250 他	すず入り黄銅	耐摩耗性、ばね性が良い	ばね、スイッチ、リレーなど
		C6161 他	アルミニウム青銅	高強度、耐海水性、耐摩耗性	機械部品、船舶部品など
		C7060 他	白銅	耐食性、耐海水性、耐熱性	熱交換器など

※本表は材料の一例の抜粋のため、詳しくは対応する JIS 規格等を参照してください

6 材料記号の表示

●通常、材料記号は表題欄に設けた部品欄の中に記入されます。

通常、材料記号は表題欄に設けた部品欄の中に記入されます。**図 11-6-1**に示すように、普通は表題欄を図面の右下の隅などに設けます。部品欄には、「品番」「品名」「材質」「個数」「1 個当たりの質量」「備考」などが記入されます。このとき、材質は材料記号を用いて指示されます。

例えば、日常生活では、鉄系の材料でできた品物を「鉄でできている」と呼ぶことが多いです。しかし、鉄にもいろいろな種類があり、強度、加工性、耐腐食性などが大きく異なります。**図 11-6-1** に示されている材料記号はすべて「鉄系」の材料ですが、すべて記号が異なっています。つまり、同じ鉄系の材料ですが、「5 代表的な金属の材料記号」で示したように、目的に応じて種類が異なります。

図 11-6-1　表題欄・部品欄の例

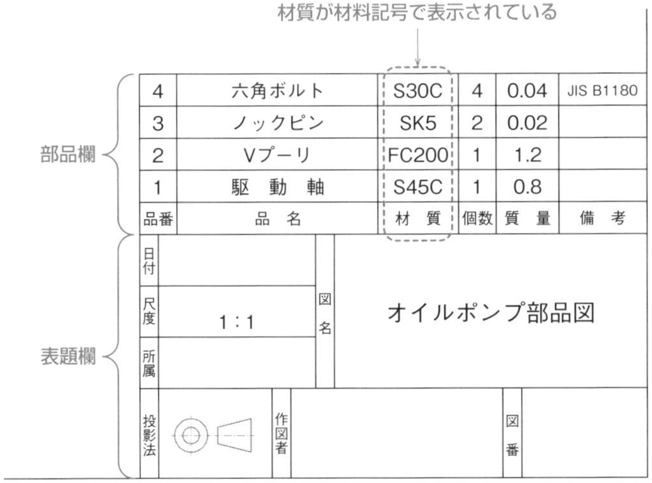

7 樹脂材料

●樹脂（プラスチック）材料は、軽量、加工性が良い、熱や電気を通しにくい、透明にすることや着色することが可能など、金属材料にはない特性を持っているため、金属材料と併せて広く用いられています。

主要な樹脂（プラスチック）材料の一覧と記号を**表 11-7-1** に示します。樹脂材料は、基本的に材料の略称を表す頭文字で表されます。

(1) 熱可塑性樹脂

加熱すると軟らかくなり、可塑性が増す樹脂を熱可塑性樹脂と呼びます。固体の状態から加熱すると軟化し、やがて液体になります。

(2) 熱硬化性樹脂

熱硬化性樹脂は、加熱すると一旦は流動性の状態になりますが、その後に化学反応を起こして硬化します。耐熱性が要求される部位への使用が適する樹脂です。

(3) エンジニアリングプラスチック

熱可塑性樹脂は、汎用樹脂とエンジニアリングプラスチックに大別できます。エンジニアリングプラスチックは、機械の構造体、機能部品として金属の代わりに使用できるような高性能の樹脂材料を指します。汎用樹脂に比べて高強度、高剛性、耐摩耗性、耐熱性、耐薬品性などに優れます。

表 11-7-1　代表的な樹脂材料

分類		略称	樹脂名	特徴
熱可塑性樹脂	汎用樹脂	PE	ポリエチレン	耐薬品性、絶縁性
		PP	ポリプロピレン	曲げに強い、耐熱性、耐溶剤性
		PVC	ポリ塩化ビニル	燃えにくい、耐薬品性、耐候性、絶縁性
		PS	ポリスチレン	絶縁性、キズが付きやすい
		ABS	ABS 樹脂	耐衝撃性、酸やアルカリに強い
		PMMA	メタクリル（アクリル樹脂）	無色透明、耐候性
	エンジニアリングプラスチック	PET	ポリエチレンテレフタレート	加工性、高い透明性
		PA	ポリアミド（ナイロン）	耐衝撃性、耐摩耗性、耐薬品性
		PC	ポリカーボネート	耐薬品性、耐衝撃性、アルカリに弱い
		POM	ポリアセタール	粘り強い、耐摩耗性、耐油性
		PTFE	四フッ化エチレン樹脂（テフロン）	耐薬品性、耐熱性、耐候性
		PPE	ポリフェニレンエーテル	耐薬品性、耐熱性、絶縁性
熱硬化性樹脂		PF	フェノール樹脂 / ベークライト	耐熱性、絶縁性、耐酸性、強度
		MF	メラミン樹脂	耐水性、耐衝撃性
		EP	エポキシ樹脂	耐熱性、耐摩耗性、耐薬品性
		PUR	ポリウレタン	耐摩耗性、耐溶剤性

第11章 材料記号

8 めっき処理

- めっきとは、金属などの表面に薄い金属の膜でコーティングすることを指します。
- 表面の防錆、耐摩耗性向上、電気特性の付与、熱特性の付与、装飾などのために用いられます。

金属や樹脂の表面に薄い金属膜でコーティングすることをめっきといい、表面の防錆、耐摩耗性向上、装飾などのためにめっき処理を施すことがあります。一般的に用いられるめっき法として、電気めっきの表示記号を**図 11-8-1** に示します。

図 11-8-1 電気めっきの表示記号（JIS H 0404：1988）

① めっきを表す記号	-	② 素地の種類を表す記号	/	③ めっきの種類を表す記号	④ めっきの厚さを表す記号	⑤ めっきのタイプを表す記号	/	⑥ 後処理を表す記号	:	⑦ 使用環境を表す記号
電気めっき Ep		鉄鋼 Fe		ニッケル Ni	0.1	光沢 b		光沢クロメート CM1		腐食性の強い屋外 A
無電解めっき ELp		銅・銅合金 Cu		クロム Cr	5	半光沢 s		有色クロメート CM2		通常の屋外 B
		亜鉛・亜鉛合金 Zn		銅 Cu	10	無光沢 m				湿気の高い屋内 C
		アルミニウム・アルミニウム合金 Al		亜鉛 Zn	20	二層 d				通常の屋内 D
		マグネシウム・マグネシウム合金 Mg		金 Au		三層 t				
		プラスチック PL		銀 Ag						
		セラミックス CE		錫 Sn						
				工業用クロム ICr						

めっきの最小厚さをμm単位で示す

【例】Ep-Fe/Ni10b/CM1:A

Ep ① - Fe ② / Ni ③ 10 ④ b ⑤ / CM1 ⑥ : A ⑦

第12章

機械要素図面の描き方と演習

第12章 機械要素図面の描き方と演習

1 ねじの製図

- ボルト、ナット、小ねじ、座金などのねじ部品は、多くの機械や器具に欠かせない要素部品です。
- ねじを製図する際、ねじ山の形状を忠実に描くことはせず、簡略画法で描きます。
- ねじの簡略画法と、ねじの寸法記入法を理解し、図面中に正しくねじを指示するようにしましょう。

1. ねじとは

ねじは日常生活でもよく目にする機械要素です。**図 12-1-1** に示すように、円柱の外側あるいは円筒の内側にらせん状の溝（ねじ山）を設けたものをねじと呼びます。

図 12-1-1 ねじの外観

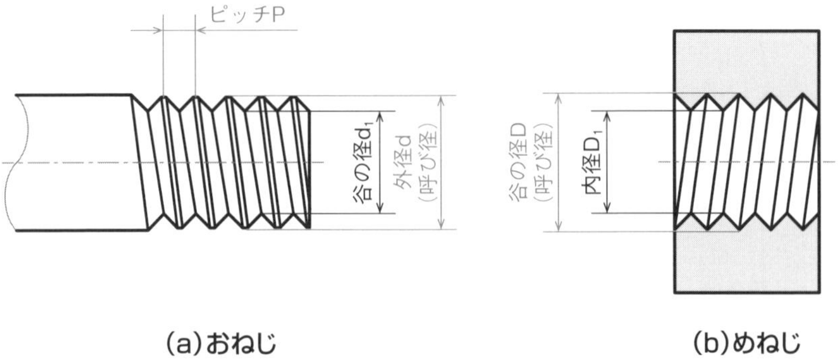

(a)おねじ　(b)めねじ

おねじ：円柱の外側にねじ山を設けたもの 図 12-1-1(a)
めねじ：円筒の内側にねじ山を設けたもの 図 12-1-1(b)

図 12-1-1 に示すように、互いに組み合わされるおねじとめねじをねじ対偶と呼びます。このとき、おねじの外側部分の径である**外径 d** は、ねじを切る前の円柱の直径と等しくなり、これが最大径です。これをおねじの**呼び径**と言います。おねじのねじ山を切った際に生じる谷の部分の径を**谷の径 d_1** と言います。

一方、めねじを切るときには、初めに**図 12-1-1 (b)** の**内径 D_1** の穴を開けます。この穴を下穴と言い、下穴の直径は、**おねじの谷の径とほぼ同じ**になります（全く同じにすると、おねじとめねじのねじ山同士が干渉して滑らかにねじ同士が締め付けられないため、若干のすきまを作ります)。下穴に対して、ねじ山を切って谷を広げますが、谷の部分であるめねじの**谷の径 D** は、おねじの**外径 d** とほぼ同じになります。

ねじ山の間隔を**ピッチ P** と呼びます。通常のねじは、1 回転（360°）させると 1 ピッチ分ねじが進みます。ここで言う通常のねじとは、ねじのらせんが 1 本（1 条）のねじを指します。このようなねじを**一条ねじ**と言います。ねじのらせんが 2 本、3 本のように多条になっているものをそれぞれ二条ねじ、三条ねじ、多条ねじと呼びます。例えば、**二条ねじはねじを 1 回転させると 2 ピッチ分進みます。**

ねじを 1 回転させたときに進む距離を**リード L** と呼びます。つまり、一条ねじは 1 回転で 1 ピッチ、二条ねじは 1 回転で 2 × P ＝ 2 ピッチ進みます。したがって、n 条のねじでは次のようになります。

リードL　＝　ピッチP　×　ねじの条数 n

以上をまとめると、次のことが言えます。

おねじの外径 d　＝　めねじの谷の径 D　⇒　呼び径 と言う

おねじの谷の径 d_1　＝　めねじの内径 D_1

ピッチ P　＝　ねじ山の間隔

リード※ L　＝　ピッチ P　×　ねじの条数 n

※リード：ねじ 1 回転で軸方向に進む距離

2. ねじの図示法

図面上にねじを描き表す際、ねじのらせんを描くには労力がかかります。また、ねじの形状は規格で定められているため、らせん形状をわざわざ描くことに意味はありません。そのため、ねじは略画で示されます。図面を描く際には、ねじの略画を正しく描くことが必要になります。

図面におけるねじの表示法を**図 12-1-2** に示します。ねじを図示する際、ねじ山部分は太い線と細い線で表します。おねじの場合、外径（呼び径）部分を太い線で、谷の径部分は細い線で描きます。おねじの側面図を描く場合も同様に、呼び径部分を太い線、谷の径部分を細い線で描きます。さらに、谷の部分は 360° の完全な円を描かず、図に示すように、右上側が約 3/4 切れた円で示します。このように示すことで、「二重円の形状ではなくねじであること」を明示します。おねじを側面から見た場合、見えるのは外径（呼び径）部分の線です。ねじの溝部分は、外径にかくれてほとんど見えません。そのため、実際に見える外径を太い線で表し、実際には見えない谷の部分を途中が切れた細い線で表し、ねじであることを示しています。

めねじの場合も同様で、側面から見えるのは、小さいほうの内径の円です。ねじの溝は、かくれてしまいほとんど見えません。よって、めねじの場合はおねじと逆になり、内径を太い線、谷の径（呼び径）を細い線で表します。

なお、旧 JIS では、**図 12-1-3** に示すようにねじの側面部分を、二重円で示していました。実務の現場では、このような図示法も残っていますので、覚えておくとよいでしょう。

図 12-1-2　ねじの図示法

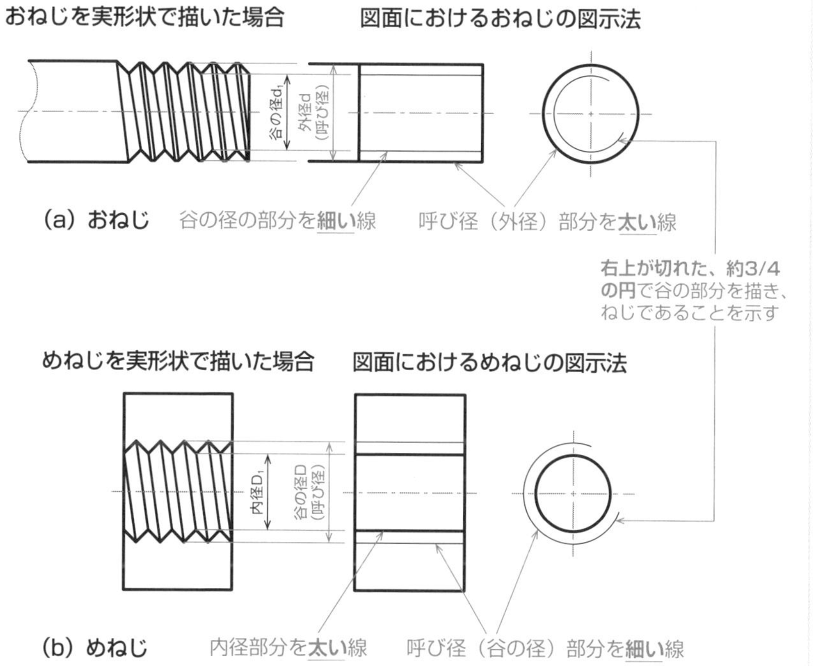

【参考】おねじの谷の径d_1およびめねじの内径D_1は、各種ねじの規格で決まっている（メートル並目ねじの場合、後述の表12-1-3を参照）。しかし、実際の作図においてd_1およびD_1は、呼び径の0.8倍で描けば問題ない。
（例）呼び径20 mmの場合、20×0.8＝16 mmで描けばよい。

図 12-1-3　旧 JIS におけるねじの図示

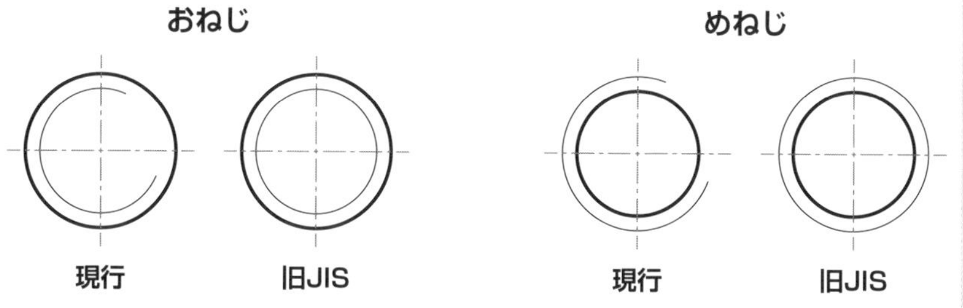

3. 不完全ねじ部

図 12-1-4 (a) に示すように、ねじのらせん終わり部分には、不完全なねじ山の部分が残ります。これを不完全ねじ部と言います。ねじを図示する際には、**図 12-1-4 (b)** のように斜めの線を引いて不完全ねじ部を表します。ただし、特に必要でなければ、**図 12-1-4 (c)** に示すように不完全ねじ部は省略します。

実務の現場では、不完全ねじ部を示した図面と示していない図面の両方が用いられています。

図 12-1-4　不完全ねじ部の表示

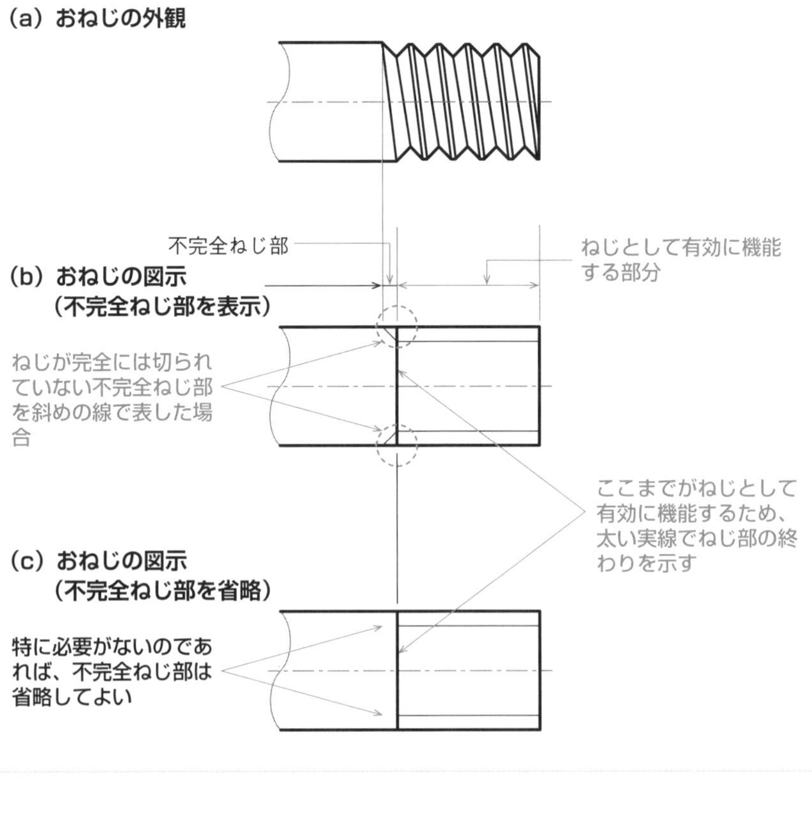

4. ねじの種類

ねじ山の形状にはいろいろなものがありますが、それらを図示するときには**図 12-1-2** で示したように、太い線と細い線で描いた略画を用います。そのため、図を見ただけでは、ねじの種類やサイズは分かりませんので、記号や数字を用いてねじの寸法を表示します。

表 12-1-1 に、代表的なねじの種類と記号を示します。

表 12-1-1　ねじの種類を表す記号およびねじの表し方の例

区分	ねじの種類		ねじの種類を表す記号	表し方の例	関連 JIS
ピッチを mm で表すねじ	一般用メートルねじ	並目	M	M12	JIS B 0209-1
		細目		M12 × 1.25	JIS B 0209-1
	メートル台形ねじ		Tr	Tr20 × 4	JIS B 0216
	ミニチュアねじ		S	S0.5	JIS B 0201
ピッチを山数で表すねじ	管用テーパねじ	テーパおねじ	R	R¾	JIS B 0203
		テーパめねじ	Rc	Rc¾	
		平行めねじ	Rp	Rp¾	
	管用平行ねじ		G	G½	JIS B 0202
	ユニファイ並目ねじ		UNC	3/8-16 UNC	JIS B 0206
	ユニファイ細目ねじ		UNF	1/2-20 UNF	JIS B 0208

メートルねじ、メートル台形ねじなどは、ピッチをmmで表します。つまり、**図12-1-1 (a)** で示したピッチPが何mmなのかを示します。

一方で、管用（くだよう）ねじ、ユニファイねじは、ピッチを1インチ（25.4 mm）当たりの山数で表します。

表の中で、メートル台形ねじ以外はねじ山の断面が**三角形**であり、主に**物体を締め付けて固定する用途**に用いられます。このようなねじは、**三角ねじ**とも呼ばれます。三角ねじの例として、**メートル並目ねじ**のねじ部の拡大写真を**図12-1-5**に示します。

図12-1-5　三角ねじのねじ山写真（メートル並目ねじ）

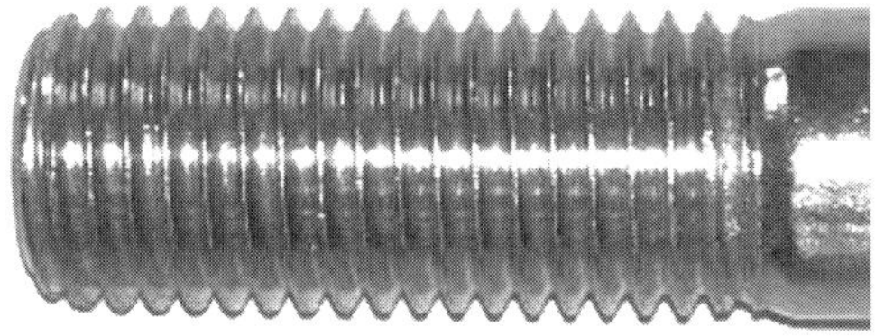

台形ねじは、**図12-1-6**に示すように、ねじ山が**台形**になっているものです。台形ねじは、**動力や運動の伝達**や、**移動用**に用いられます。例えば、ステージを移動させるのに用いたり、ものを持ち上げるジャッキなどに用いたりします。台形ねじ以外にも、ねじ山の形状に応じて**角ねじ**、**丸ねじ**、**ボールねじ**などがあります。

図12-1-6　台形ねじのねじ山写真（メートル台形ねじ）

ねじは、その寸法許容差の大小によって、いくつかの等級に分かれています。推奨されるねじの等級を**表 12-1-2** に示します。ねじの等級を示す必要がある場合、ねじの呼びの後にハイフン（−）を挟んでねじの等級（例：6f）を指示します。ねじの等級の表示は必要なければ省略することも可能です。

表 12-1-2　ねじの等級の推奨値

ねじの種類		ねじの等級（左側ほど精度が高い）
メートルねじ※	おねじ	4h、6g、6f、6e
	めねじ	5H、6H、7H、6G
ユニファイねじ	おねじ	3A、2A、1A
	めねじ	3B、2B、1B
管用平行ねじ		A、b

※メートルねじの等級は、公差域クラスを指している

5. ねじの寸法記号

最もよく用いられるねじは、メートルねじです。ここでは、メートルねじを例に、ねじの寸法の示し方を説明します。

表 12-1-1 に示したように、メートルねじの記号は M です。また、ピッチには並目と細目の 2 種類があります。メートル並目ねじと細目ねじの、呼び径に対するピッチ（抜粋）を**表 12-1-3** に示します。

表に示す通り、並目ねじは、**呼び径に対してピッチは 1 つしかありません。**それに対して、細目ねじは、並目ねじよりもピッチが小さく（ねじ山が細かい）、同じ呼び径でもピッチがいくつかあります。そのため、これらのねじの寸法は次のように表します。

表 12-1-3　一般用メートル並目ねじと細目ねじの基準寸法（JIS B 0205-1 ～ 4 からの抜粋）

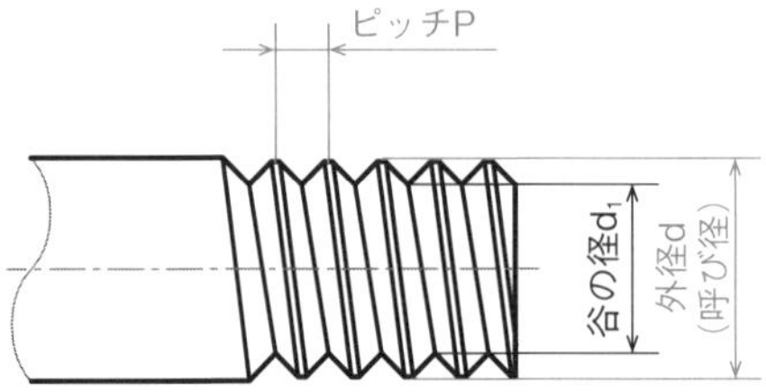

(a) おねじ

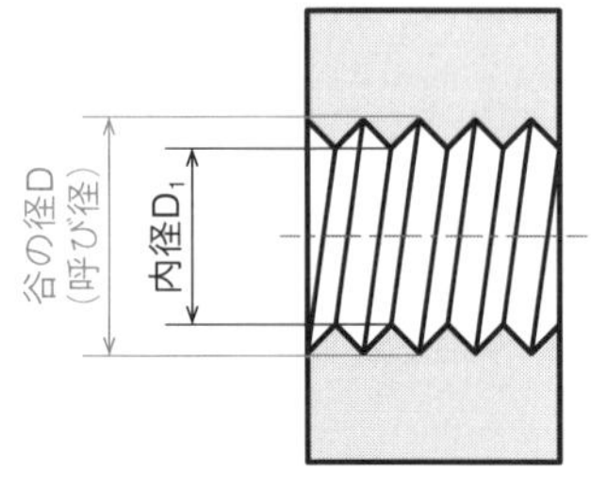

(b) めねじ

ねじの呼び	ピッチ P		めねじ	
			谷の径 D	内径※ D_1
			おねじ	
	並目	細目	外径 d	谷の径※ d_1
M6	1.0	0.75	6.000	4.917
M10	1.5	1.25、1.0、0.75	10.000	8.376
M12	1.75	1.5、1.25、1.0	12.000	10.106
M16	2.0	1.5、1.0	16.000	13.835
M20	2.5	2.0、1.5、1.0	20.000	17.294
M36	4.0	3.0、2.0、1.5	36.000	31.670

※（注意）めねじの内径、おねじの谷の径は、並目ねじの場合の数値である。
細目ねじの場合には、これらの数値は変わる。（詳しくは JIS B 0205 等を参照）

〈メートル並目ねじの場合〉

メートル並目ねじは、ピッチが1つしかないため、指示するときにピッチを表示しません。

呼び径 12 mm のメートル並目ねじの場合　➡　M12

〈メートル細目ねじの場合〉

メートル細目ねじは、並目ねじとピッチが異なることに加え、複数のピッチがあります。そのため、ねじの呼びを示した後にピッチを示します。

呼び径 12 mm、ピッチ 1.25 のメートル細目ねじの場合
➡　M12 × 1.25

つまり、メートルねじは呼び径の後にピッチが示されている場合は、「細目ねじである」ことが分かります。

そのほか必要に応じて、ねじの等級、ねじ山の巻き方向を記します。ねじの巻き方向については、通常のねじは右ねじなので、右ねじであれば記しません。左ねじである場合、次のようにLH（Left Handの略）を付記して左ねじであることを明示します。

呼び径 12 mm、左ねじのメートル並目ねじの場合　➡　M12 − LH
呼び径 12 mm、ピッチ 1.25 の左ねじのメートル細目ねじの場合
➡　M12 × 1.25 − LH

表 12-1-2 に示したように、ねじの等級を指示したいときには、次のように記します。

【例1】呼び径12のメートル並目ねじのおねじ、ねじの等級4h、右ねじ
➡　M12 − 4h

【例2】呼び径10、ピッチ1.25のメートル細目ねじのめねじ、ねじの等級5H、左ねじ　➡　M10 × 1.25 − 5H − LH

6. ねじ寸法の指示法

ここでは、具体的なねじ部への寸法記入法を学びます。

(1) おねじの寸法記入

ボルトなどの、おねじ部分に寸法を記入する際は、**図 12-1-7** のように示します。軸の直径を入れるのと同じように寸法線で記入します。

図 12-1-7　おねじの寸法記入法

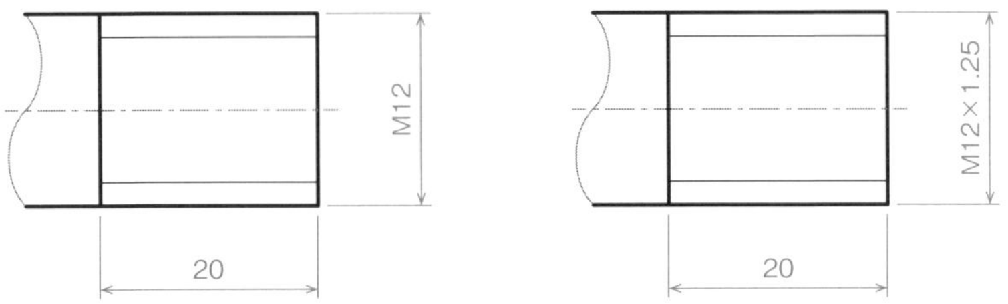

(a) 呼び径12のメートル並目ねじのおねじ、ねじ長さ20

(b) 呼び径12、ピッチ1.25のメートル細目ねじのおねじ、ねじ長さ20

(2) めねじの寸法記入

めねじ部分に寸法を記入する方法を**図 12-1-8** に示します。最も基本的な寸法記入法は、**図 12-1-8 (a)** に示すように、通常の寸法記入と同じように寸法引出線と寸法線を用いて指示するものです。図の例では、M12 のメートル並目ねじを深さ 20 mm まで切ることを意味しています。めねじを切るためには、めねじの内径の下穴を開ける必要があります。図の例では、直径 10.1 mm の下穴を深さ 24 mm まで開けることを示しています。下穴を開けた後、深さ 20 mm まで、ねじ穴を開けます。

小さいねじになるほど、寸法を記入するスペースが不足してきます。そのような場合、**図 12-1-8 (b)** や**図 12-1-8 (c)** に示すように、「呼び径、ねじ部の長さ、下穴の直径、下穴の深さ」を一括で指示する方法もあります。

図 12-1-8　めねじの寸法記入法

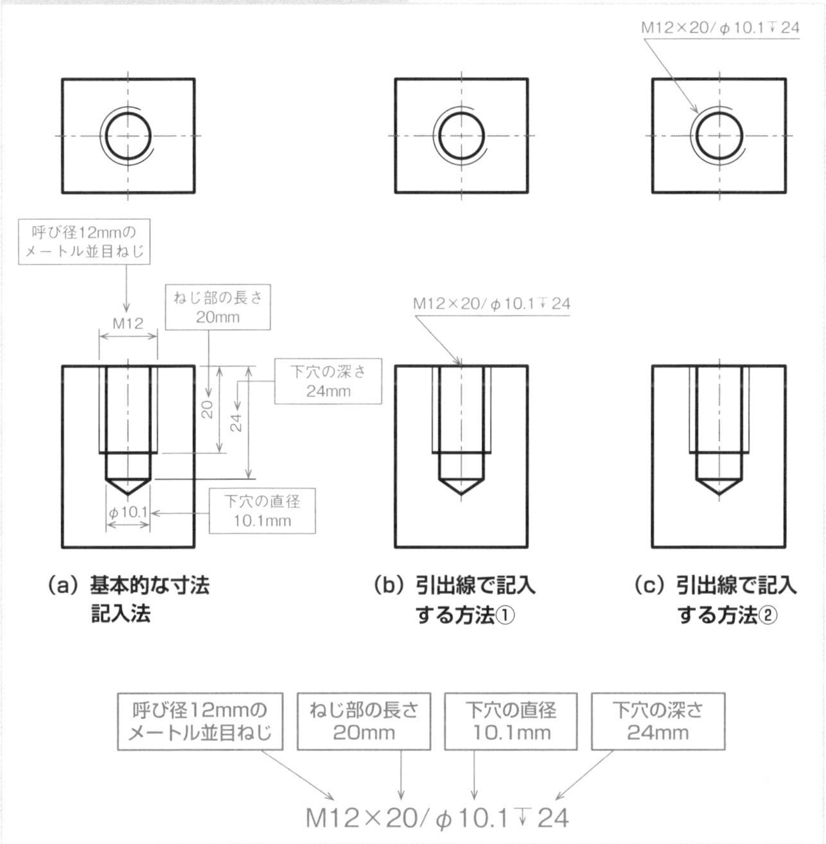

(a) 基本的な寸法記入法　**(b) 引出線で記入する方法①**　**(c) 引出線で記入する方法②**

(3) おねじとめねじが結合した状態の描き方

図 12-1-9 に示すように、おねじとめねじが組み立てられた状態を描く際には、おねじがめねじをかくす状態で描きます。つまり、めねじの上からおねじが重なって、めねじをかくしたように描きます。

図 12-1-9　おねじとめねじを組み立てた状態の図

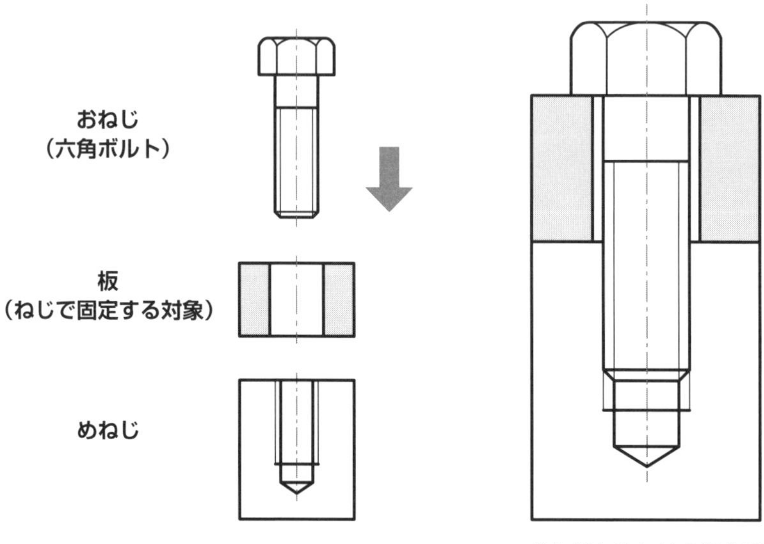

7. ねじを簡略的に図示する方法

ねじ部品は、基本的に規格で定められたものを用いることになります。つまり、特殊なもので専用に製作しなければならないねじ部品を除けば、既製品を購入して使うことになります。そのため、ねじの形状を簡略図で示しても差し支えない場合が多いです。例えば、「ボルトやナットの頭部分の面取り」「ねじ先端の形状」「すりわりなどの溝の形状」「不完全ねじ部」などを忠実に描かずに、簡略図で描くことが可能です。

表 12-1-4 に、ボルト、ナット、小ねじの簡略図示法を示します。

表 12-1-4　ボルト・ナット・小ねじの簡略図示法（JIS B 0002-3）

No.	名称	簡略図示	No.	名称	簡略図示
1	六角ボルト	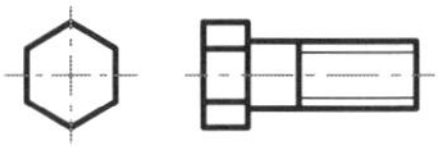	9	十字穴付き皿小ねじ	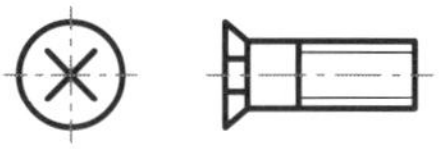
2	四角ボルト	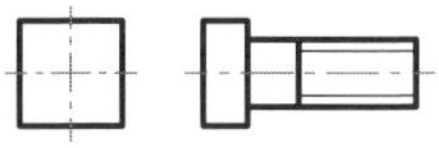	10	すりわり付き止めねじ	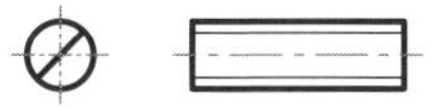
3	六角穴付きボルト	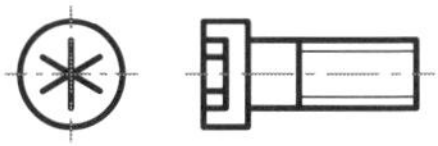	11	すりわり付き木ねじ及びタッピンねじ	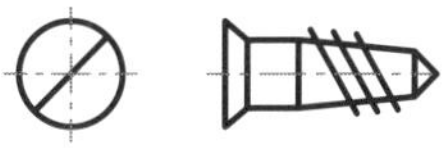
4	すりわり付き平小ねじ(なべ頭形状)	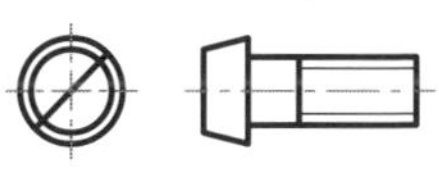	12	ちょうボルト	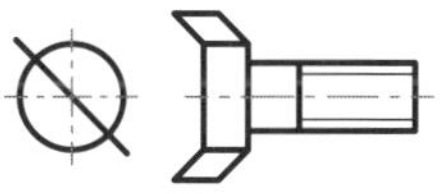
5	十字穴付き平小ねじ	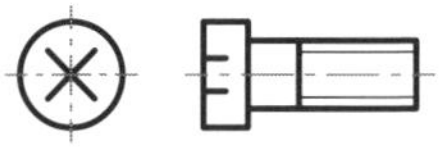	13	六角ナット	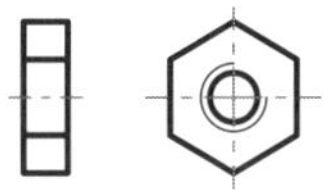
6	すりわり付き丸皿小ねじ	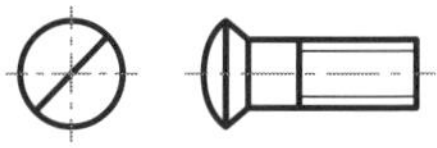	14	溝付き六角ナット	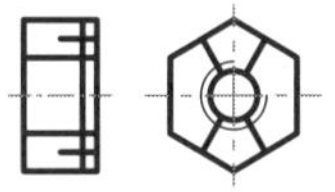
7	十字穴付き丸皿小ねじ	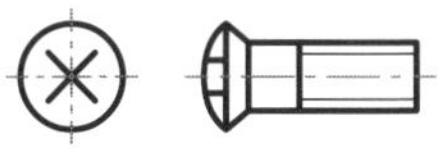	15	四角ナット	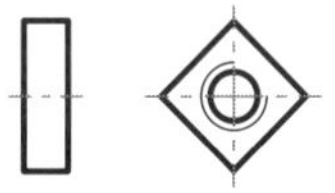
8	すりわり付き皿小ねじ	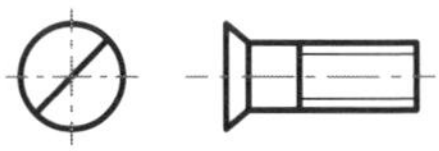	16	ちょうナット	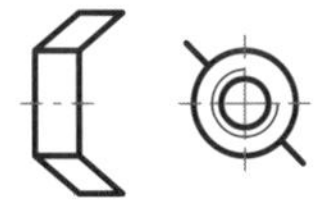

小さな穴やねじを描くのは難しいです。また、同じ形状の穴やねじがいくつも並んでいる場合も、それらの形状をすべて描くのは非効率です。そのため、図面上の直径が6 mm以下の小さな穴やねじを描く場合や、規則的に同一形状の穴やねじが並ぶ場合には、**図 12-1-10** に示すように穴やねじを描かずに、**穴やねじがある部分に中心線のみを示し、その中心線の交点から引出線と参照線を用いて寸法を示します。**

図 12-1-10　小さなねじなどを指示する際の簡略化

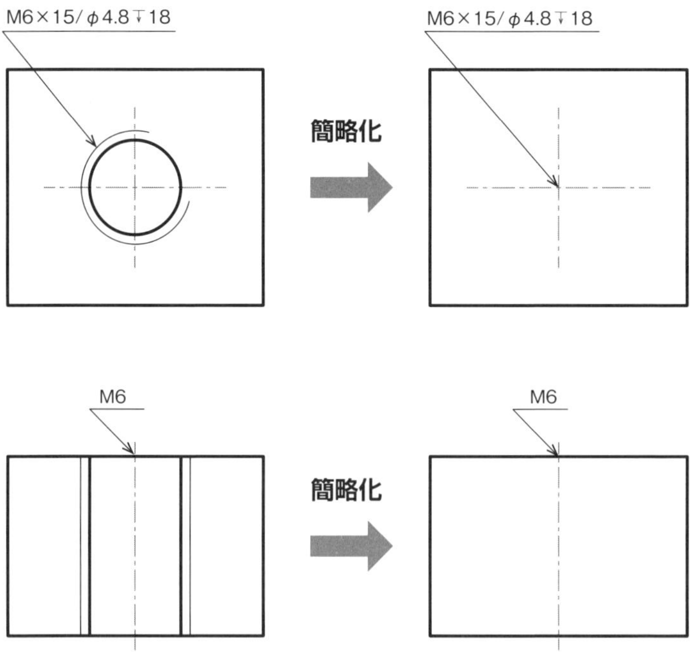

2 ばねの製図

- ばねを描く際も、簡略図で描きます。
- ばねの種類、コイルばねの簡略図示法について説明し、また、要目表の例を示します。

1. ばねの種類

ばねには、コイルばね、渦巻きばね、重ね板ばね、竹の子ばねなど、様々な種類があります。

特に広く用いられるコイルばねについて、JIS B 0004 ばね製図に基づく簡略画法を説明します。コイルばねは、使用目的に応じて外径、線径、巻き数、材質などを比較的自由に決めて用います。これらの緒元は要目表（後述します）にまとめて記載し、図形は略画法で描きます。

2. コイルばねの簡略図示法

圧縮コイルばねの図示例を**図 12-2-1** に示します。

図 12-2-1 (a) は、圧縮コイルばねを省略せずに断面で描いたものです。

図 12-2-1 (b) は、圧縮コイルばねの外観の一部を、省略した形で描いたものです。

図 12-2-1 (c) は、**図 12-2-1 (a)** の一部を省略して描いたものです。

そして、**図 12-2-1 (d)** は、簡略図で描いたものです。

図 12-2-1　圧縮コイルばねの図示法（JIS B 0004）

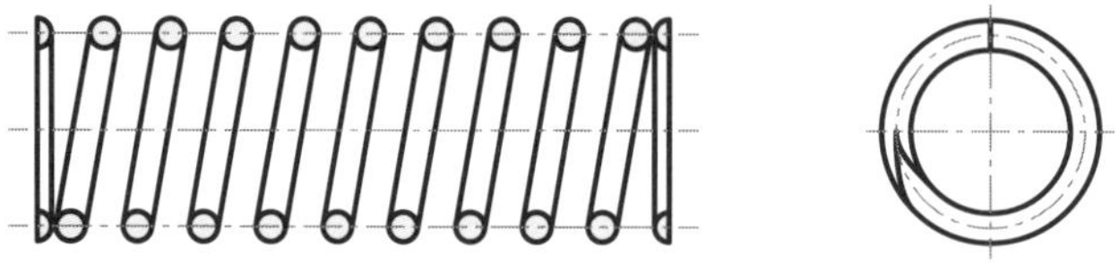

(a) 圧縮コイルばねの断面図

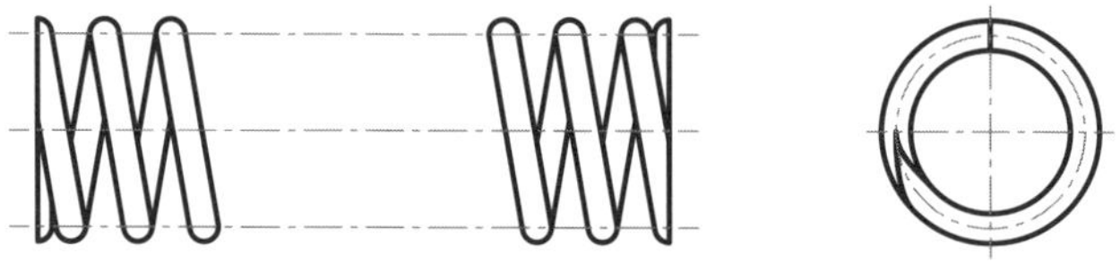

(b) 一部を省略した圧縮コイルばね

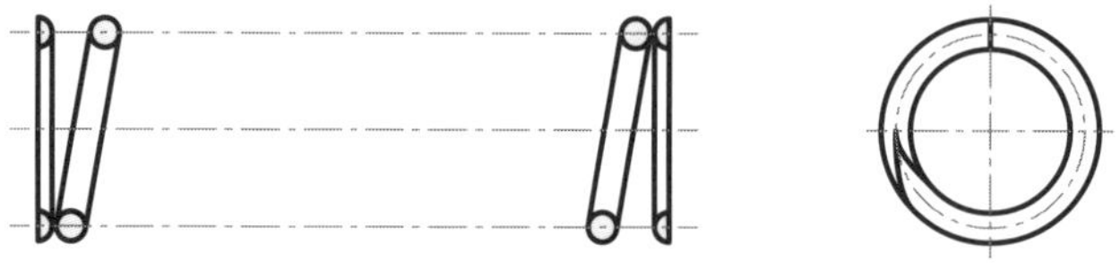

(c) 一部を省略した圧縮コイルばねの断面図

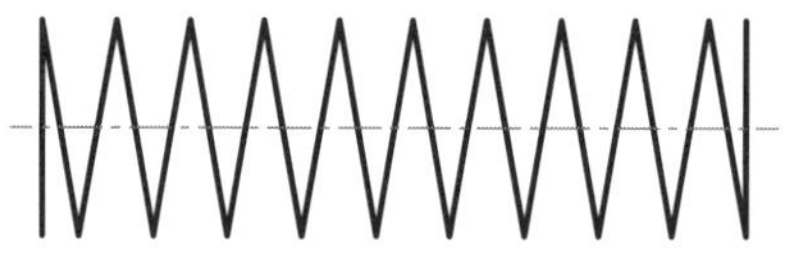

(d) 圧縮コイルばねの簡略図

圧縮コイルばねと同様に、引張コイルばねは**図 12-2-2** に示すように描きます。

図 12-2-2　引張コイルばねの図示法（JIS B 0004）

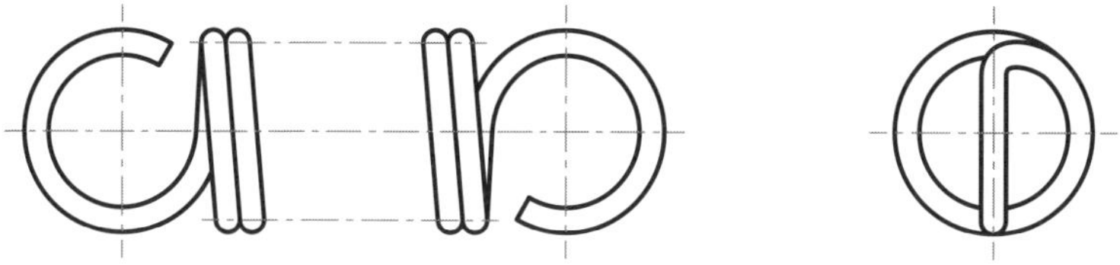

(a) 一部を省略した引張コイルばね

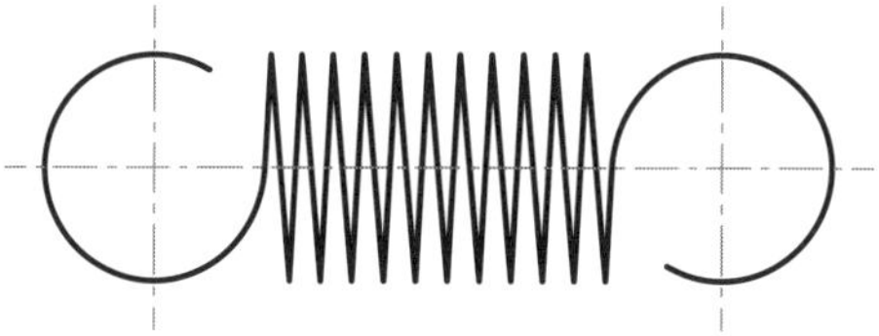

(b) 引張コイルばねの簡略図

3. 要目表

ばねの図中には、主要な寸法のみを記入します。それ以外に必要な寸法やばねの詳細な仕様などは、要目表を設けてそこにまとめて記入します。要目表の例を**表 12-2-1** に示します。

表 12-2-1　ばねの要目表の例（JIS B 0004 より）

要目表			
材料			SWOSC-V
材料の直径		mm	4
コイル平均径		mm	26
コイル外径		mm	30 ± 0.4
総巻数			11.5
座巻数			各 1
有効巻数			9.5
巻方向			右
自由高さ		mm	(80)
ばね定数		N/mm	15.0
指定	荷重	N	−
	荷重時の高さ	mm	−
	高さ	mm	70
	高さ時の荷重	N	150 ± 10%
	応力	N/mm^2	191
最大圧縮	荷重	N	−
	荷重時の高さ	mm	−
	高さ	mm	55
	高さ時の荷重	N	375
	応力	N/mm^2	477
密着高さ		mm	(44)
先端厚さ		mm	(1)
コイル外側面の傾き		mm	4 以下
コイル端部の形状			クローズドエンド（研削）
表面処理	成形後の表面加工		ショットピーニング
	防せい処理		防せい油塗布

3 図面の描き方演習

●図面に書く文字は、第三者が読む際に誤読しないことが重要なので、形、高さ、書体をそろえて記入します。

1. 文字と線

(1) 文字

製図の文字には、漢字、かな、ラテン文字（ローマ字）、数字を用います。それらの文字の大きさは高さ h で規定され、**表 12-3-1** に示す高さから選んで用います。

文字の書体には、A 形書体、B 形書体などがあります。また、それらの書体には、直立体と斜体がありますが、いずれかを混用せずに用います。実際の作図において、これらの書体を忠実に用いなければならないわけではありません。A 形書体等に準じた、誤読が起きない書体で丁寧に文字を書くことが重要です（A 形・B 形書体の例は JIS Z 8313 を参照）。

表 12-3-1 のように、文字の高さ h のほかに、文字の線の太さ d、文字間のすきま a、ベースラインの最小ピッチ b が定められています。

表 12-3-1　文字の高さなどの基準

	漢字	かな	ラテン文字・数字・記号	
			A 形書体	B 形書体
文字の高さ h［mm］	3.5、5、7、10	2.5、3.5、5、7、10		
文字の線の太さ d［mm］	$\frac{1}{14}$h	$\frac{1}{10}$h	$\frac{1}{14}$h	$\frac{1}{10}$h
文字間のすきま a［mm］	2d 以上		2d	
ベースラインの最小ピッチ b［mm］	$\frac{14}{10}$h		$\frac{20}{14}$h	$\frac{14}{10}$h

(2) 線

破線や一点鎖線を描く際、線を構成する要素の長さはJIS Z 8312により**図12-3-1 (a)** のように規定されています。実際に線を引く際には、この寸法を忠実に再現する必要はありませんが、目安にして描くと良いでしょう。実用上の目安の一つとして、**図12-3-1 (b)** に示す長さで線を引くと、見やすい線が引けます。

図12-3-1　線の描き方

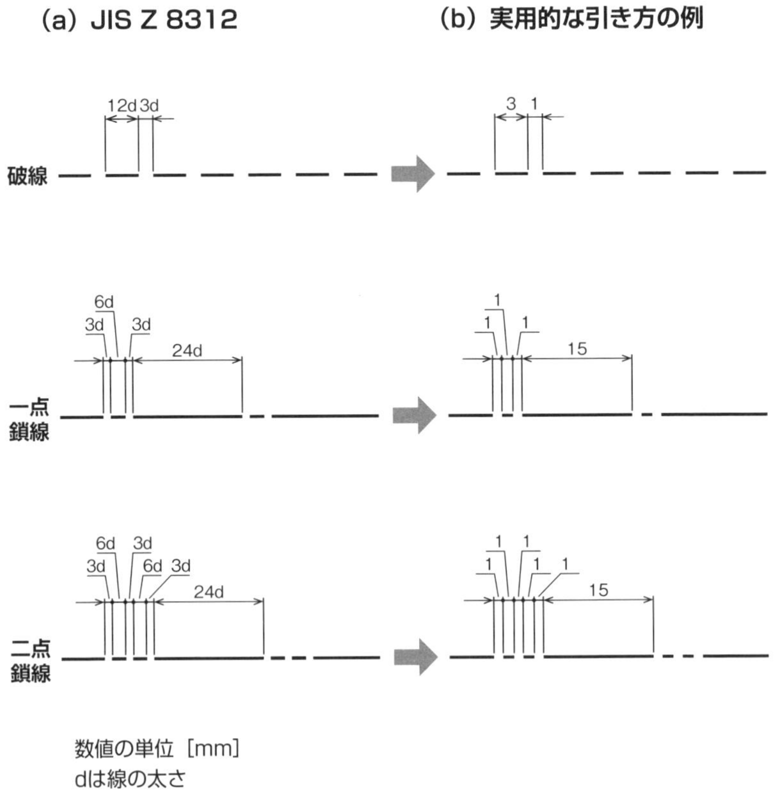

【演習 1】線を引いてみよう！　次の図は、線の種類と太さを使い分けず、すべて細い実線で描いた図です。この図に対して、線の種類と太さを使い分けた正しい図を描いてみましょう。

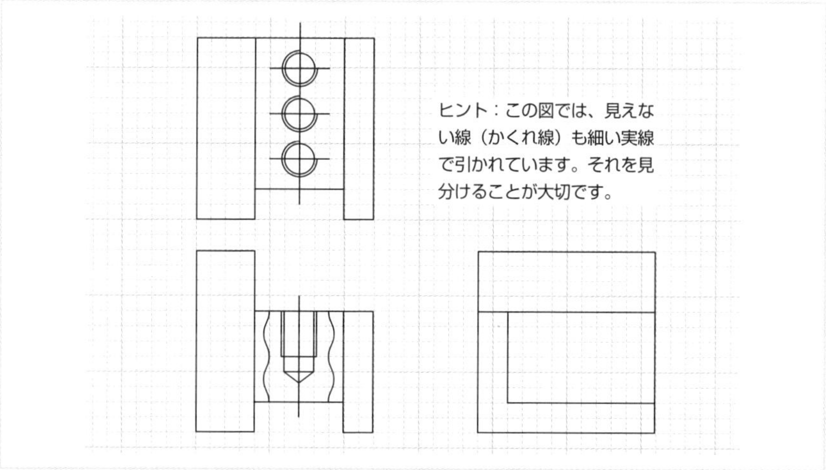

【方眼紙に描いてみよう】　図の大きさは方眼紙のマス目を基準にします。

【作図例】 外形線（太い実線）、中心線（細い一点鎖線）、破断線（波形の細い実線）、かくれ線（細いまたは太い破線）、めねじの谷をつないだ線（細い実線）を使い分けているかがポイントです。

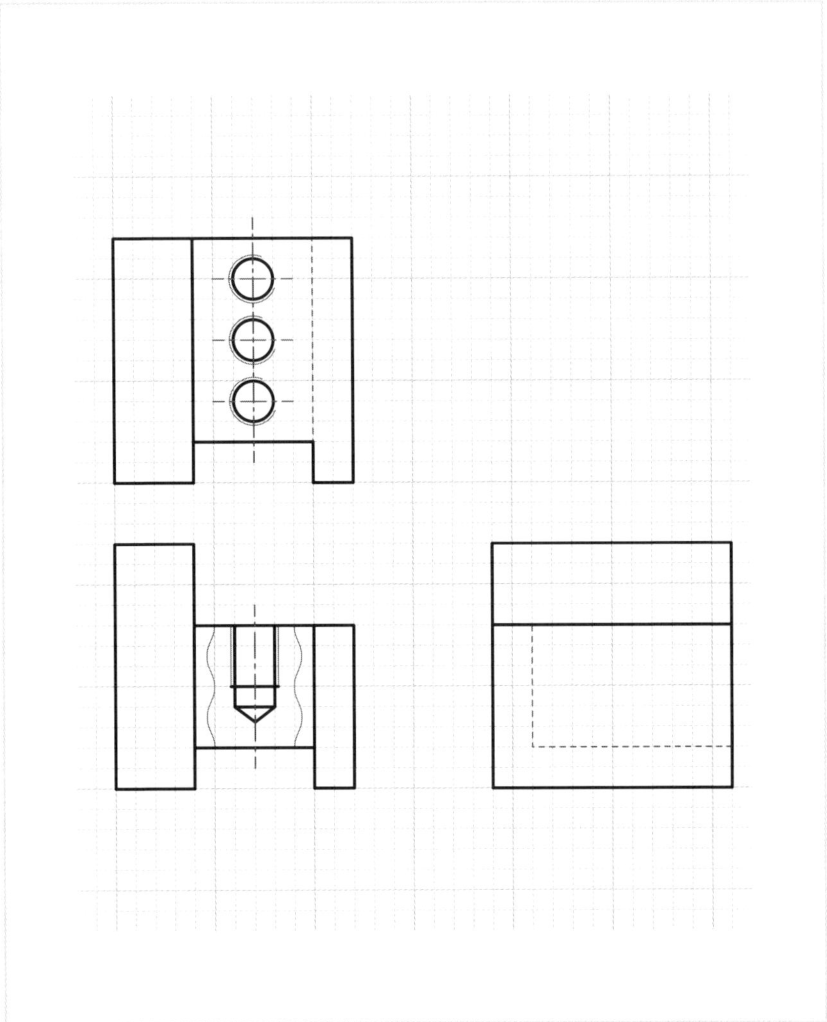

【演習 2】立体図を描いてみよう！　次の三面図を元に、等角投影で立体図を描いてみましょう。等角投影は斜方眼紙に描いてください。奥行き方向の長さは、三面図のマス目の数と同じになるようにします（このように描いた等角投影法による図を、“**等角図**”と言います）。

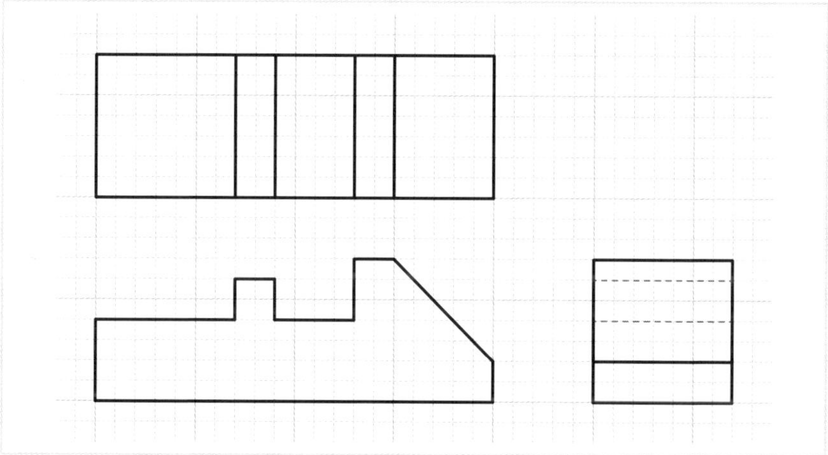

【下の斜方眼紙に描いてみよう】奥行き方向の長さは、三面図のマス目の数と同じになるよう描いてみましょう。作図位置の基準として、既に一部の線が描かれています。この線に描き足して等角図を完成させてください。

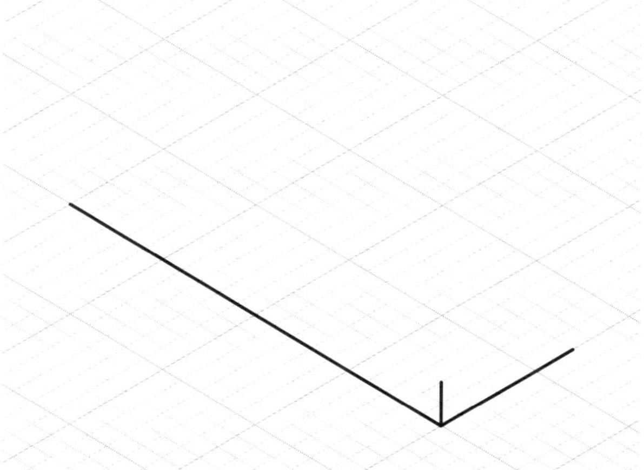

【作図例】

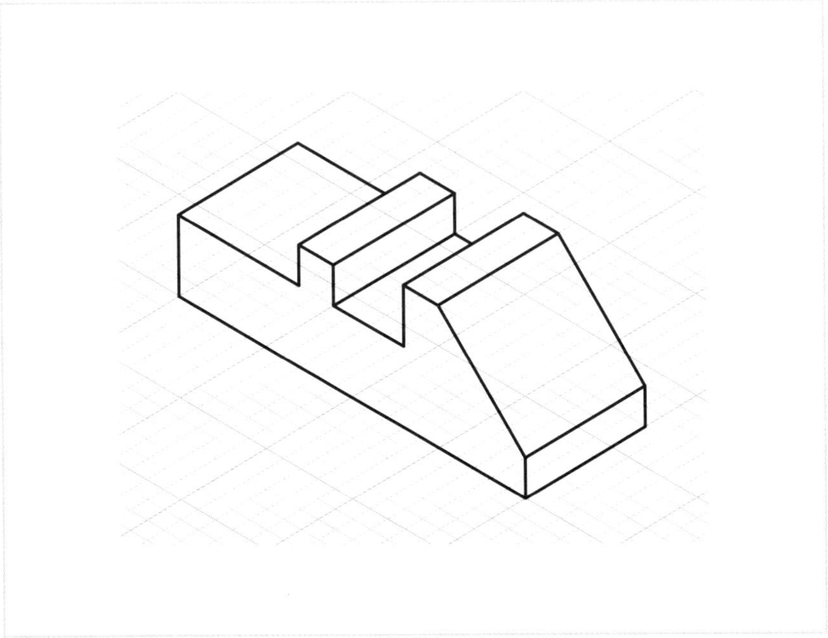

【演習 3】第三角法の投影図を描いてみよう！　次の立体図の三面図（正面図、平面図、右側面図）を第三角法で描いてみましょう。ただし、立体図を矢印の方向から見た図を正面図とし、サイズはマス目を基準にしてください。穴は、貫通しているものとします。かくれ線の表示は任意とします。

右

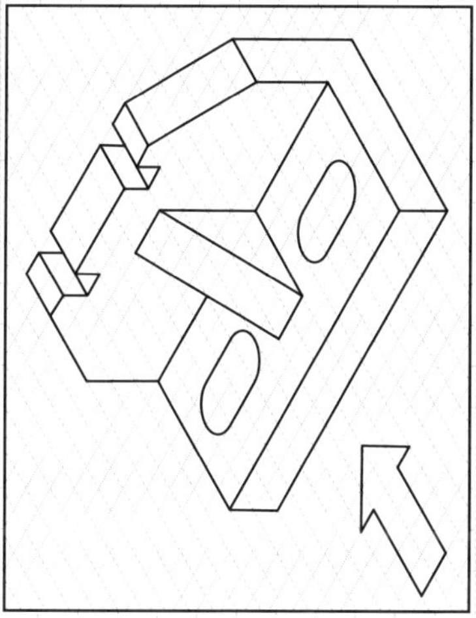

上

下

左

※このページの方眼紙は、右回りに 90°回転して使用してください

【作図例】

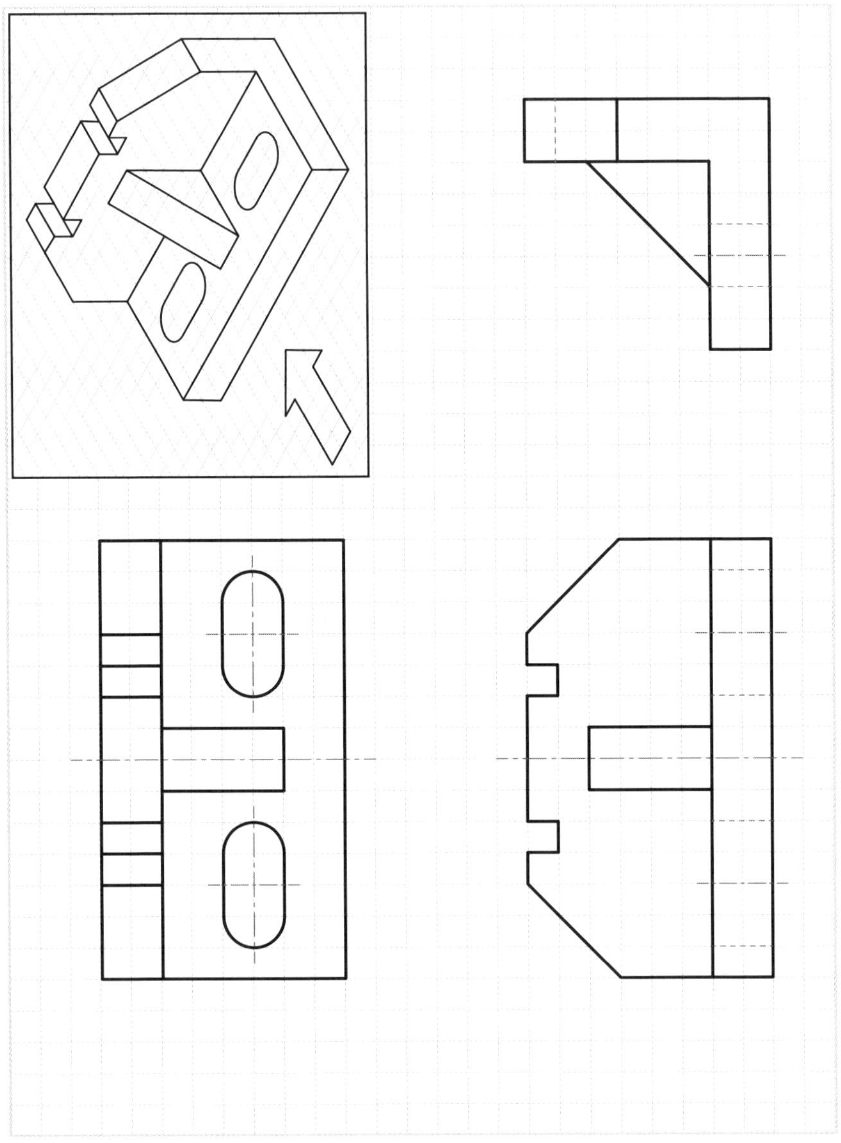

【演習 4】**断面図を描こう！**　次に示すフランジの図面において、正面図には、右側面図に示す切断線 A-O-B で切断した断面図を描きたい。正面図に足りない線を書き足して断面 A-O-B を完成させてみよう。

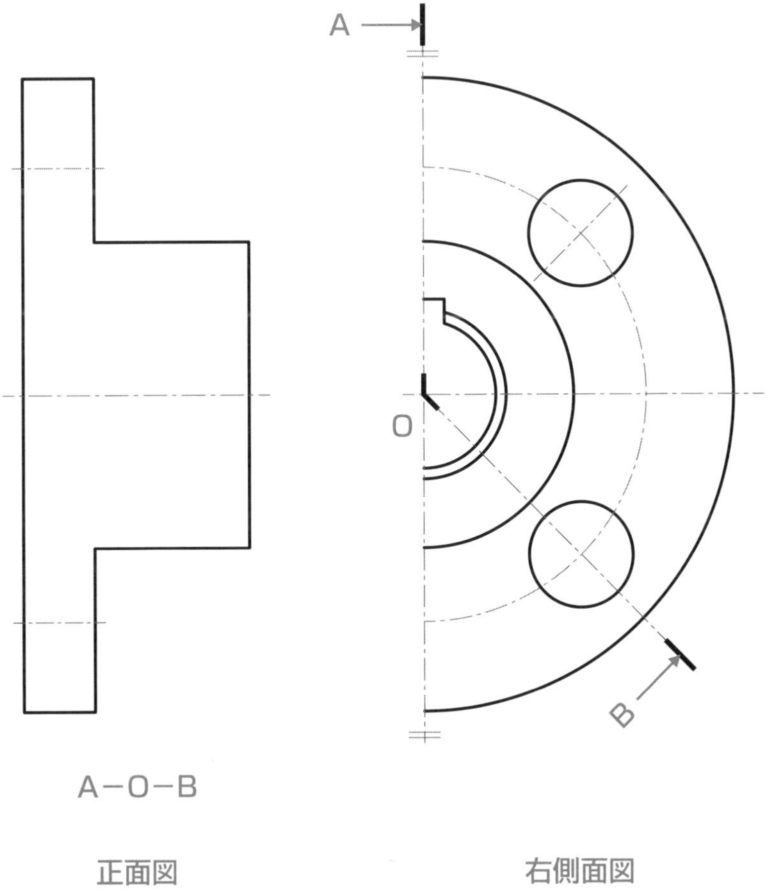

【作図例】

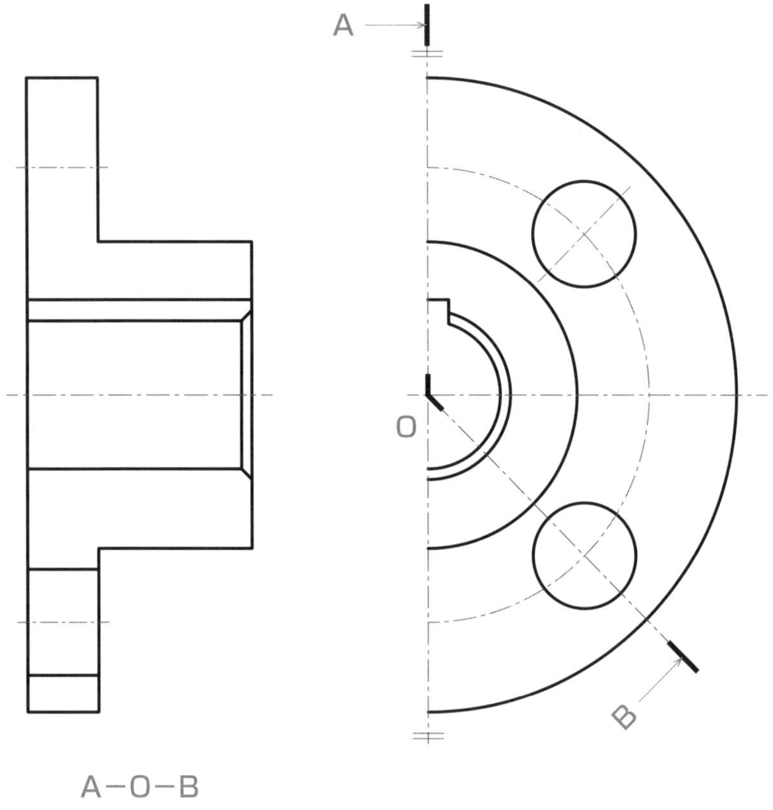

【演習 5】寸法を入れてみよう！　次に示す図は、長穴や小穴が開けられたL字形の金具の三面図です。三面図中に、寸法を入れてみましょう。なお、方眼紙の1マスを5 mmとして、寸法の数値はマス目を参考にして整数で決めて記入してください。

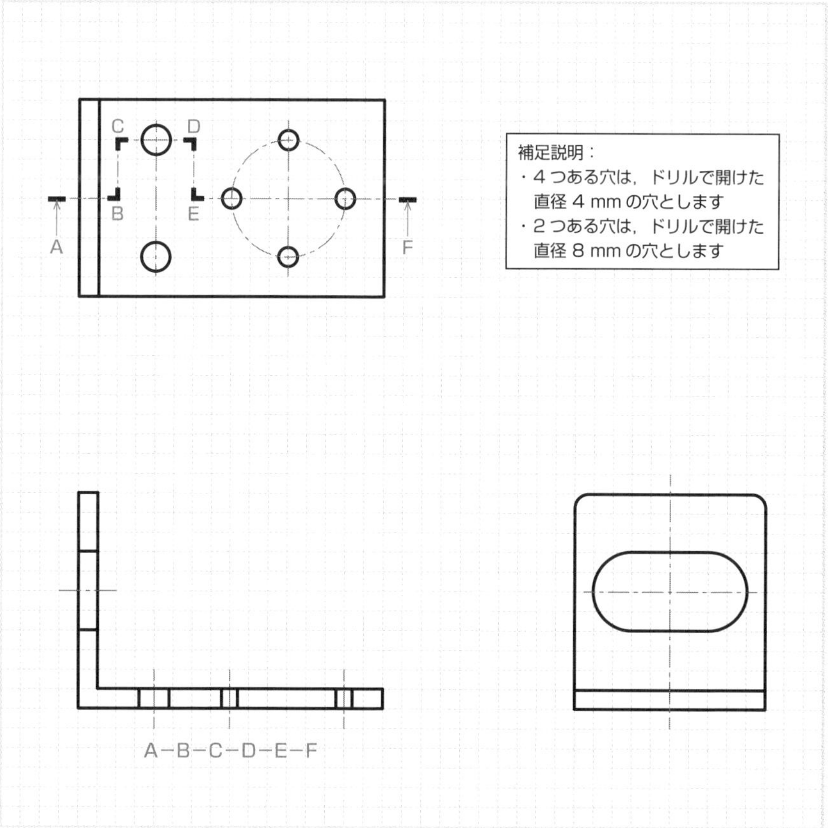

【作図例】　寸法を記入した例を以下に記します。ここに示した作図例はあくまでも一例です。寸法の基準の取り方が違えば、寸法の入れ方も異なってきます。そのため、以下の寸法の入れ方と同じになる必要はありません。基準面や加工方法などを考えて、どこにどのように寸法を入れるのが良いかを考えると理解が進むでしょう。

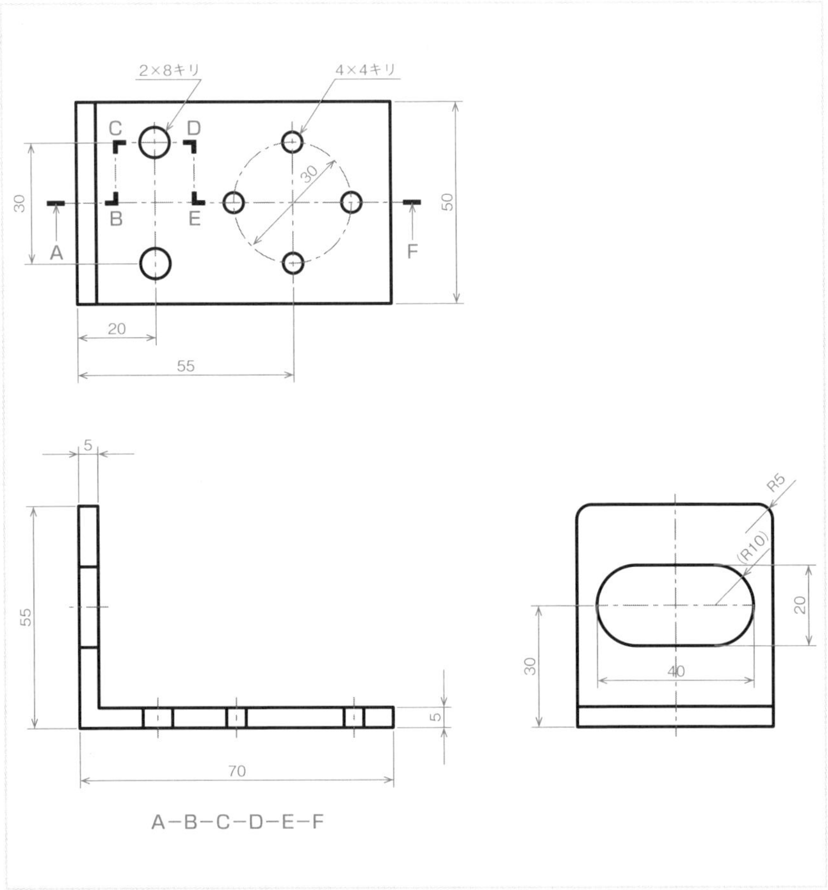

【演習 6】表面性状を記入してみよう！ 次に示す「ベアリングホルダー」の図面で、立体図中に（1）～（3）で示す3点の表面性状を図面中に記入しましょう。

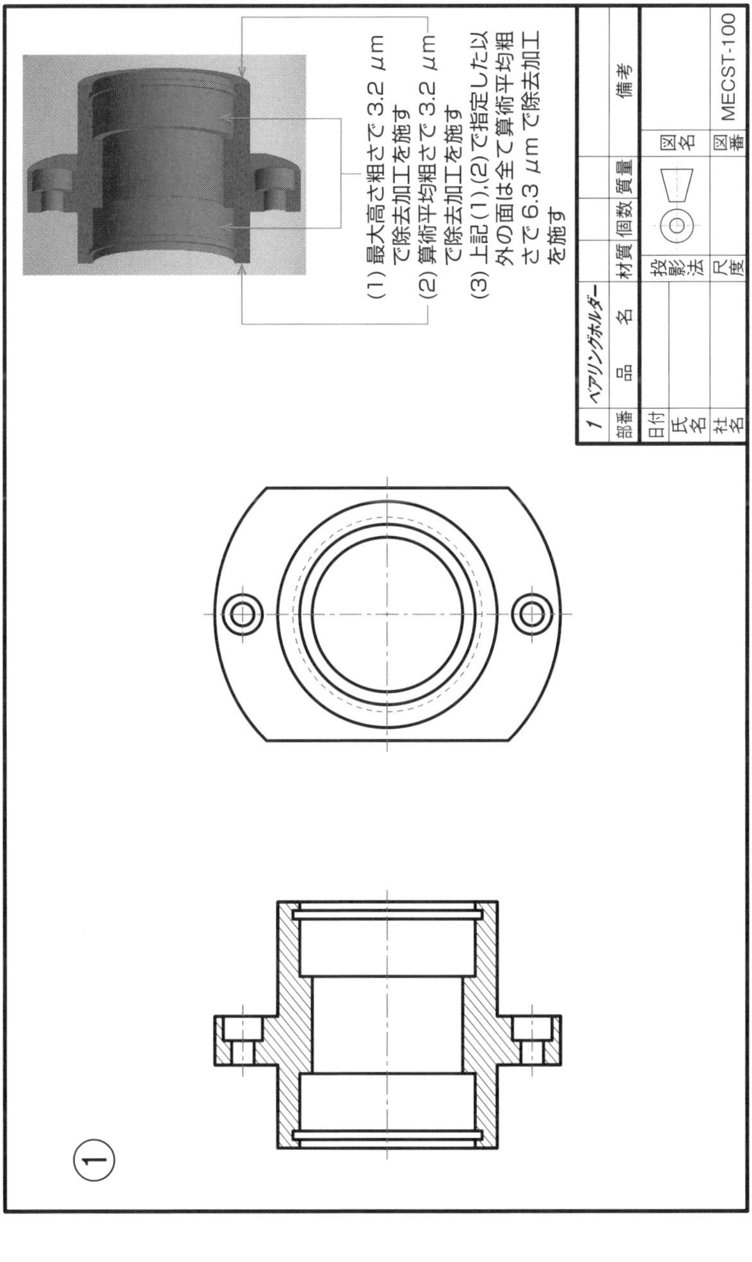

【作図例】 表面性状を記入する際、表面性状の図示記号は「図面の下辺または右辺から読める向きに記入する」という決まりがあります。そのため、下辺または右辺から読める向きにならない面に表面性状を記入する際は、引出線と参照線を出すことで下辺に読める向きに変えてから、表面性状を指示します。

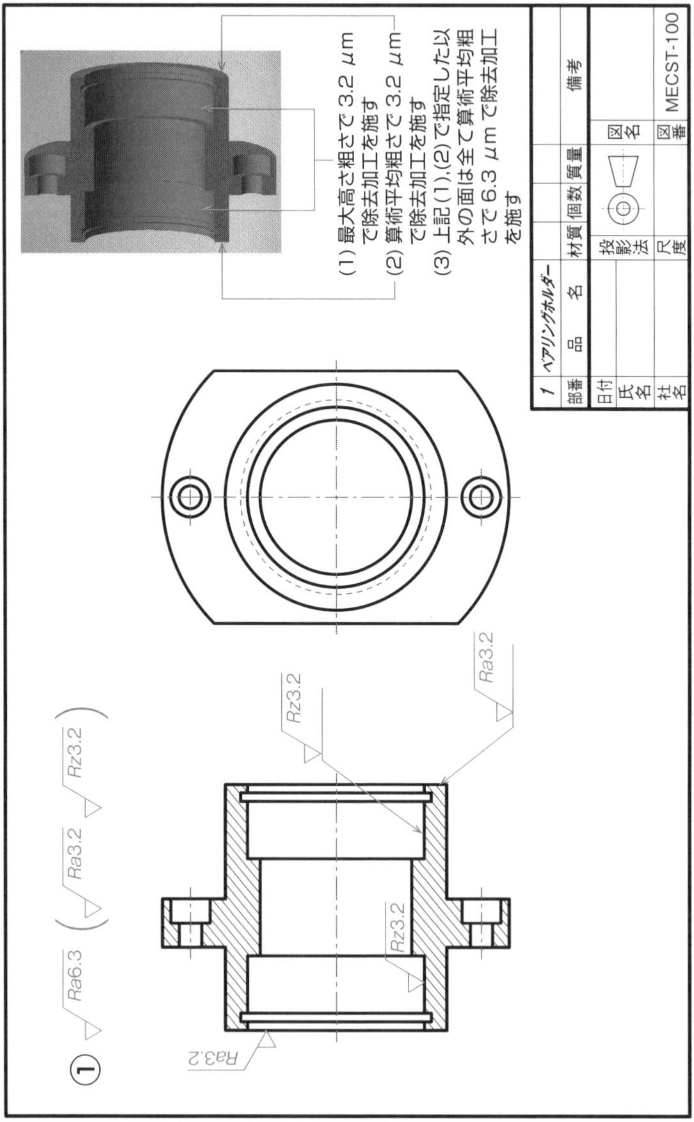

【演習 7】ねじの描き方と寸法を記入しよう！　下に示す棒の右側の端から、ねじ部長さ 35 mm のメートル並目ねじを描いてください。次に、ねじの呼び径を 16 mm として、このおねじに呼び径とねじ部長さの寸法を入れてください。また、右側面図におねじを右から見た投影図を描いてください。

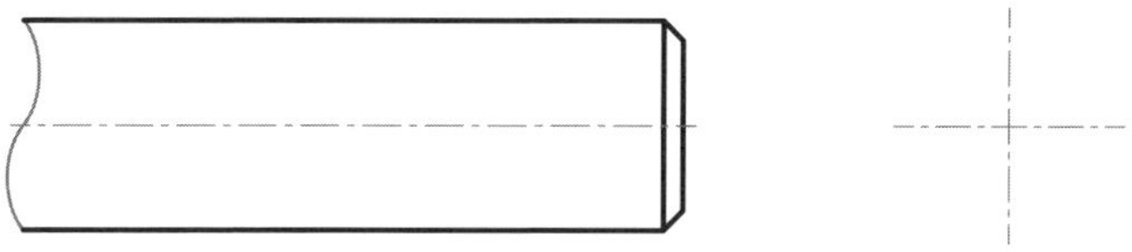

①～③に示す説明に従い、下に示すブロックに引かれた中心線の位置にめねじを描いてください。開けるめねじは、呼び径 12 mm のメートル並目ねじとします。なお、図形は定規で測って現尺で描いてください。

① 正面図に、直径 10.1 mm（作図は直径 10 mm で良い）の下穴を、穴深さ 22 mm で描いてください。

② 正面図に、M12 のめねじを深さ 17 mm で描いてください。

③ 正面図に、引出線と参照線を使って、ねじの呼び、ねじの深さ、下穴の径、下穴深さの寸法をまとめて記入してください。

④ 平面図を描いてください。

平面図

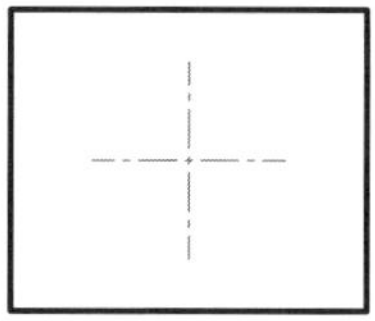

正面図

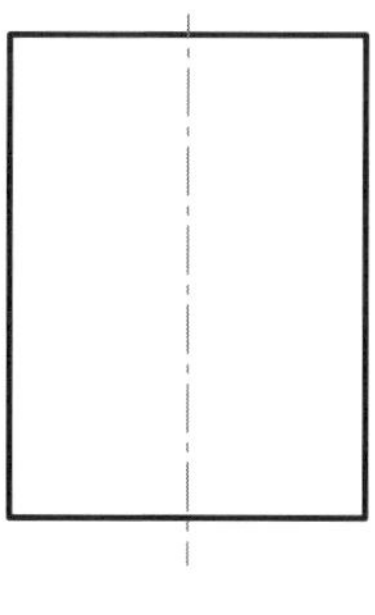

【作図例】

(1) おねじの作図

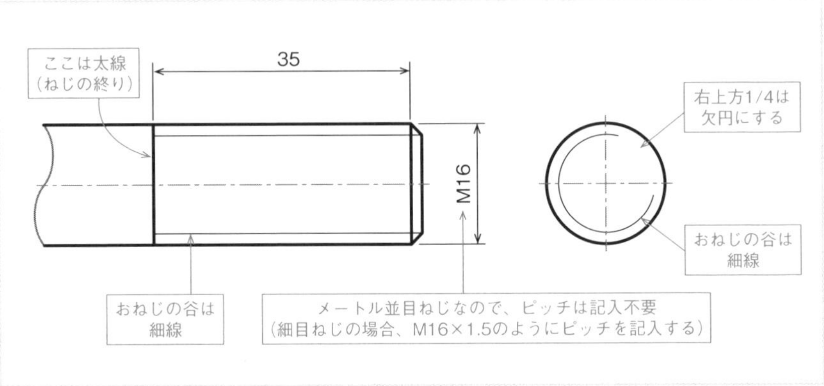

(2) めねじの作図

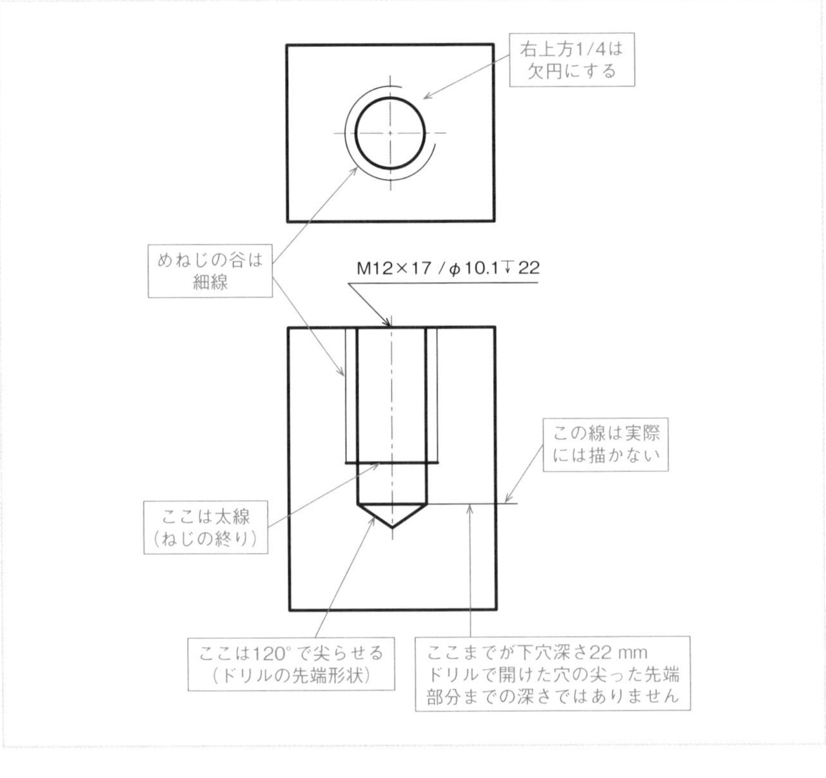

さくいん

本書の正誤情報や製図規格等の改正は、下記のアドレスでご確認ください。
http://www.s-henshu.info/zumenk2105/

上記掲載以外の箇所で正誤についてお気づきの場合は、**書名・発行日・質問事項（該当ページ・行数**などと**誤りだと思う理由）・氏名・連絡先**を明記のうえ、お問い合わせください。

・web からのお問い合わせ：上記アドレス内【正誤情報】へ
・郵便または FAX でのお問い合わせ：下記住所または FAX 番号へ

※電話でのお問い合わせはお受けできません。

【宛先】コンデックス情報研究所『はじめてでもよくわかる！ 図面の描き方』係
住　　所：〒 359-0042　所沢市並木 3-1-9
FAX 番号：04-2995-4362（10：00 ～ 17：00　土日祝日を除く）

※本書の正誤以外に関するご質問にはお答えいたしかねます。また、製図指導などは行っておりません。
※回答日時の指定はできません。また、ご質問の内容によっては回答まで 10 日前後お時間をいただく場合があります。
あらかじめご了承ください。

著者：飯島 晃良（いいじま あきら）
日本大学理工学部准教授、博士（工学）、技術士（機械部門）、甲種危険物取扱者、毒物劇物取扱者他。2004 年富士重工業株式会社（現 SUBARU）スバル技術本部に勤務し、2006 年より現職。その間カリフォルニア大学バークレー校訪問研究者（2016 年）、エンジンの燃焼研究により自動車技術会論文賞（2020 年）、小型エンジン技術国際会議（SETC）The Best Paper（最優秀論文賞）（2017 年）、日本燃焼学会論文賞（2016 年）、日本エネルギー学会奨励賞（2013 年）、日本機械学会奨励賞（2009 年）などを受賞。

編者：コンデックス情報研究所
1990 年 6 月設立。法律・福祉・技術・教育分野において、書籍の企画・執筆・編集、大学および通信教育機関との共同教材開発を行っている研究者・実務家・編集者のグループ。

はじめてでもよくわかる！ 図面の描き方

2021年 6 月20日発行

著　者　飯《いい》島《じま》晃《あき》良《ら》
編　者　コンデックス情《じょう》報《ほう》研《けん》究《きゅう》所《しょ》
発行者　深見公子
発行所　成美堂出版
〒162-8445　東京都新宿区新小川町 1-7
電話(03)5206-8151　FAX(03)5206-8159
印　刷　大盛印刷株式会社

ISBN978-4-415-32980-2
落丁·乱丁などの不良本はお取り替えします
定価はカバーに表示してあります